Armin Deutz | Gunther Greßmann | Veronika Grünschachner-Berger | Flurin Filli

Gams-, Stein- und Muffelwild

Stocker

Armin Deutz | Gunther Greßmann | Veronika Grünschachner-Berger | Flurin Filli

Gams-, Stein- und Muffelwild

Biologie, Lebensweise, Besonderheiten

Leopold Stocker Verlag
Graz – Stuttgart

Umschlaggestaltung:
DSR Werbeagentur Rypka GmbH, 8143 Dobl/Graz, www.rypka.at
Titelbilder: Greßmann Gunther (3), Deutz Armin (3), Deutz Wenzel (3)

Bildnachweis:
Armin Deutz (105), Gunther Greßmann (88), Wenzel Deutz (17), Veronika Grünschachner-Berger (12), Uschi Deutz (3), Wilfried Laubichler (2), Franz Hlebaina (2), Monika Reiterer (2), Christoph Rogge (2), Urs Büchler (1), Flurin Filli (1), Gerhard Gruber (1), Franz Hoffmann (1), Gerd Kaltenegger (1), Fritz Kemeter (1), Martin König (1), Hubert Lasser (1), Johannes Macher (1), Jochen Medler-Ulff (1), Gerhard Pilz (1) Jörg Regner (1), Rudolf Reiner (1), Dietmar Streitmaier (1), Ludwig Tschuor (1), Karl-Heinz Volkmar (1), Rolf Wildhaber (1), Karlheinz Wirnsberger – Jagdmuseum Schloss Stainz (1), Andreas Zechner (1)
Aquarelle und Zeichnungen: Veronika Grünschachner-Berger

Bibliografische Information der Deutschen Nationalbibliothek
Die Deutsche Nationalbibliothek verzeichnet diese Publikation in der Deutschen Nationalbibliografie; detaillierte bibliografische Daten sind im Internet unter http://dnb.d-nb.de abrufbar.

Hinweis: Dieses Buch wurde auf chlorfrei gebleichtem Papier gedruckt. Die zum Schutz vor Verschmutzung verwendete Einschweißfolie ist aus Polyethylen chlor- und schwefelfrei hergestellt. Diese umweltfreundliche Folie verhält sich grundwasserneutral, ist voll recyclingfähig und verbrennt in Müllverbrennungsanlagen völlig ungiftig.

Auf Wunsch senden wir Ihnen gerne kostenlos unser Verlagsverzeichnis zu:
Leopold Stocker Verlag GmbH
Hofgasse 5/Postfach 438
A-8011 Graz
Tel.: +43 (0)316/82 16 36
Fax: +43 (0)316/83 56 12
E-Mail: stocker-verlag@stocker-verlag.com
www.stocker-verlag.com

ISBN 978-3-7020-1626-5

Layout und Repro: DSR Werbeagentur Rypka GmbH, 8143 Dobl/Graz
Druck: Christian Theiss GmbH, 9431 St. Stefan

INHALT

„Der Keiler schützt sich mit dem Zahn,
der Hirsch mit des Geweihes Wucht,
wir Gemsen sind gar übel dran,
denn uns bleibt nur die Flucht."

VORWORT

Dieser Spruch des römischen Dichters Martial (gestorben 100 n. Chr.) gewinnt in unserer Zeit der stetig steigenden Nutzung des alpinen Lebensraumes immer mehr an Aktualität.

Wer einmal die Gelegenheit hatte, eine Gamsbrunft oder die Kletterkünste des Steinwildes zu beobachten, wird diese Erlebnisse wohl kaum vergessen. Obwohl der Alpensteinbock in der Vergangenheit beinahe verschwunden war, kann man ihn heute wieder in vielen Gebieten des Alpenbogens antreffen. Aufgrund des auf den ersten Blick selben Lebensraumes, des Hochgebirges, wird Steinwild immer wieder mit Gamswild verglichen. Es handelt sich aber um eigenständige Wildtierarten mit individuellen Ansprüchen. Zahlreiche wissenschaftliche Publikationen wurden über Gams- und Steinwild veröffentlicht, sind aber für viele Interessierte nur schwer zugänglich. Deshalb wurde versucht, ein Buch zu verfassen, welches in übersichtlicher Weise Grundlegendes über beide Wildarten beschreibt und die Informationen einander gegenüberstellt.

Obwohl zoologisch nicht direkt verwandt, zeigen Gams- und Steinwild einige ähnliche Verhaltensweisen. Ihr überwiegendes Vorkommen in alpinen, zum Teil extremen Gebieten bewahrte ihnen beispielsweise – trotz stark steigender Nutzung dieser Naturräume – die Tagaktivität und damit einen hohen Bekanntheitsgrad in der nichtjagenden Bevölkerung. So beobachtet man als Wanderer wesentlich leichter einen Gams- oder Steinbock als einen Keiler oder Rothirsch. Deshalb wurde dieses Buch nicht nur für Jäger, sondern auch für andere Interessierte verfasst. Es möge ein gesteigertes Verständnis für Gams- und Steinwild wecken und in einzelnen Bereichen Gedankenansätze sowie Verbesserungsvorschläge zum Wohle des Wildes anbieten. Die Verantwortung für den Weiterbestand der beiden Wildarten in ihren angestammten Lebensräumen stellt auch eine große gesellschaftspolitische Aufgabe der Jagd dar.

Das hochinteressante Muffelwild – ebenfalls ein Hornträger –, welches im Alpenraum und weit darüber hinaus in zahlreichen Kolonien vorkommt, soll dieses Buch auch durch Vergleiche zwischen den Hornträgern ergänzen.

Stellvertretend für viele Gams-, Stein- und Muffelwildkenner dürfen wir uns namentlich bei Hermann Öfner, Rupert Schnell und Christoph Rogge für ihre Schilderungen, Anregungen und Erfahrungen bedanken.

Armin Deutz,
Gunther Greßmann,
Veronika Grünschachner-Berger,
Flurin Filli
St. Lambrecht, Stainach, Mariazell,
Ardez (Schweiz), im Herbst 2016

GESCHICHTLICHES ZUM GAMS-, STEIN- UND MUFFELWILD

Um das faszinierende Gams- und Steinwild ranken sich zum Teil bis heute wilde Gerüchte. Diese entsprangen vorwiegend der alpinen Lebensweise und dem eigenständigen Verhalten dieser Wildarten, wohl aber auch daraus, dass die Menschen bis vor rund 100 Jahren keine allzu großen Bedürfnisse empfanden, ins Hochgebirge zu wandern oder dort auf die Jagd zu gehen, weshalb Gams- und Steinwild weiten Bevölkerungskreisen fremd waren. Selbst in manchen naturwissenschaftlichen Werken war Gamswild mit nach vorne gehakelten Krucken abgebildet und man glaubte, Gamswild schaukle damit – auf Bäumen hängend – über Abgründen. Zudem war Steinwild vor 200 Jahren nahezu ausgerottet, hauptsächlich deswegen, weil man der Ansicht war, seine Organe besäßen Heilkräfte. Die daraus resultierenden Unkenntnisse und Fehlmeinungen über diese alpinen Wildarten hielten sich zum Teil bis in jüngste Zeit.

ALTE VORSTELLUNGEN ÜBER GAMS- UND STEINWILD

Die alten Griechen zählten das Gamswild zusammen mit dem Steinwild und dem Reh zu den wilden Ziegen. Der römische Gelehrte PLINIUS d. Ä. (23–79 n. Chr.) behauptete, die Gämsen atmeten nicht durch die Nase, sondern mit den Ohren, und zwar durch Löcher unmittelbar hinter den Krickeln. Damit dürfte er wohl die Brunftfeigen gemeint haben.

Mit dem Stein- wurde das Gamswild wegen des überschneidenden Lebensraumes und ähnlichen Verhaltens – wie der Tagaktivität – noch sehr lange in Verbindung gebracht. Die kunstvollen Zeichnungen zum „Livre de la Chasse“ des Gaston Phoebus, einer der kostbarsten mittelalterlichen Jagdhandschriften, zeigen Gams- und Steinwild stets gemeinsam. Der französische

Alte Gams- und Steinwilddarstellung
(Stiche von Matthäus Merian, 1593–1650, aus Iostonus' „Theatrum animalum“)

Naturforscher Comte de BUFFON (1707–1788) hielt den Steinbock sogar für den männlichen und die Gämse für den weiblichen Stamm der Ziegenart, was er durch genetische Begründungen zu beweisen versuchte. BUFFON beschrieb die Gamsbrunft jahreszeitlich korrekt, glaubte jedoch, Gamswild werde bis zu 30 Jahre alt. Zum Lebendfang von Gamskitzen gab er die Empfehlung, säugende Geißen zu erschießen und sie danach wieder so aufzustellen, als wären sie lebendig. Auf solche Art lockte er die Kitze herbei, *„welche er haschet und in Stricke mit sich wegführt. Oft aber folgt die junge Gemse dem Jäger gleichsam freiwillig nach. Bringt der Jäger sie nach Hause, so ernährt er sie mit Ziegenmilch und macht sie zahm ...“*

Steinbockdarstellung von Gesner aus dem Jahr 1583

ALTE JAGDMETHODEN AUF GAMSWILD

Interessant waren auch die mittelalterlichen Jagdmethoden auf Gamswild. So wurden Gams vorwiegend mittels „Gamsstechen“ oder „Ausseilen“ erlegt. Auch wurden Gams- und Steinwild damals mithilfe großer Treiberscharen häufig für Tiergärten oder Wildparks gefangen. Eine gefährliche mittelalterliche Bejagungsart war das Gamsstechen mit dem Gamseisen (scharf geschliffene, relativ kurze Spitze) auf einem 4–5 m langen Holzschaft. Es wurde vorwiegend von bediensteten Jagdpersonal ausgeübt; Maximilian I. bildete eine kaiserliche Ausnahme. Zum Gamsstechen trieb man Gamswild in steile Felswände, aus denen es keinen Ausweg mehr hatte („Zwangsjagden“) und wo sich die Jäger auf geringe Distanz annähern und mit Wurf oder Stoß stechen konnten. Das Gamseisen löste sich nach einem Treffer vom Schaft, wodurch das Unfallrisiko minimiert wurde. Der Schaft konnte auch als Bergstock verwendet werden. Das Gamsstechen wurde beispielsweise in der Martinswand bei Innsbruck auch als Schaujagd ausgetragen.

Noch bis Ende des von der Aufklärung geprägten 18. Jahrhunderts hielt sich die Vorstellung, Gams würden ihre Pfiffe mit *„durch den in den Mund gestreckten Huf hervorbringen“*. Fast ebenso lang bestand die weitverbreitete Meinung, dass sich die Gämsen beim Klettern mit ihren gekrümmten Krickeln an Felsvorsprünge hängen können. Schon MARTIAL (40–100 n. Chr.) hat über diese Eigenart berichtet. Auch COMENIUS (1592–1670) weist viel später in seinem Schulbuch „Orbis sensualium pictus“ auf diese merkwürdige Klettertechnik hin, die durch Abbildungen belegt wird. Auf einigen Zeichnungen jener Zeit sind die Gamskrucken noch nach vorne gehakelt.

Der erste, der über Gamswild ein eigenes Buch („Damographia oder Gemsen-Beschreibung“) verfasste, war der aus Oberösterreich stammende und später als Stiftsarzt in Admont in der Steiermark tätige Arzt Adam von LEBENWALD (1624–1696). Eigene Beobachtungen und Schlussfolgerungen, fleißiges Herumhorchen unter Jägern, die mit den Lebensgewohnheiten der Gams vertraut waren, und die wissenschaftliche Neugier des Mediziners führten insgesamt zu einer recht guten Monographie. LEBENWALD löste auch das Gamswild aus den „vielerlei Geschlechtern von Wild-Geißen“ heraus. In blumiger Ausdrucksweise führt er beispielsweise wörtlich Folgendes aus: *„Man zählet sie unter die keuschen Tiere, ein jeder Gams hat seine Gemsin, gehet sie von ihm weg zu anderen, ist gleich eine Eifersucht und er tut seine Krickeln gleich zum Stoß anbieten.“*

Darstellung des ägyptischen Gottes Amon in Muffelgestalt (Quelle: www.wikipedia.com)

Vermutliche Muffeldarstellung von Konrad Gesner (1516–1665, Schweiz)

Heute hoffen wir, einiges mehr über diese beiden interessanten Wildarten zu wissen. Vieles überrascht uns nach wie vor, und manches interpretieren wir möglicherweise noch immer falsch.

ALTE VORSTELLUNGEN ÜBER MUFFELWILD

Zum alten Schafkult in Kleinasien passend war der Muffelwidder als Symbol für Amon (auch Amun, Amoun oder Ammon), eine Himmelsgottheit, anzusehen. In seiner Urversion war er Gott der Herden, Weiden und Fruchtbarkeit, später wurde er nicht mehr als Widder dargestellt. Weiters sind rund 4.000 Jahre alte kultische Widderdarstellungen aus Sardinien bekannt. Im Jahre 1558 berichtete der Schweizer ARQUER, dass das „Muffelthier" in Sardinien lebe, dort gejagt werde und gut zu essen wäre. Ebenfalls ein Schweizer, Konrad GESNER (1516–1565), nannte Mufflons, wohl wegen des großen Weißanteils am Spiegel, „Weißarsch". In einem „Buch der Natur" von P. A. NEMNICH aus dem Jahre 1793 wird Muffelwild „wildes Schaf, Moffethier oder Weyßarsch" genannt. Der Verfasser kannte Mufflons nur vom Hörensagen, da zu seiner Zeit Muffelwild nur noch auf Korsika und Sardinien lebte, wohin es sich nach alter Meinung in vorglazialen Zeiten über die damals noch bestehende Landbrücke zurückgezogen haben möge. Vor den Eiszeiten muss Muffelwild auch in Mitteleuropa gelebt haben, wie es beispielsweise Knochenfunde aus der Drachenhöhle bei Mixnitz in der Steiermark beweisen. Nach den Einbürgerungen in Österreich, Ungarn, Deutschland und weiteren Ländern galt Muffelwild lange Zeit als das europäische Hochwild der Zukunft. Seine Gehörnschnecken geben eine „respektable" Trophäe, das Wildbret habe vorzüglichen Geschmack und die Forstleute schätzten es, weil es kaum Schäden am Wald verursache ...

ZOOLOGISCHE EINTEILUNG

Wer sich für Stein- und Gamswild näher interessiert, sollte auch einen Blick auf die Entstehungsgeschichte dieser beiden Arten und deren Verwandtschaftsverhältnisse werfen. Auch wenn es für die Jagd an sich von geringer Bedeutung ist, so ist es erwähnenswert, dass z. B. Steinwild mit dem Muffelwild oder dem Dickhornschaf in den Rocky Mountains enger verwandt ist als mit dem vielerorts im selben Lebensraum vorkommenden Gamswild. Dazu muss man allerdings im Stammbaum sehr weit zurückblicken.

GAMS- UND STEINWILD

Mit Ausnahme des Schwarzwildes als Nichtwiederkäuer hat das Schalenwild über eine große Zeitspanne die gleiche Entwicklungsgeschichte. So gehört es zur Klasse der Säugetiere, der Ordnung der Paarhufer, der Unterordnung der Wiederkäuer und der **Überfamilie der Stirnwaffenträger**. Aus dieser Überfamilie bildeten sich u. a. zwei jagdlich interessante Linien, was sich etwa vor 40–20 Millionen Jahren zugetragen haben dürfte:

- einerseits die Familie der Hirsche, zu der Rot- und Rehwild zählen,
- andererseits die der Hornträger, aus der sich die unterschiedlichsten Arten entwickelten, wie in weiterer Folge auch die Unterfamilie der Ziegenartigen.

Diese spalteten sich in die **Gattungsgruppe der Gämsenartigen und der Böcke** (ein Sammelbegriff für Schafe und Ziegen) auf, was sich im asiatischen Raum – vermutet wird im Himalajagebiet – vollzog. Die **Gämsenartigen** dürften ihr ursprüngliches Aussehen – verglichen mit anderen Arten – nur mehr wenig verändert haben. Typische Merkmale sind die vier Zitzen am Gesäuge, die paarigen Duftdrüsen hinter den Krucken (dem Jäger besser als Brunftfeigen bekannt) und die sich bei den Geschlechtern kaum unterscheidenden „kleinen Hörner“. Heute wird meist zwischen vier Gattungen unterschieden, nämlich Goral, Serau, Schneeziege und Gämse. Die beiden letzteren entwickelten sich stammesgeschichtlich erst später und sind deshalb noch am nächsten verwandt.

Wie bereits erwähnt, ging aus den Ziegenartigen auch die Gattungsgruppe der **Böcke** hervor, die sich einerseits in die Schafe, wozu das Muffelwild gehört, und andererseits in die Zie-

Schneeziegen zählen zu den engsten Verwandten der Gämsen.

Gamswild in den Alpen ist eine genetische Mischform aus verschiedenen Zuwanderungswellen.

gen unterteilen. Merkmale der Ziegen sind u. a. die in Stärke und Länge bei den Geschlechtern unterschiedlich ausgebildeten Hörner und der unterseits abgeflachte, nackte Schwanz. Innerhalb der Gattung Ziegen wird heute zwischen vier Arten unterschieden: der Schraubenziege, der Bezoarziege als Stammform der Hausziege, dem Iberiensteinbock und den Steinböcken im engeren Sinn mit sechs Unterarten.

Bei der Gattungsgruppe der Böcke, die gleich den Gämsenartigen ihren Ursprung im Himalajagebiet haben, scheint die weitere Entwicklung jedoch in trockeneren Gebieten stattgefunden zu haben, wodurch sich auch zum Teil die unterschiedlichen heutigen Lebensraumansprüche erklären lassen. Beeinflusst wurde die Ausbreitung immer wieder stark durch die Eiszeiten, welche Gebiete isolierten, andererseits aber auch die Möglichkeiten neuer Ausbreitungswege eröffneten. Beim Rückzug der Gletscher wurden Gebirge besiedelt, bei erneuten Vereisungen musste zum Teil bis weit in die Steppen ausgewichen werden. Zahlreiche Funde von Gämsen und Steinböcken, die weitab ihrer heutigen nacheiszeitlichen Verbreitung liegen, bestätigen dies. Aufgrund dieser Ereignisse entstanden die unterschiedlichen Arten und Unterarten von Gams- oder Steinwild.

Aus diesem Grund neigt man dazu, beim **Gamswild** zwischen einer nördlichen und einer südlichen Art zu unterscheiden. Es besiedelte unsere Breiten nämlich in zwei Wellen. Mit der ersten Welle in der sogenannten Riß-Kaltzeit, vor etwa 300.000 Jahren, gelangten Gämsen bis nach Süditalien und Spanien. In der zwischeneiszeitlichen Wärmeperiode wanderten sie in Höhenlagen und wurden in den großen Gebirgen wie den Alpen oder Pyrenäen isoliert. Eine zweite Besiedlungswelle in der Würmeiszeit, vor etwa 100.000–50.000 Jahren, erreichte die südlichen Gamsvorkommen allerdings nicht mehr, wodurch eine Vermischung in diesen Gebieten nicht mehr stattfand. So zeigen die südlichen Gams, wozu der Kantabrische Gams, der Abruzzengams und der Pyrenäengams gehören, typische Ausprägungen gewisser Merkmale, wie sie dem Gamswild nördlicher Arten fehlen. Unsere Alpengams, welche zu den nördlichen Gams gezählt werden, entwickelten sich somit aus Gamswild beider Besiedlungswellen.

Ähnlich verhielt es sich auch beim **Steinwild**. Im Jungpleistozän war es in vielen Gebieten Eurasiens vertreten und eine Unterart gelangte in seiner Ausbreitung sogar bis nach Nordafrika. Ähnlich dem südlichen Gamswild in Europa kam es schließlich auch beim Steinwild in einigen Gebieten zur Isolation.

> **HINWEIS**
>
> An dieser Stelle muss allerdings erwähnt werden, dass sowohl beim Gams- als auch beim Steinwild der Begriff „Art“ (bei den Gämsenartigen sogar noch die exakte Zugehörigkeit in der Systematik) umstritten ist. Zoologisch gesehen lassen sich nur Tiere derselben Art fertil kreuzen, können also fruchtbare Nachkommen zeugen. Nun lassen sich zumindest beim Steinwild aber alle *Capra*-Arten kreuzen, was auch zwischen Vertretern der nördlichen und südlichen Gams möglich scheint. Nach den Regeln der Zoologie dürfte es sich daher nur um einzelne Rassen handeln. Im Folgenden wird aber dessen ungeachtet aus Gründen der Einfachheit für Stein- und Gamswild der Ausdruck „Art“ verwendet.

Stellen Stein- und Gamswild heute zwei typische Vertreter des Hochgebirges dar, so waren sie während der Eiszeiten, wie bereits erwähnt, auch weitab ihrer heutigen Verbreitung anzutreffen. Knochenfunde aus jener Zeit bestätigen dies nicht nur, sie lassen auch interessante Rückschlüsse zu. Beide Arten waren vermutlich als Anpassung an die klimatischen Bedingungen früher größer als ihre heutigen Vertreter. Allerdings ist das dem Gebirge hervorragend angepasste Gamswild nicht so spezialisiert wie das Steinwild. So kann ersteres die unterschiedlichsten Gegenden erobern und erfolgreich besiedeln, während Steinwild einen typischen Gletscherfolger darstellt. Eine Tatsache, die in der wildökologischen Raumplanung und der Jagdwirtschaft sicherlich stark berücksichtigt werden sollte.

MUFFELWILD

Im Gegensatz zu Gams und Steinbock hat das Mufflon seine ursprüngliche Heimat nicht in den Alpen. Es gehört stammesgeschichtlich nicht zu den Ziegen, sondern zu den Schafen. Die gesamte Artengruppe sind die **„Wildschafe“**, das Europäische Mufflon ist die kleinste und farbenprächtigste Unterart. In der Systematik gibt es allerdings immer wieder unterschiedliche Einteilungen der vielen Unterarten der Wildschafe. Die größten Wildschafe können 200 kg Körper-

Im Vergleich zum Gamswild sind vor allem Steinböcke wesentlich schwerer und gedrungener, gleichzeitig sind die Läufe im Verhältnis kürzer.

gewicht erreichen, wie beispielsweise das Altai Argali, das in den Gebirgen und Hochebenen Innerasiens lebt. Kreuzungen zwischen den verschiedenen Unterarten oder auch mit Hausschafen kommen immer wieder vor. Nach einer Theorie (die nach wie vor kontrovers diskutiert wird) ist das Muffelwild sogar nur als wieder verwildertes Hausschaf anzusehen.

Argalityp

Wildschafe gibt es ausschließlich auf der Nordhalbkugel. Ihr Verbreitungsgebiet erstreckt sich von den Mittelmeerinseln ostwärts über Klein-, Südwest-, Zentral- und Nordostasien bis nach Nordamerika. Sie sind in **vier verschiedene Gruppen** einteilbar, deren Vorkommen sich ursprünglich kaum überschnitten. Die Mufflongruppe (*Ovis-gmelini*-Gruppe) findet ihre östliche Verbreitungsgrenze beim Persischen Golf. Das Europäische Mufflon stammt von einem kleinasiatischen, bereits ausgestorbenen Mufflon ab. Es breitete sich in der Jungsteinzeit nach Westen aus und gelangte so schließlich auch nach Korsika und Sardinien. Im europäischen Verbreitungsgebiet kam es in der Folge einerseits immer wieder zu neuen Vermischungen der verschiedenen Herkünfte, auf der anderen Seite auch zu verringerter genetischer Variabilität durch Neugründungen, Inzucht etc. Eine genauere taxonomische Differenzierung sollte daher nicht mehr erfolgen.

Urialtyp

Östlich an die Mufflons folgt die Urialgruppe (Unterarten von *Ovis vignei*), die in den Steppen- und Wüstenregionen der Türkei, in Turkestan, im Nordiran, in Afghanistan und Westtibet wohnt. Sie werden auch als Arkal oder Kreishornschafe bezeichnet. An diese Gruppe schließen die Riesenwildschafe (Archare und Argalis; Unterarten von *Ovis ammon*) an. Sie kommen im Altai, in Tibet und der Mongolei vor. Hier gab es immer wieder unterschiedliche Bezeichnungen, z. B. wurde das Marco-Polo-Schaf auch Kaschgar, manchmal auch Pamirschaf oder Archar benannt. Die Gruppe der Schneeschafe (*Ovis nivicola* in der Alten Welt, *Ovis dalli* – Dallschafe – in der Neuen Welt) lebt um die Beringstraße in Nordostsibirien einerseits und in Alaska und im nördlichen Kanada andererseits. Südlich der amerikanischen Schneeschafe gibt es noch die Dickhorn- und Wüstenschafe (Bighorns – *Ovis canadensis*) von den Felsgebirgen bis zu den Wüstengebieten Nordmexikos.

Reinweißes Dallschaf

Geschichte und Kreuzungen

Das Europäische Mufflon nimmt seinen Ursprung in Sardinien und Korsika. Etwa 6000 v. Chr. sollen Wildschafe auf Flößen dorthin mitgeführt

Wildschafe – ursprüngliche Verbreitung:
1 = Mufflongruppe
2 = Urialgruppe
3 = Argaligruppe
4 = Schnee-, Dall- und Dickhornschafe

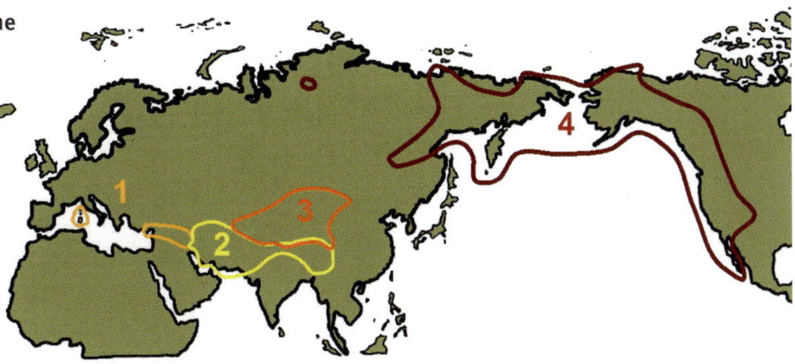

Wildschafe – derzeitige Verbreitung: Das derzeitige Verbreitungsgebiet der Wildschafe liegt auf der Nordhalbkugel und erstreckt sich von Südeuropa über Asien und die Beringstraße bis nach Nordamerika (n. TOMICZEK & TÜRCKE, 1995).

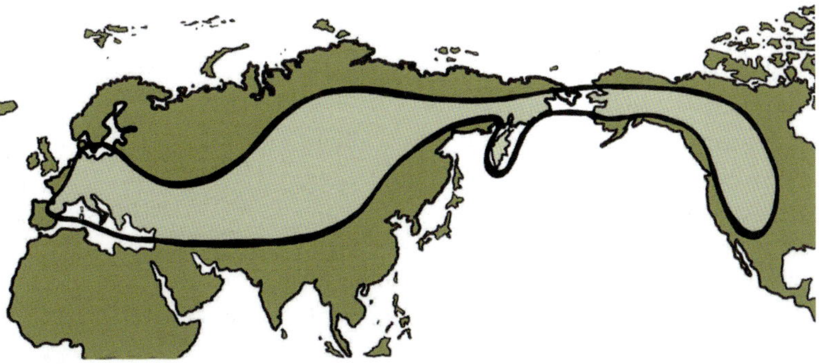

worden sein, um sie als Fleisch- und Jagdtiere zu nutzen. Die Besiedlung könnte über Nordafrika erfolgt sein. Lybische Felsgravuren zeigen Jagden auf – wahrscheinlich ausgewilderte – Mufflons, daneben finden sich viele andere Darstellungen von Mufflons in nordafrikanischen Gebirgen. Die Menschen nahmen die Tiere auf ihren ausgedehnten Wanderungen wegen der Klimaverschiebungen einfach mit und ließen sie in Sardinien wieder frei. Der manchmal hierfür verwendete Begriff der Semidomestikation bedeutet nur so viel, dass die Schafe unter Ausnutzung des Herdentriebes mit Unterstützung von Hunden von Menschen mitgeführt wurden. Dort wurde das Wildschaf aber nie domestiziert. Es gab keine unumkehrbaren Veränderungen im Erscheinungsbild und Verhalten der Tiere. Ein Autor geht davon aus, dass die Mufflons die europäische Mittelmeerküste schneller besiedelten und bereits die iberische Halbinsel erreicht hatten, während sie in Nordafrika erst bis in den ägyptischen Raum vorgedrungen waren.

Wie sehr die Mufflons auf Korsika und Sardinien ausgewilderte Wildschafe oder nur entkommene und verwilderte Hausschafe waren, ist also nicht mehr exakt nachvollziehbar. Frühe Autoren sind sich einig: Das Mufflon war besonders scheu, man konnte aber eingefangene junge Tiere leicht zähmen. Etliche Faktoren scheinen eher die Variante vom ausgewilderten Wildschaf zu unterstützen, endgültig klären wird man die Entstehungsgeschichte der Europäischen Mufflons wahrscheinlich nie.

Muffel und Hausschaf

Das westeuropäische Hausschaf stammt vom armenischen Mufflon ab. Es wurde ca. vor 10.000 Jahren in Anatolien domestiziert. Wegen der gemeinsamen stammesgeschichtlichen Wurzel haben sich die beiden Rassen noch nicht so weit auseinanderentwickelt, sodass noch Kreuzungen zwischen beiden möglich sind. Dass der Europäische Muffel mit dem Hausschaf kreuzbar ist, war bereits den Römern bekannt. PLINIUS berichtet davon, dass man diese Kreuzungsprodukte „Umbri“, also „Blendlinge“, nannte. Im 19. Jahrhundert begann man vermehrt, Muffel in Europa auszusetzen. Für diesen jagdlichen Modetrend standen zu wenige „reinrassige“ Muffel zur Verfügung. Umfangreiche Einkreuzungen diverser Schafrassen waren die Folge, die aber auch oft als „Muffel" deklariert wurden.

ARTREINHEIT BEI MUFFEL- UND STEINWILD

Kreuzungen beim Muffelwild

Bei Muffelwild wird Kreuzungszucht schon sehr lange betrieben, Kreuzungen passierten auch ungewollt mit geweideten Schafen. Schon PLINIUS erwähnte, dass Muffelwild sich fruchtbar mit dem Hausschaf begatte. Die überaus starke, durch einen jagdlichen Modetrend vor 150 Jahren ausgelöste Nachfrage nach Muffelwild und das nur sehr begrenzt vorhandene, geringe Angebot an „rassereinen" Mufflons verursachten umfangreiche Kreuzungen. Auch die Züchtung besonders starker Trophäenträger war und ist Ziel derartiger Kreuzungen. Diese Blendlinge gelangten, meist als echtes Muffelwild deklariert,

Zackelschafe wurden gezielt mit Muffelwild gekreuzt.

Das Soayschaf ist eine alte muffelähnliche Schafrasse.

Vermutlich eine Hybride: Soayschaf x Muffelwild

So entstehen bewusst oder unbewusst Muffel-Hausschaf-Kreuzungen.

in den Handel und weiter in die freie Wildbahn und in Jagdgehege. TESDORPF schreibt 1910: *„Das Muffelwild ist teuer geworden, und das hat es zuwege gebracht, dass es gefälscht wird."*
Die meisten dieser Kreuzungen blieben verborgen und nur einige wenige sind offiziell bekannt geworden, wie z. B. jene von Hernstein, Niederösterreich, wo ab 1860 planmäßig Lainzer Muffelwild mit Zackelschafen gekreuzt wurde. Nach der Auflösung des Tiergartens Hernstein im Jahre 1898 wurden die noch vorhandenen Blendlinge verkauft. Hinsichtlich der in der Literatur oft zitierten Merkmale (blöken, wolliges Vlies, erbliche Farbabweichungen, Schälneigung, bessere Trophäenqualität usw.) der Fremdbluteinkreuzung beim Muffelwild konnten nach amerikanischen Versuchen nur die Farbabweichungen und das verstärkte Trophäen- und Körperwachstum bei Kreuzungstieren belegt werden.

Die Reihe der Kreuzungen lässt sich bis in die heutige Zeit weiterverfolgen, so werden u. a. in Texas ständig derartige Kreuzungen zwischen

Mufflons und Hausschafen vorgenommen. Diese Blendlinge erreichen bereits mit zwei Jahren sehr starke Trophäen und durchschnittliche Wildbretgewichte von 55 kg.

Die stark gekrümmten Sicheln können auf einen Fremdbluteinfluss (z. B. von gealpten Ziegen) hindeuten.

Kreuzungen beim Steinwild

In jener Zeit, als Steinwild sehr selten war, wurde es mit Hausziegen gekreuzt, um zumindest Steinbock-ähnliche Nachkommen zu erhalten. Manchmal wurden solche Kreuzungen auch ausgesetzt, um „Steinwild" wiederanzusiedeln. Nachdem diese Steinwild-Hausziegen-Hybriden aber deutlich früher setzten als Steinwild und die Kitze den Witterungsbedingungen im März/April zum Opfer fielen, sind die Nachfahren dieser Hybriden recht bald wieder aus der freien Wildbahn verschwunden. Ab dem Jahr 1989 entwickelte sich ein Hybridbestand in einer klimatisch günstig gelegenen Region in der Südschweiz zwischen dort vorkommendem Steinwild und zugezogenen verwilderten Hausziegen aus Italien. Diese Steinbock-Ziegen-Hybriden wurden aber in den Folgejahren, nachdem die Anzahl der Kreuzungstiere auf 18 Stück angewachsen war, gezielt von Wildhütern erlegt (ROGANTI et al., 2003).

Definitionsgemäß sind Wildtiere Tierformen, die ohne Zutun des Menschen entstanden sind (HERRE u. RÖHRS, 1990). Dieser Definition folgend, handelt es sich nach bewusster Kreuzung von Haus- und Wildtieren bei den Kreuzungstieren nicht mehr um Wildtiere. In weiterer Folge bedeutet das aber, dass eine Bejagung von Hybriden, also von Haustieren, nicht dem Jagdrecht entspricht, da die Jagd lediglich auf jagdbare Wildtiere vorgesehen ist! Für die Schlachtung dieser Kreuzungstiere gilt streng genommen die Tierschutz-Schlachtverordnung, die ein Betäuben und Schlachten durch geschulte Personen und unter hygienischen Bedingungen vorsieht. Auch das Fleisch dieser Kreuzungstiere ist kein „Wildbret".

Steinwildhybriden sind nicht immer so leicht zu erkennen.

Der Weißanteil in der Schnecke könnte von Hausschafen stammen.

GAMS- UND STEINWILD ALS WANDELNDE APOTHEKEN

„Es ist auch der Faisch (= Blut) und die Milich von den Gämbsen, warm aus dem Wilt getrunkhen (wölliches ich selbst offt getan) seer guet, gesundt, macht kröfftig die Glider an Fieß und Hendten, störkht das Haupt und verwart das Hiern vor dem Schwintl und macht herzhafft in dem scharffen Gewent und hochen Pürgen (= Bergen) *zu steigen. Gambsenfaisch, also warmb und gleichsamb haiß aus dem Wilt getrunkhen ist wolgeschmakh, gleich ainer kochten oder gewürzten warmen Prüe oder Supen“*

Aus dem „Puech von allerlai Jägerei und Waidmannschafften", Strasser v. KOLLNITZ, Ende 17. Jahrhundert.

GÄMSEN ALS LEBENDE APOTHEKEN

Obige Beschreibung des Gamswildes stammt aus einer Zeit, in der Gämsen hauptsächlich als wandelnde Apotheken angesehen wurden und ihre Bejagung einzelnen Privilegierten und Spezialisten überlassen war. Die vielerorts extreme Lebensweise dieser Wildart leistete so manchem medizinischen Aberglauben Vorschub. Der Mensch wollte nicht zuletzt durch die Aufnahme diverser von Wildtieren stammender Organe und Körperteile dessen Eigenschaften übertragen bekommen. Vom geschabten Gamshorn (blutstillend, vertreibt Schlangen), der Brunftfeige in der Hand (lindert Geburtswehen, wirkt gegen eheliche Untreue) über die vielfältigen Anwendungsmöglichkeiten der Bezoarsteine oder Gamskugeln bis hin zu den Schalen (gegen Schwindel) gab es nahezu keinen Körperteil, dem nicht irgendwelche Heilkräfte zugeschrieben wurden. Auch den Gamskrucken sagte man Wunderkräfte nach. So wurden aus den Schläuchen Griffe für Messer, sogenannte „Gamskrickelmesser“ oder Trudenmesser, hergestellt, die dem Träger Schutz gegen Unwetter, Blitzschlag und Geister garantierten.

STEINBOCKAPOTHEKEN

Vor dem starken Rückgang des Steinwildes im 15. und 16. Jahrhundert waren es vor allem Teile seines Körpers, die in der Volksheilkunde Verwendung fanden. Der Glaube an diese Heilwirkungen war neben der Wilderei, der Weiterentwicklung der Waffen und der relativ vertrauten Lebensweise ein wesentlicher Faktor der weitgehenden Ausrottung des Steinwildes im Alpenraum. Nachdem der Leibarzt des Fürsterzbischofs von Salzburg im Jahre 1683 die besondere Heilkraft der Steinwildarzneien wissenschaftlich attestierte, erhöhten sich die Preise der Steinwildarzneien um ein Vielfaches.

Mit dem Rückgang des Steinwildes wurde der Glaube in die Heilkraft mehr und mehr auf „Arzneien“ aus Körperteilen vom Gams übertragen. Ähnliches war auch beim Bären zu beobachten, bei dem Heilwirkungen einzelner Organe später Körperteilen des Dachses nachgesagt wurden.

Herzkreuzl und Co.

Besonders begehrt waren Bezoarkugeln und Herzkreuzl vom Steinbock, die sogar in eigenen „Steinbockapotheken“ erzbischöflichen Besitzes und in Hofapotheken vertrieben wurden.

Das sogenannte „Herzkreuzl“ kann sich durch Verknöcherung von Teilen des Bindegewebsgerüstes zwischen Herzvorhöfen und -kammern bilden. Derartige Verknöcherungen sind vor allem vom Rind, Rot- und Steinwild bekannt, kommen aber auch bei anderen Tierarten vor. Herzkreuzl wurden meist in Amulettform als Glücksbringer getragen, sie sollten auch unverwundbar machen.

Sowohl dem Fersengelenk als auch zerriebenen Hornspitzen des Steinbocks sagte man potenzsteigernde Wirkungen nach, und Blut half beispielsweise gegen Blasensteine. Hornpulver als Aphrodisiakum wurde mit Gold aufgewogen! Obwohl die medizinischen Wissenschaften in den letzten Jahrhunderten enorme Fortschritte machten, ist der aufgeklärte Mensch des 21. Jahrhunderts nach wie vor anfällig gegenüber einer Reihe ähnlicher Heilmittel, nur sind diese heute meist fernöstlicher Herkunft, wie zerriebenes Bastgeweih.

Gamskugeln

Den Bezoaren, Gamskugeln oder Pansensteinen, die sowohl beim Gams- als auch beim Steinwild relativ häufig vorkommen, wurden über 40 besondere Heilkräfte zugesprochen. Sie waren aber auch altes Zauberrequisit. Wer sie bei sich trug, war für 24 Stunden hieb- und stichfest, wenn man ein wenig von den Bezoaren abschabte und mit Blei mischte, erhielt man Freikugeln. Doktor Hieronymus VELSCHIUS schrieb Anfang des 19. Jahrhunderts über Bezoarkugeln Folgendes: *„[S]olln eyn gutes Mittel seyn gegen Pest, Schwindel, Melancholie etc., etwas nüchtern davon eingenommen sollt sogar auf 24 Stunden schussfest machen, wenngleich es auch dem Gembs, der es gehabt, nicht geholfen. Die Jäger und sympathetischen Bauerndoctoren führen sie in der Hausapotheke. Mit einer Gembskugel im Sack hat man einen Universaltalisman für Seele und Leib, gegen Übel der Natur wie gegen böse Geister …“* Weiters dienten sie der Stärkung der Lebensgeister, der Geburtserleichterung, Ungezieferabwehr, waren harntreibend, halfen gegen Pest, Gift, Gelbsucht, Kopfschmerzen, Ohnmacht, Melancholie sowie gegen die „monatliche Blödigkeit“. „Bezoar“ leitet sich übrigens vom arabischen „Badsar“ ab, was Gegengift bedeutet.

Pansensteine entstehen aus schwer- oder unverdaulichen Pflanzenteilen oder Haaren (Phyto- oder Trichobezoare), die sich verfilzen und später durch die dauernden Vormagenbewegungen ku-

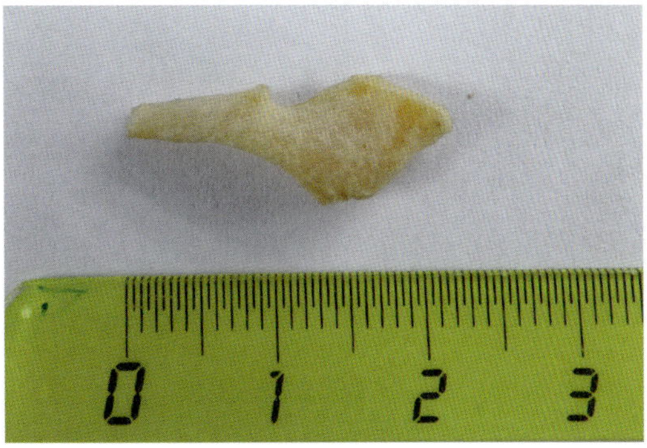

Herzkreuzl eines Steinbockes, es liegt in der Herzscheidewand.

Walzenförmiger Pansenstein eines Gamsbockes

Kugeliger Pansenstein eines Steinbockes

Steinbockhörner wurden auch zu Gebrauchsgegenständen wie Lampen oder Trinkbechern verarbeitet.

gelig, walzenförmig oder wie Eier geformt werden. In der Folge lagern sich weitere Schichten sowie Mineralstoffe in kristalliner Form an und die Oberfläche wird durch Pansenbewegungen poliert. Auch aufgenommene Fremdkörper (z. B. Steinchen) können das Zentrum eines späteren Bezoares bilden. Bei einem Querschnitt durch die meist walnuss- bis hühnereigroßen Bezoare sind fast immer das Zentrum und eine Schichtung erkennbar. Gesundheitliche Störungen in Form von Verdauungsproblemen, wie Blähungen, sind im Zusammenhang mit Pansensteinen selten und nur bei größeren Bezoaren, die mit bis zu über 20 cm im Durchmesser bei Gämsen gefunden wurden, zu erwarten.

Gebrauchsgegenstände aus Steinbockhorn

Steinbockhorn wurde zu vielerlei Zwecken auch für das tägliche Leben, beispielsweise als Luster oder für Trinkbecher verwendet. Diese alten Gegenstände könnten heute noch für genetische Untersuchungen herangezogen werden, etwa zur Abklärung der interessanten Frage, ob es ehemals einen „westalpinen" und einen „ostalpinen" Steinbock gab.

VERSCHWINDEN DES STEINWILDES

Für das Verschwinden des Steinwildes in weiten Teilen des Alpenbogens wird sehr oft ausschließlich der Mensch in Verbindung mit den aufkommenden Feuerwaffen und seinem Interesse an jeglichen Körperteilen dieser Art angeführt. Neuere Untersuchungen zeigen aber zumindest für den Ostalpenraum, dass das Verschwinden der letzten Populationen sehr wahrscheinlich auch durch klimatische Einflüsse bedingt war. Ein bedeutender Zeitraum dürfte hier um den Jahrhundertwinter 1708/1709 gelegen sein. Die auftretenden tiefen Temperaturen wurden wahrscheinlich durch vulkanische Aktivität verursacht und sorgten auch im Frühjahr und Frühsommer immer wieder für größere Neuschneemengen und Frosteinbrüche im Gebirge. Berechnungen zufolge könnte es erst im August zum Abschmelzen des Schnees auf den Bergen gekommen sein, allerdings traten bereits im September wieder die ersten Neuschneefälle ein. Chroniken, beispielsweise aus der Schweiz, berichten in diesem Sommer von einer anhaltenden Schneebedeckung der hohen Berge. Somit könnte ein Zusammenspiel von Mensch und Natur für das Ende des Steinwildes in den Ostalpen verantwortlich gewesen sein, das sicher schlechter auf solche Einflüsse reagieren konnte als das Gamswild (ZECHNER, 2016). Auch klimatische Bedingungen trugen ihren Teil zum Verschwinden des schlecht an Schnee angepassten Steinwildes bei.

Steinwild hat Probleme mit hohen Schneelagen.

KÖRPERBAU UND ANPASSUNG AN DEN LEBENSRAUM

KÖRPERBAU

So ähnlich auf den ersten Blick der Lebensraum von Gams- und Steinwild ist, so unterschiedlich sind diese beiden Arten in ihren Körpermerkmalen. Steinwild, vor allem die Böcke, wirkt gedrungen und in seinen Bewegungen manchmal fast schwerfällig, was durch den stämmigen Körper noch hervorgehoben wird. Im Gegensatz dazu steht das Gamswild mit seiner schlanken Gestalt und seiner lebendiger wirkenden Lebensweise. Doch auch innerhalb der Arten treten zahlreiche Geschlechtsdimorphismen, also geschlechtsgebundene Unterschiede, auf. Als Beispiel seien nur das Gehörn oder der Kinnbart bei älteren Steinböcken oder die geschlechtsspezifischen Abweichungen in den Körpergewichten beider Arten erwähnt.

Neugeborene Steinkitze sind bei der Geburt mit Gewichten um 3 kg nicht viel schwerer als Gamskitze mit etwa 2,5 kg. Muffellämmer wiegen 2–3 kg, wachsen sehr schnell und können nach drei Monaten bereits um die 11 kg wiegen. Die für das Erreichen der vollen Körpermaße notwendigen Zeitspannen sind jedoch völlig verschieden. Steinböcke erreichen erst mit acht bis zehn Jahren ihre volle Größe und ihr höchstes Gewicht, Steingeißen und Gamsböcke mit fünf Jahren. Gamsgeißen sind bereits meist mit vier Jahren körperlich voll ausgereift. Das Skelettwachstum beim Muffelwild ist spätestens mit vier Jahren

Beim Steinwild zeigt sich der Geschlechtsdimorphismus vor allem an der unterschiedlichen Körper- und Horngröße.

abgeschlossen, nur die Stirnzapfen der Widder wachsen weiter.

Aus Gründen der Übersicht sind die wichtigsten Körpermerkmale in der Tabelle unten zusammengefasst. Dabei gilt es aber zu beachten, dass populationsspezifische Unterschiede mitunter recht groß sein können.

Vor allem bei den Böcken aller Arten schwanken die Gewichte sehr stark im Jahreszyklus. Gamsböcke können im Verlauf der Brunft bis zu einem Drittel ihrer Lebendmasse (gelegentlich noch mehr) verlieren. Im Herbst werden allgemein die höchsten Gewichte erreicht. Bei Steinböcken können die angelegten Fettreserven vor der Brunft bis zu 35 % der Körpermasse betragen. Muffelwidder setzen zwar im Sommer und Herbst auch Feist an, verlieren aber in der Brunft i. d. R. nicht so viel an Gewicht.

ALLGEMEINES ZUM HORNAUFBAU

Als Vertreter der Familie der Hornträger (Bovidae) tragen Gams-, Stein- und Muffelwild ein Gehörn. Das Horn ist ein **Anhangsgebilde der Haut** und wird von einem teilweise hohlen Knochenzapfen (Stirnzapfen) getragen. Nach der Geburt beginnt mit dem Wachstum der **Stirnzapfen** aus dem Stirnbein die Entwicklung des Hornes, welches bei allen Arten gleich aufgebaut ist. Es besteht aus der Hornscheide, dem sogenannten Schlauch, der durch ein stark durchblutetes Bindegewebe mit dem knöchernen Stirnzapfen verbunden ist. Zeitlebens wird dann vom Hornansatz her Hornsubstanz an die **Hornscheide** angelagert. Die Spitze stellt also immer den ältesten Teil des Hornes dar.

Bereits nach wenigen Lebenswochen kann man bei allen drei Arten die Hörner erkennen. Diese werden allerdings im Verlauf des ersten Lebensjahres noch „gewechselt“, d. h., diese ersten, relativ weichen Schläuche werden abgestoßen und erst die darunterliegende Hornsubstanz bildet die eigentliche Hornspitze. Dies ist auch dafür verantwortlich, dass sich der Kitzschub im Gegensatz zu den weiteren jährlich gebildeten Schüben selten deutlich abgrenzt.

Das **Hornwachstum** wird jährlich im Spätherbst eingestellt und beginnt erst wieder zwischen März und Mai, abhängig von Witterung, Alter und Gesundheitszustand. Vielfach wird dies auf das jahreszeitbedingte knappe Nahrungsangebot zurückgeführt. Da der Wachstumsstillstand, wenn auch weniger ausgeprägt, ebenso bei Gehegetieren auftritt, vermutete bereits HEDIGER (1941), dass die Unterbrechung des Hornwachs-

Körpermerkmale und Tragzeiten von Gams-, Stein- und Muffelwild

	Gamswild		Steinwild		Muffelwild	
Merkmal	Geißen	Böcke	Geißen	Böcke	Schafe	Widder
Körperlänge in cm	85–105	95–115	95–120	110–140	100–110	110–140
Lebendgewicht in kg	25–35	30–40	35–50	65–100	30–40	45–55 (70)
Hornlänge in cm	bis 30	bis 30	bis 35	bis 120	bis 20	bis > 100
Schulterhöhe in cm	70–85		70–100		65–80	
Schwanzlänge in cm	8–12		12–15		5–8	
Hinterlauflänge* in cm	35–40		30–35		30–31	
Tragzeit in Tagen	180–190	–	150–180	–	145–155	–
Gesäuge	4 Zitzen	–	2 Zitzen	–	2 Zitzen	–

*Fersenbeinhöcker bis Schalenspitze
Durchschnittswerte aus neun Untersuchungen

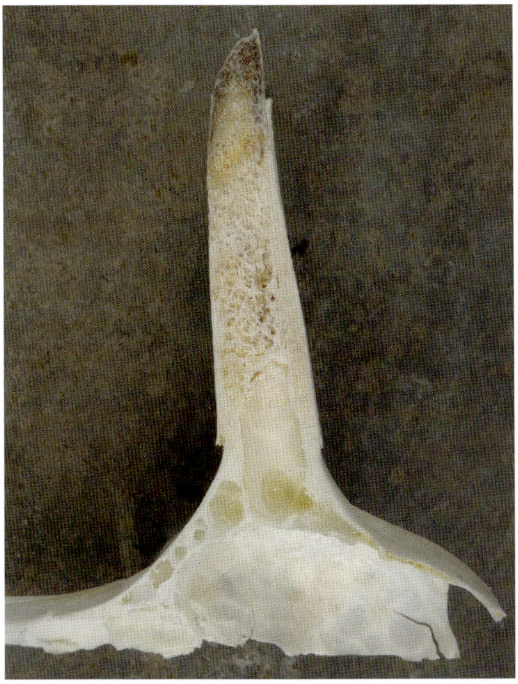

Schnitt durch den Stirnzapfen einer Gams

Trophäe einer 24-jährigen Gamsgeiß

tums eher durch Änderungen im Stoffwechselgeschehen des Organismus bedingt ist. Durch diesen Stillstand entsteht jedes Jahr ein sogenanntes **Jahresring**, an dem man das Alter der Tiere bestimmen kann. Allerdings können auch Stresseinwirkungen (Krankheiten, Verletzungen usw.) zur Ausbildung von Furchen am Horn führen, die Jahresringen ähneln. Durch die untypische Anordnung der Stressfurchen am Horn lassen sie sich bei einiger Übung allerdings meist von Jahresringen unterscheiden.

Sowohl beim Steinwild als auch beim Gamswild besteht ein starker Zusammenhang zwischen dem Hornwachstum bis Ende des Jahrlingsjahrs und dem Körpergewicht. Anhand dieser Merkmale können auch nachträglich die Lebensbedingungen untersucht werden.

Das Steinwildhorn

Beim Steinwild tragen Bock und Geiß nach Länge und Form verschiedene Hörner. Das **Bockgehörn** fällt durch seine gewaltigen Ausmaße auf und Gewichte von 5–6 kg sind keine Seltenheit. Länge, Auslage und Krümmung von Bockgehörnen können innerhalb von Kolonien sehr stark schwanken, wenngleich öfter auch ein gewisser Gründereffekt zu beobachten ist. Die **Schläuche der Geißen** sind im Querschnitt oval mit schwach ausgeprägten Schmuckleisten. Bei ihnen wird ab dem vierten bis fünften Lebensjahr die Altersansprache am lebenden Stück bereits schwierig, da die jährlichen Hornzuwächse sehr gering sind. Alte Geißen sind aber am Körperbau (Habitus) meist relativ einfach anzusprechen.

Während bei den Geißen das **jährliche Hornwachstum** vor allem durch das energieaufwendige Austragen und Führen der Kitze (Milchproduktion) beeinflusst wird, hängt jenes der Böcke vorrangig von Wilddichte und Witterung ab. So zeigen männliche Tiere in gesättigten Populationen in den ersten Jahren kürzere Schübe, was sich allerdings später umkehrt. Anders in wachsenden Populationen mit geringer Wilddichte: Hier sind die jährlichen Schübe in den ersten Jahren meist wesentlich größer, um später stärker nachzulassen. Die Witterung nimmt insofern Einfluss, da beispielsweise in Gebieten mit größeren Jahresniederschlägen und strengeren,

Durch das typische Hornwachstum während der Sommermonate bilden sich bei Stein-, Muffel- und Gamswild meist deutlich sichtbare Jahresringe aus.

Die Unterscheidung zwischen Jahresringen und Stressfurchen ist aber manchmal schwierig.

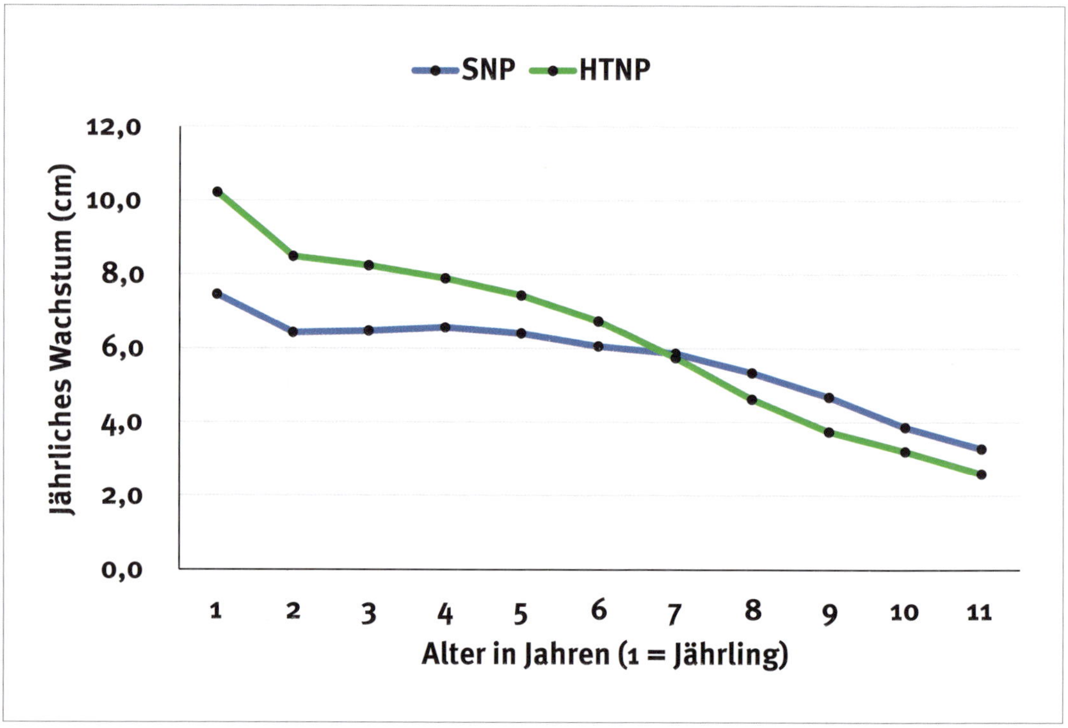

Populationsdynamische Faktoren spiegeln sich auch im durchschnittlichen Hornwachstum verschiedener Populationen wider (SNP … Schweizerischer Nationalpark – 241 Gehörne, HTNP … Nationalpark Hohe Tauern – 359 Gehörne ausgewertet) (Quelle: NPHT/SNP)

lang andauernden Wintern das Steinwild weniger Möglichkeiten hat, ins Horn zu investieren, da es als sekundäres Geschlechtsmerkmal hinter den Grundfunktionen für die allgemeine Fitness zurückstehen muss. Die jährlichen Zuwächse an den Bockgehörnen können somit in gewisser Weise auch als Indikator für die Lebensraumqualität und Wilddichte herangezogen werden.

Das Horn des Bockes ist dreieckig bis trapezförmig. An der flachen Vorderseite werden nach dem ersten Winter eine schwache und eine starke und nach dem zweiten Winter jährlich bis etwa zum siebenten Jahr durchschnittlich zwei starke Schmuckwülste (= Schmuckleisten) ausgebildet, die im höheren Alter schwächer und oft enger zusammenliegend werden. Beim alten Bock sind sie im unteren Hornbereich nur mehr angedeutet. Den größten Basisumfang erreicht das Horn meist beim fünfjährigen Tier, danach nimmt es in seiner Stärke wieder etwas ab. Abgesehen vom Kitz wird in den ersten Jahren am meisten Hornsubstanz geschoben, später werden die Zuwächse immer geringer. Häufig ist die Hornspitze bei alten Böcken sehr stark abgenutzt. Die Jahresringe lassen sich bei den Böcken seitlich oder an der Rückseite des Hornes meist deutlicher erkennen.

Die Gamskrucke

Die Krucken des Gamswildes weisen zwar ebenfalls geschlechtsspezifische, im Vergleich zum Steinwild aber bedeutend geringere Unterschiede auf. Das **Gehörn der Böcke** ist an der Basis stärker, im Querschnitt fast rund und die Hornspitze zeigt aufgrund der starken Hakelung nach unten (~180°). Die **Geißkrucke** hingegen ist im Querschnitt oval und die Hornspitze zeigt i. d. R. mehr nach hinten als nach unten (~135°). Dennoch treten auch sogenannte „bockkruckige“ Geißen oder „geißkruckige“ Böcke auf.

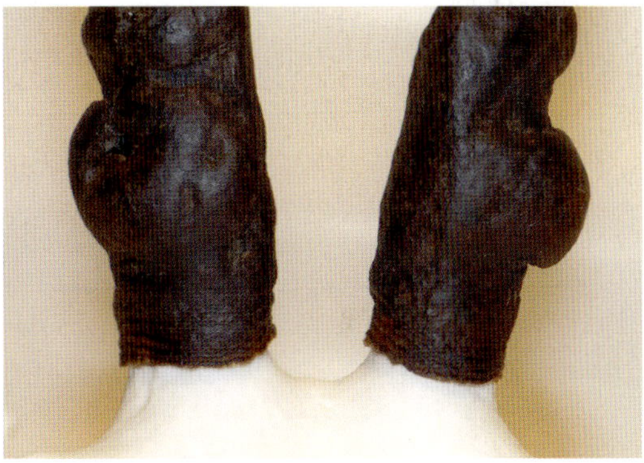

Stark verpechte Bockkrucke

Beim Gamswild sind die Unterschiede im Hornwachstum und im Körperbau weder zwischen den Geschlechtern noch im zunehmenden Alter sehr stark ausgeprägt (rechts Geiß und Kitze, links Bock).

Ähnlich wie beim Steinwild erfolgt der größte Zuwachs der Hörner im zweiten und dritten Lebensjahr, um danach wieder abzunehmen und ab dem sechsten Lebensjahr nur mehr Millimeterringe auszubilden. Wie beim Steinwild lässt sich auch an den Hörnern der Gamsgeißen oft erkennen, in welchem Jahr kein Kitz geführt wurde, da dann das jährliche Wachstum etwas stärker ist. Es besteht kein Zusammenhang zwischen der Krickelgröße ausgewachsener Gämsen und deren Vitalität.

Mitunter zeigen Krucken auch sehr starke Pechbeläge, was sogar am erlegten Stück die genaue Altersansprache fast unmöglich macht. Vermutlich entstehen diese Pechbeläge vermehrt durch das Schlagen an Fichten, Lärchen und Zirben, weniger durch Latschen, wie Vergleiche von Gamskrucken verschiedener Gebiete ergaben. Immer wieder zeigen auch Gamskrucken kleinere sogenannte Schmuckringe, die mit Altersringen verwechselt werden können. Solche Schmuckringe vergrößern jedoch den Hornumfang, während sich das Horn beim Altersring an dieser Stelle leicht verjüngt. Bei Geißen, die kein Kitz gesetzt oder es früh verloren haben, können die Hornzuwächse sowohl beim Gams- als auch beim Steinwild wieder breiter werden.

Die Muffelschnecke

Das Hornwachstum beginnt bei Widderlämmern sofort nach der Geburt und nach fünf bis sechs Wochen sind die Hörner schon 3–4 cm lang. Diese „Erstlingshörner" werden aber meist wieder abgestoßen. Das starke Wachstum in den ersten drei Jahren beträgt rund 70 % der Gesamtschneckenlänge und nimmt dann sukzessive ab. Zwischen zahlreichen Schmuckwülsten sind meist die Jahresringe oder Jahresrillen deutlich zu erkennen. Bei den Muffelwiddern gibt es unterschiedlichste Schneckentypen und -formen.

In der ursprünglichen Heimat des Muffelwildes tragen je nach Population bis über 50 % der Schafe Hörner, in den später gegründeten Kolonien am Festland sind behornte Schafe deutlich seltener und in manchen Gebieten echte Raritäten. Diese „Stümpfe" sind fast säbelartig zweischneidig oder auch nur kurz und stumpf.

HORN IST NICHT GLEICH HORN – FUNKTION UND BEDEUTUNG

So ähnlich der Aufbau der Hörner beim Stein- und Gamswild ist, so unterschiedlich ist ihre Bedeutung. Beim **Gamswild** helfen sie den Tieren neben anderen optischen Reizen und dem Geruch, sich individuell unterscheiden zu können. Wenn es in der Brunftzeit zu Kämpfen kommt, werden die nach hinten gebogenen Schläuche auch als Reißhaken eingesetzt. Krucken sind aber, ungeachtet ihrer Stellung, Stärke und Höhe, für den Rang eines Individuums im Sozialgefüge des Gamswildes annähernd bedeutungslos. So können sich auch Gamsböcke mit beidseitig abgeschlagenen Schläuchen in der Brunft behaupten.

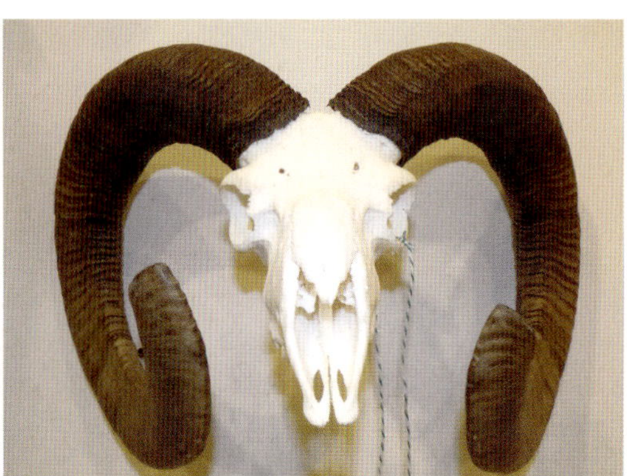

Die Schnecken der Widder können bis über 1 m lang werden.

„Stümpfe" bei Muffelschafen

Das Horn als optischer Ranganzeiger unter den Böcken: Unterschiedliches Alter – unterschiedliche Hornlänge

Anders ist es hingegen beim **Steinwild**. Hier gilt das Gehörn der Böcke als weithin sichtbares Rangabzeichen. Im Zusammenhang mit dem langsamen Körperwachstum können sich die männlichen Tiere gegenseitig sehr gut einschätzen. Im Ernstfall sowie bei spielerischen Auseinandersetzungen kommen die Hörner aber zum Einsatz. Da solche Auseinandersetzungen nach gewissen Regeln ablaufen, kommt es nur in Ausnahmefällen zu Verletzungen. Weiters dienen die Hörner zur Abwehr von Feinden, als Kratzhilfe und gelegentlich auch als Kopfstütze beim Ruhen.

KAPITALER ZWITTERGAMS („GEISSBOCK“)

Im November 2011 wurde im Bezirk Murau/Steiermark ein höchst interessanter Gams erlegt. Neben der hochkapitalen Krucke war das Verhalten im Brunftgeschehen auffällig, der Gams stand abseits der Brunftrudel. Nach der Erlegung und im Zuge der Sektion der Beckenorgane konnte festgestellt werden, dass bei diesem Gams im Alter von sieben Jahren sowohl eine Brunftrute mit Pinsel (Harnabsatz über die Brunftrute) als auch eine Gebärmutter, aber keine Hoden oder Eierstöcke erkennbar waren, ebenso fehlten die Brunftfeigen vollkommen. Definitionsgemäß wird unter „Hermaphroditismus“ (Intersexualität, Zwitterbildung) das kombinierte Auftreten primärer und/oder sekundärer Geschlechtsmerkmale des männlichen und weiblichen Geschlechts bei einem Individuum verstanden. Im gegenständlichen Falle ist zu vermuten, dass das extreme Kruckenwachstum auf das Fehlen der Keimdrüsen (Hoden, Eierstöcke) zurückzuführen war. Eine Korrelation zwischen der Tätigkeit der Keimdrüsen und den damit verbundenen Hormonschwankungen auf das Hornwachstum vermuteten bereits KNAUS und SCHRÖDER (1975), indem sie behaupteten, dass das Hornwachstum zur Zeit der Brunft durch den höheren Spiegel an Geschlechtshormonen sowohl bei Böcken als auch bei Geißen gehemmt wird. Diese Hemmung des Hornwachstums fiel beim vorgelegten Gams durch das weitgehende Fehlen von Geschlechtshormonen weg.

Die Maße der Krucke waren: Schlauchlänge 29,5 cm, Auslage 16,5 cm, Höhe 19,5 cm, Umfang 7 cm. Die Schläuche sind relativ dünnschlauchig und längsoval im Querschnitt, aber relativ gut gehakelt – alles in allem ein „Geißbock“.

Kapitaler Gamszwitter mit extremer Schlauchlänge

ABNORMITÄTEN BEI GAMS-, STEIN- UND MUFFELWILD

Bei den Hornträgern kommt es hin und wieder zu interessanten Hornveränderungen, deren mögliche Gründe aber nicht immer eindeutig sind. So gibt es beispielsweise zur Entstehung der „Teufelsböcke" noch keine eindeutige Erklärung.

Hauthorn oder dritter Schlauch?

Bei diesem in der Schweiz erlegten Gams mit einem vom Jäger vermuteten Hauthorn auf dem Haupt einer 18-jährigen Gamsgeiß drängte sich die Vermutung auf, dass es sich dabei nicht um ein eigentliches Hauthorn, sondern um einen dritten Schlauch handeln könnte. Abzuklären wäre dieser Verdacht mit einer Röntgenuntersuchung des präparierten Hauptes. Falls in diesem Schlauch ein Stirnzapfen erkennbar wäre, kann man von einem dritten Schlauch ausgehen, also einer sehr seltenen und interessanten Abnormität. Höchst interessant, aber etwas unscharf zu erkennen ist auch der Umstand, dass das Kitz der Geiß an der gleichen Stelle eine dritte Hornanlage haben dürfte. Damit wäre auch ein Hinweis auf die Erblichkeit solcher Abnormitäten gegeben.

Hornlosigkeit

Die Hornlosigkeit bei Gamswild tritt sehr selten auf. Diese interessanten Einzelfälle sind als genetische Laune der Natur, als Mutation zu werten, die in freier Natur auch keine Chancen hat sich durchzusetzen, da gezielte Anpaarungen wie bei Haustieren wegfallen. Sehr wohl aber gibt es intensive Untersuchungen zur Hornlosigkeit bei Rindern, Schafen und Ziegen. Beim Rind wurde die Hornlosigkeit bereits vor über 5.000 Jahren im alten Ägypten beschrieben. Die Rate des Auftretens der Spontanmutation vom gehörnten zum hornlosen Rind wird auf

Gamsgeiß mit drittem Schlauch (oder Hauthorn?) und Kitz vermutlich mit Hornanlage an der gleichen Stelle

Beim Gamswild sind Abnormitäten meist verletzungsbedingt, in Neuseeland treten aber auch vermutete infektiös bedingte Hornveränderungen („horn rot“) auf (Bild rechts unten).

Hornlose Gamsgeiß, erlegt in Osttirol

Kastrierter Gamsbock

1 : 50.000 bis 1 : 100.000 geschätzt. Beim Rind wird die vererbliche Hornlosigkeit seit über 30 Jahren gezielt in der Tierzucht genutzt, um hornlose Nachkommen – besonders für die Laufstall- und Mutterkuhhaltung – zu erzeugen. Damit entfällt das Enthornen der Kälber. Vier verschiedene, bekannte Genorte beeinflussen den Hornstatus (Hörner, hornlos, Wackelhorn) des Rindes. Bei der Hausziege tritt Hornlosigkeit immer wieder gekoppelt mit Zwitterbildung auf.

Beim Gamswild sind ebenso wie beim Steinwild Asymmetrien der Krucken meist verletzungsbedingt, etwa durch Absturz. In Neuseeland kommen besonders in niederschlagsreichen Lebensräumen auch vermutlich infektiös bedingte Verbiegungen bzw. Abbrechen der Schläuche vor, was als „horn rot" bezeichnet wird. „Foot rot" ist nebenbei bemerkt die englische Bezeichnung für Moderhinke, also eine bakteriell bedingte Klauenerkrankung – eine gedankliche Analogie zu Hornentzündungen lässt sich herstellen ...

Kapital nach Kastration

Ein interessanter Fall eines kastrierten Gamsbockes mit übermäßigem Hornwachstum konnte in der Steiermark beobachtet werden, wo über elf Jahre lang ein handzahmer Gamsbock gehalten wurde. Er kam bereits als Kitz in menschliche Obhut, nachdem die Geiß ca. zehn Tage nach dem Setzen verendete. Bei der verendet aufgefundenen Gamsgeiß waren äußerlich nur heraushängende Nachgeburtsteile auffällig, was als Todesursache eine Nachgeburtsverhaltung mit darauffolgender Gebärmutterentzündung vermuten ließ.

Im Alter von rund einem Jahr zeigte der aufgezogene Gamsbock erste Anzeichen von Aggressivität und wurde deshalb kastriert. Bereits in den ersten Jahren fielen sowohl die jährlichen Zuwächse wie auch die eigenartig nach außen gedrehten Krucken auf. Ab dem fünften Lebensjahr schob der Bock jährlich rund 4–5 mm lange, undeutlich voneinander abgesetzte Jahresringe, also deutlich mehr als die sogenannte „Millimeterringe". Die Gamskrucke des Bockes hatte eine Höhe von 21,5 cm, eine Schlauchlänge von beiderseits 30 cm sowie eine Auslage von 21 cm. Auffallend waren weiters ein an eine Geißenkrucke erinnernder längsovaler Schlauchquerschnitt (ca. 1,6 cm x 2 cm) und eine extreme Hakelung nach außen, wobei die Krucken für einen Bock aber normal gehakelt sind. Das ist nicht verwunderlich, da die Hakelung im ersten Lebensjahr vorgegeben wird. Eine Bewertung der Bockkrucke ergab nach den vorliegenden Maßen ca. 117 Punkte.

Vom Gesamtbild des kastrierten Gamsbockes fiel noch auf, dass der Bock im Winterhaar keinen Reif aufwies und fast keinen Bart sowie keine

Pinselhaare trug. Im Alter von zehn bzw. elf Jahren sind beide Schläuche in der Höhe von ca. 6 cm an einer Engstelle (vom Hornen?) abgebrochen.

Der Einfluss der Kastration auf das Hornwachstum ist auch in der Haustierhaltung, z. B. am stärkeren Wachstum und der abweichenden Stellung der Hörner von Ochsen gegenüber Stieren, zu beobachten. Ein zusätzlicher Einfluss auf das Hornwachstum des Gamsbockes durch die Zufütterung ist nicht auszuschließen, dürfte aber, wenn man vergleichend ganzjährig gefütterte, gut genährte Zootiere heranzieht, keine große Auswirkung haben. Weiters sollten daraus keine Forderungen nach der Winterfütterung von Gamswild aufkeimen!

In Zusammenhang mit den oben beschriebenen Hornwachstumssteigerungen bei Hornträgern nach der Kastration wären Träger sogenannter „Spitzen-" oder „Rekordtrophäen" auch danach zu beurteilen, ob sie über intakte Keimdrüsen (Brunftkugeln, Eierstöcke) verfügen ...

Abnorme Schnecke

Beim unten abgebildeten Muffelwidder ragt die rechte Schnecke bis vor den Windfang. Schon an der Schneckenbasis ist erkennbar, dass diese Schnecke mit flacherem Winkel vom Stirnbein weggeht. Als mögliche Ursache käme ein Stirnzapfenbruch, beispielsweise als Folge eines Brunftkampfes mit nachfolgender Kallusbildung und Anwachsen des Stirnzapfens in anderer Winkelung in Frage. Eine weitere Möglichkeit wäre eine Entzündung des Stirnzapfens, z. B. nach einer Verletzung und Infektion mit nachfolgend verändertem Hornwachstum. In diesem Zusammenhang kann auch in Analogie zur Moderhinke spekuliert werden, ob nicht diese Erreger, etwa nach dem Kratzen mit den Schalen an der Hornbasis, unter das Horn in Richtung Lederhaut einwachsen könnten, wo sie ideale Wachstumsbedingungen vorfänden. Bei Muffelwiddern treten als Abnormitäten noch „Einwachser", also Schnecken, die in Richtung Träger oder Nacken wachsen, sowie Abnormitäten nach Schussverletzungen bzw. Verkehrsunfällen auf. Leichte Asymmetrien der Schnecken sind beim Muffelwidder recht häufig. Durch Brunftkämpfe enstehen sogenannte „Rammschäden", welche das Horn bis zum Stirnzapfen abnutzen können.

Teufelsböcke

MESSNER (2015) untersuchte in Tirol sogenannte „Teufelsböcke" unter Steinböcken, also Böcke mit einseitig stark gekrümmter Sichel. Bakterielle Infektionen werden als wahrscheinlichste

Muffelwidder und Steinbock („Teufelsbock") mit interessanten Hornabnormitäten, vermutlich nach Bruch bzw. Infektion des Stirnzapfens.

Hauthorn mit 5 cm Länge auf der Schulter einer Gamsgeiß und großes Hauthorn am Hinterlauf einer 14-jährigen Gamsgeiß (Umfang 31 cm, Höhe 10 cm).

Ursache angesehen, spezifische Keime bzw. die genaue Ursache für die Instabilität des Stirnzapfens konnten aber noch nicht nachgewiesen bzw. geklärt werden. In den Röntgenuntersuchungen zeigten sich deutliche Knochenauflösungen des betroffenen Stirnzapfens. Anaerobe Keime, also Bakterien, die unter Luftabschluss wachsen und auch nur in Spezialuntersuchungen nachweisbar sind, wurden bisher für die Entstehung der Teufelshörner noch nicht näher in Betracht gezogen. An den betroffenen Hörnern zeigte sich stets eine kleine Öffnung im Bereich eines Jahresringes, möglicherweise diente diese als Eintrittspforte für Erreger.

Hauthörner

Hauthörner treten selten, am häufigsten noch beim Gamswild, an verschiedenen Körperstellen, wie Trägern, Läufen oder Haupt, auf. Sie entstehen vermutlich entweder aus embryonal versprengten Hornanlagen oder als Folge mechanischer Reize, auf welche die Haut mit der Bildung von Hornzellen reagieren kann.

Hauthörner beim Gamswild können so groß werden, dass sie sogar eine Behinderung darstellen. Nach NERL (1995) wurde auch beobachtet, dass sich nach leichten Streifschüssen an der getroffenen Hautstelle ein Hauthorn bildete. Ein Zusammenhang ist im Sinne eines „mechanischen Reizes“ durchaus denkbar. Hauthörner bestehen meist aus Bindegewebe ohne knöcherne Einlage, können bis rund 20 cm lang werden, sind hohl, meist kegelförmig und unterliegen dem gleichen jahreszeitlichen Wachstumsrhythmus wie die Krucken. Im Jahre 1956 wurde in Tirol ein Gams mit einem sehr großen Hauthorn in der Schultergegend erlegt, welches an der Basis einen Durchmesser von 23 cm aufwies und 11 cm hoch war. Endgültige Erklärungen für die Ursache(n) dieser seltenen Hautveränderungen, die auch bei anderen Tierarten (z. B. Reh) auftreten können, sind noch ausständig.

LÄUFE UND SCHALEN

Stein- und Gamswild können unter extremen Bedingungen fast unglaubliche Kletterkünste vollbringen und dadurch für andere Wildarten unzugängliche Stellen erreichen. Dies wird bei beiden Arten durch die Koordination von Läufen und Schalen erreicht. Spezielle Winkel zwischen den Knochen der Hinterextremitäten ermöglichen große Beweglichkeit und ein enormes Sprungvermögen. Gamswild besitzt im Verhältnis zu den Körpermaßen allerdings wesentlich längere

Die Schalen von Stein- und Gamswild bieten sicheren Tritt selbst in schwierigstem Gelände.

Hinterläufe (siehe Tab. S. 24) und ist, ähnlich dem Reh, hinten leicht überbaut. Dies kommt ihm in seinem eigentlichen Lebensraum, dem Bereich um die Kampfwaldzone, sehr entgegen, wobei die beeindruckende Sprungkraft des Steinwildes allerdings nicht erreicht wird. Steinwild besitzt eine gedrungenere Gestalt und seine Läufe sind kürzer und vom Bau der Hufe her noch besser auf das Klettern ausgerichtet. Bei beiden Arten zeichnen sich die Schalen einerseits durch harte, scharfkantige Ränder und andererseits durch weiche, fast gummiartige Ballen aus. Die Außenseite der Schalen vermag daher die kleinsten Vorsprünge zu nutzen, während die Innenseite auf jedem Untergrund guten Halt bietet.

Im steilen Gelände werden auch die Afterklauen als Hilfsmittel eingesetzt. Diesen kommt allerdings beim Steinwild größere Bedeutung zu, da der Abstand zwischen Schale und Afterklauen kleiner ist als beim Gamswild. Dem Steinwild fehlt im Gegensatz zur Gämse aber jene Sehnenhaut, die beide Schalen eines Laufes verbindet. Dadurch besitzt das Steinwild eine größere Beweglichkeit der Schalen, wodurch es dem Gamswild an Klettergewandtheit im Fels noch überlegen ist. Andererseits kann das Gamswild durch diese Spannhaut im Zusammenhang mit den weit spreizbaren Schalen die Auftrittfläche stark vergrößern. Im Schnee sinken die Tiere somit weniger leicht bzw. tief ein. Hinzu kommt noch, dass beim Gamswild pro Flächeneinheit gegenüber dem Steinwild etwa nur die Hälfte des Gewichts auf der Sohlenfläche lastet. Da besonders bei Steinböcken die Vorderläufe den überwiegenden Teil des Körpergewichtes tragen müssen, sind diese mit größeren und breiteren

Gams-, Stein- und Muffelschalen im Vergleich – auffallend die stark ausgeprägten Afterklauen des Steinwildes (Mitte), die im steilen Gelände ebenfalls eingesetzt werden.

Muffel haben enorme Sprungkraft, hier setzen sie über einen hohen Gatterzaun.

Schalen ausgestattet als jene der Hinterläufe (auch die Schalen der Vorderläufe des Gamswildes sind etwas größer, der Unterschied ist aber nicht so auffallend wie beim Steinwild).

Verglichen mit Gams- und Steinwild sind **Mufflons** keine ausgesprochenen Kletterer, bewegen sich in felsigem Gelände aber ebenfalls äußerst geschickt und verfügen über eine enorme Sprungkraft. Bis über 3 m hohe Hindernisse können fast ohne Anlauf überwunden werden.

Die Fährte des Muffelwildes ähnelt jener des Gamswildes, ist jedoch etwas abgerundeter. Auf zu weichem Boden können die Schalen überlang werden. Bei spezifischen Infektionen entsteht das Krankheitsbild der Moderhinke, welches auch Steinwild betreffen kann (siehe Kapitel Krankheiten).

HAARKLEID

Eine weitere wichtige Anpassung, die ein Überleben in großen Höhen ermöglicht, ist der Aufbau des Haarkleides. Wenn man bedenkt, dass bei einer Windgeschwindigkeit von 64 km/h bereits eine Außentemperatur von –1 °C als –21 °C empfunden wird, wird klar, welche Aufgaben dieses Organ erfüllen muss.

Das Haarkleid ist aus **drei Arten von Haaren** zusammengesetzt:

- den Woll-,
- den Grannen- und
- den Leithaaren.

Die beiden letzteren werden als Deckhaare zusammengefasst. Das Sommerhaarkleid ist – wie bei den meisten Wildarten – auch beim Gams- und Steinwild heller und besitzt kürzere und weniger dichte Wollhaare. In der Winterdecke findet man längere, dichte Wollhaare, die Hauptmasse machen allerdings die Grannenhaare aus. Beim Steinwild kommt es nur im späten Frühjahr zu einem völligen Haarwechsel, den Sommer über und im Herbst wird diese Sommerdecke vom Winterhaar nur mehr verdichtet. Gamswild hingegen wechselt zweimal jährlich das Haarkleid. Ausnahmen sind die Leithaare des Aalstrichs in der Rückenlinie (sie bilden später den Gamsbart), die Pinselhaare und jene des

Beim Steinwild ändert sich die Färbung während des Sommers andauernd, da das Winterhaar durch die Sommerdecke hindurchwächst.

Im Winterhaar sind reife Böcke kastanienbraun.

Hodensackes; diese Haare werden im Herbst nicht gewechselt.

Durch die dunklere Färbung der Winterdecken wird die Wärmeaufnahme bei Sonnenschein erhöht und dadurch der Energiebedarf, der über die Nahrungsaufnahme gedeckt werden muss, verringert. Bei tiefen Temperaturen werden die Haare auch häufig aufgerichtet, wodurch eine unbewegte, isolierende Luftschicht die Abgabe von Körperwärme vermindert. Wie gut das Haarkleid isoliert, zeigt sich, wenn bei Schneefall der Schnee abgeschüttelt werden muss, da er nicht schmilzt. Der Bereich, bis zu welchem Gamswild in Verbindung mit anderen physiologischen Anpassungen (Verminderung der Körpertemperatur zumindest in Außenbereichen usw.) noch keine zusätzlichen Maßnahmen ergreifen muss, um aktiv Körperwärme zu produzieren, reicht bis etwa −10 °C, beim Steinwild noch wesentlich tiefer.

Färbung

Das Haarkleid des **Steinwildes** erscheint weniger farbenfroh als das des Gamswildes. Böcke sind in der Sommerdecke zu Beginn mittelbraun, in verschiedenen Nuancen, mit dunklen Beinen. Flanken und Träger wirken meist etwas heller. Durch das kontinuierliche Einwachsen des Winterhaares verändert sich die Färbung der Decke aber über den Sommer leicht. Jüngere Böcke ziehen dabei allerdings meist leicht ins Rotbraune, während bei älteren Böcken eher Grautöne über-

Muffel im Frühjahrshaarwechsel

Muffel wirken zumindest „dreifarbig“: weiß – braun – schwarz

wiegen. Die fertige Winterdecke ist dunkler, vor allem bei älteren Tieren. Junge Böcke bis zwei oder drei Jahre ähneln im Winterfell noch den Geißen, die zu Beginn des Winters ein mittelbraunes Fell besitzen, das durch eine schwarze Linie von der weißen Bauchseite abgegrenzt ist. Die Geißen wirken nach dem Wechsel ins Winterhaar sehr kontrastreich. Im Verlauf des Winters bleichen die Haare bei beiden Geschlechtern aber immer stärker aus, und die Färbung wird fahler (Fahlwild). Vor allem Geißen und Jungtiere sind gegen Ende des Winters auf den ausgedorrten alpinen Matten oft nur schwer auszumachen. Das Sommerfell der Geißen ist einfarbig hell- bis mittelbraun, mit einer weißlichen Region um die Analgegend. Beide Geschlechter zeigen mehr oder weniger ausgeprägte helle Zeichnungen an den Läufen.

Gamswild variiert im Sommer zwischen Gelblich- und Rötlich-Braun, Kitze sind etwas dunkler. Vom Hinterhaupt bis zum schwarzen Wedel zieht sich ein dunkler Haarstreifen, der Aalstrich. Die Läufe, abgesehen von den Flanken der Hinterläufe, sind dunkel bis schwarz. Im Winter tragen beide Geschlechter eine dunkelbraune bis schwarze Decke. Bauch, Spiegel, Teile des Hauptes und die Kehle sind weißlich-gelb. Wie im Sommer zieht sich auch zu dieser Jahreszeit vom Lauscheransatz über die Lichter bis zum Windfang ein dunkler Strich, der Zügel. Gegen Ende des Winters bleicht das Fell wie beim Steinwild stark aus und fällt büschelweise aus. Kitze wechseln

Widder mit und ohne Sattelfleck im November

das „Geburtshaar" im Verlauf des Sommers – weshalb sie dunkler als andere Stücke sind.

Muffelwild erscheint allein schon durch die Mehrfarbigkeit der Decke und den bei Widdern meist vorhandenen Sattelfleck ganzjährig deutlich wuchtiger und schwerer als es tatsächlich ist. Die Grundfarbe der Decke im Sommer ist hellbraun bis rostrot, wodurch sich der Sattelfleck (Schabracke) weniger deutlich absetzt als in der dunkleren Winterdecke. Die Mähne an der Trägerunterseite der Widder ist in der Sommerdecke höchstens angedeutet, kann aber im Winter eine beträchtliche Länge annehmen. Die Gesichtsfärbung ist durch die weiße Maske um den Äser und oftmals vorhandene helle Brillen um die Lichter ebenfalls bunt. Weiterhin hell sind der Bereich

Die Färbung des bräunlichen Sommerhaares ist sehr variabel …

… ebenso wie es auch beim Schwarz der Winterdecke unterschiedliche Varianten gibt.

des Spiegels und die Bauchunterseite, wohingegen die Trägerunterseite, die Vorderläufe bis zum Carpalgelenk (Knie) und oft ein Streifen am seitlichen Unterbauch schwarz sind. Es gibt auch Widder ohne Sattelfleck sowie „Schwärzlinge“, die nahezu vollkommen schwarz erscheinen.

Schwarze und weiße Gams – Kohlgams und Albinos

Eine interessante Farbvariante (Melanismus) kommt beim Gamswild in Form der sogenannten **Kohlgams** vor. Bei diesen Tieren wird, meist erblich bedingt, vermehrt Pigment (Melanin) in der Haut oder den Schleimhäuten abgelagert. Sowohl im Sommer- als auch im Winterhaar sind diese Einzelstücke bis auf eine helle Stirnblesse und die Innenseite der Lauscher dunkel gefärbt, d. h., dass sie auch keinen Spiegel, keine helle Bauchseite und auch keine Aufhellungen an den Läufen zeigen. Jagdlich waren sie früher nicht gerne gesehen, da auch ihre Bärte keinen Reif aufweisen.

Kohlgamsbock in der Sommerdecke

Dass Kohlgams resistent gegen Gamsräude und -blindheit wären, wurde widerlegt. NIETHAMMER (1967) beschäftigte sich erstmals intensiver mit dieser Farbvariante, die im gesamten Alpenraum weitaus am häufigsten in der Steiermark, vor

Durch den rezessiven Erbgang ist es sogar möglich, dass eine Kohlgamsgeiß ein weißes Kitz setzt – extrem seltene Laune der Natur! (Foto: Gerhard Pilz)

Sechsjährige Albino-Gamsgeiß aus einem steirischen Bergrevier

allem in den Niederen Tauern (bis östliche Hohe Tauern), und in Teilen der nördlichen Kalkalpen auftritt, wo sie durchschnittlich etwa 5 % der Populationen ausmachen. Kaiser Maximilian I. beschrieb auch in Tirol Kohlgamsvorkommen (Gschnitztal), wo sie heute nicht mehr auftreten. Sonst dürften die Häufigkeit und Verbreitung der Kohlgams zumindest in den letzten 80 Jahren recht konstant geblieben sein. Nicht nur für den Jäger sind Kohlgams ein faszinierender Anblick. In der Brunft kann man beobachten, wie „normal gefärbte" Gams verhoffen und verunsichert sind, wenn ein Kohlgamsbock ohne die gamstypische Gesichtsmaske die Brunftbühne betritt. Es ist durchaus vorstellbar, dass abnorm gefärbten Stücken im Brunftgeschehen eine geringere Akzeptanz zukommt. KNAUS und SCHRÖDER (1975) vermuten, dass es sich bei Kohlgams um *„eine spezielle Anpassung des Wildes an bestimmte, noch nicht näher bekannte Umweltbedingungen handelt"*. Das Aussehen der Kitze ist nicht von der Färbung der Elterntiere abhängig. So führen Kohlgams normal gefärbte Kitze und normal gefärbte Geißen können Kohlkitze setzen (rezessiver Erbgang).

Neben den Kohlgams sind auch **weiße Einzelstücke** an Gamswild (Weißlinge, Albinos, Leuzine) bekannt. Unter Albinismus versteht man einen angeborenen totalen oder teilweisen (Teilalbino) Pigmentmangel in Haut, Haaren und Augen. Hervorgerufen wird Albinismus durch das Fehlen eines Enzyms in den Melanozyten, wodurch kein Pigment (Melanin) gebildet werden kann. Albinotische Tiere haben rote Augen (im Unterschied dazu haben Weißlinge normal gefärbte Augen), da auch die Regenbogenhaut pigmentlos ist und daher die stark durchblutete rot erscheinende Netzhaut zu sehen ist. Albinos sind deshalb auch lichtscheu. Weiters sind sie meist anfälliger gegenüber Krankheiten, und zusätzlich werden sie durch ihre auffällige Färbung leichter Opfer von Beutegreifern.

WEISSE GÄMSEN UND DER ABERGLAUBE

Der Aberglaube, dass demjenigen, der ein weißes Stück Wild schießt, bald ein Unglück zustoße, rankt sich besonders um den Abschuss weißer Gams. Genährt wird dieser Aberglaube durch den Tod berühmter Jäger, die tatsächlich nach der Erlegung eines weißen Gamsbockes starben. So schoss der österreichische Thronfolger Franz Ferdinand d'Este am 27. August 1913 im Salzburger Blühnbachtal einen weißen Gamsbock und wurde am 28. Juni 1914 ermordet; Kronprinz Rudolf erlegte im Dezember 1888 in den Hohen Tauern einen weißen Gamsbock, am 30. Januar 1889 wurde er in Schloss Mayerling mit Baronesse Vetsera erschossen aufgefunden; König Alexander I. von Serbien wurde im Jahre 1903, acht Monate, nachdem er im Triglavmassiv ebenfalls einen weißen Gamsbock erlegt hatte, grausam ermordet. Zufall oder Schicksal? – Ein Großteil der Jäger würde aber auch heute noch vor der Erlegung eines weißen Gams zurückschrecken.

Bei Wildwiederkäuern, wie z. B. bei Gams und Muffel, liegen die Augen seitlich am Haupt mit quergestellten Pupillen.

SINNESORGANE

Welcher der Sinne bei den hier besprochenen Wildarten am besten ausgebildet ist, lässt sich schwer sagen.

Obwohl **Gams- und Steinwild** nur über wenige Drüsenorgane verfügen, kommt dem Geruchssinn große Bedeutung zu, vielleicht beim Gamswild noch stärker als beim Steinwild. So besitzen beispielsweise beim Gamswild das Gehirn und die Nasenhöhlen, in welchen sich das Riechepithel befindet, etwa die gleiche Größe. Der Geruchssinn dient vorrangig der individuellen Erkennung und der Feindvermeidung. Doch auch die Augen müssen in Situationen, in denen jeder falsche Tritt den Tod bedeuten kann, extreme Leistungen vollbringen. Sowohl in der Dämmerung als auch beim Wechsel von beschattetem Terrain auf sonnenbeschienene Schneefelder muss dieses Organ rasch anpassungsfähig sein. Dies wird durch die quergestellten Pupillen, die sich sehr schnell weit öffnen oder verengen können, ermöglicht. Wildwiederkäuer sind Fluchttiere und bedürfen eines großen Sehfeldes, weshalb ihre Lichter seitlich am Haupt liegen. Bewegungen oder Kontraste werden sehr schnell wahrgenommen, die Wahrnehmung ruhender Objekte kann aber mitunter Schwierigkeiten bereiten und weckt beim Gamswild gelegentlich sogar die Neugier.

Muffelwild ist für sein exzellentes Sehvermögen bekannt, der Geruchssinn spielt hauptsächlich bei der innerartlichen Kommunikation und der Äsungssuche eine Rolle, darf aber auch beim Jagen nicht unterschätzt werden. Auch das Gehör mit den sehr beweglichen Lauschern ist äußerst leistungsfähig. Von Geräuschen wie Steinschlag scheinbar unbeeindruckt, kann auf der Pirsch mitunter jeder kleine Fehltritt das jähe Ende des Jagderfolges bedeuten.

Es wurde sogar vermutet, dass das Gehör beim Steinwild eine größere Rolle spiele als das Auge. Für die Gefahrenerkennung dürfte vermutlich ein Zusammenspiel aller drei Sinne in der jeweiligen Situation ausschlaggebend sein. Grundsätzlich reagiert Steinwild auf den Menschen am vertrautesten, und vor allem Bockrudeln kann man sich häufig bis auf wenige Meter nähern. Näheres zu den Sinnesorganen finden Sie in einem eigenen Kapitel ab Seite 46.

HAUTDRÜSEN

An Hautdrüsen besitzen beim **Gamswild** beide Geschlechter die hinter den Krucken gelegenen Postcornualdrüsen (Brunftfeigen) und zwischen den Schalen der Hinterläufe Zwischenklauendrüsen. Die Brunftfeigen, welche beim Bock wesentlich größer sind, dienen dem Markieren, wobei

Junger Gamsbock markiert mit den Postcornualdrüsen („Brunftfeigen").

das Sekret an Gräsern, Kräutern oder holzigen Gewächsen abgestreift wird. Sie sind das ganze Jahr über funktionstüchtig, in der Brunftzeit allerdings bedeutend stärker ausgebildet.

Das **Steinwild** verfügt nur über Analdrüsen, welche sich unter der Schwanzwurzel befinden und dem sozialen Kontakt sowohl zwischen den Geschlechtern als auch zwischen Mutter und Kitz dienen. Weiters besitzt es kaum Schweißdrüsen, weshalb es im Sommer als nicht (kaum) schwitzendes Säugetier gerne seinen Einstand an windexponierten Stellen oder beschatteten Einständen wählt. Erwähnenswert sind beim Steinwild sicherlich auch die – verglichen mit anderen Säugern – verhältnismäßig stark ausgebildeten Talgdrüsen der Penisvorhaut.

Beim Steinwild finden sich Duftdrüsen vor allem im Bereich der Schwanzwurzel.

Muffelwild hat zwischen den Schalen befindliche Zwischenklauendrüsen, Vorderaugendrüsen, Drüsen in der Leistengegend (Inguinaldrüsen) sowie ein Drüsenfeld an der nackten Unterseite des Wedels. Die Zwischenklauendrüsen markieren die Fährten und das Sekret der Vorderaugendrüsen kann an der Vegetation abgestreift werden. Analog zum Hausschaf darf angenommen werden, dass Muffelwidder über Pheromone, die von den Talgdrüsen produziert werden, bei den Schafen innerhalb von drei Tagen den Östrus auslösen können.

GEBISS

Das Gebiss von Gams-, Stein- und Muffelwild ist gleich aufgebaut. Es besteht im **Dauergebiss aus 32 Zähnen**; das Milchgebiss umfasst 20 Zähne.

An der Vorderseite des Oberkiefers befindet sich eine zahnlose harte Kauplatte, im Unterkiefer ist zwischen den Schneidezähnen (inklusive

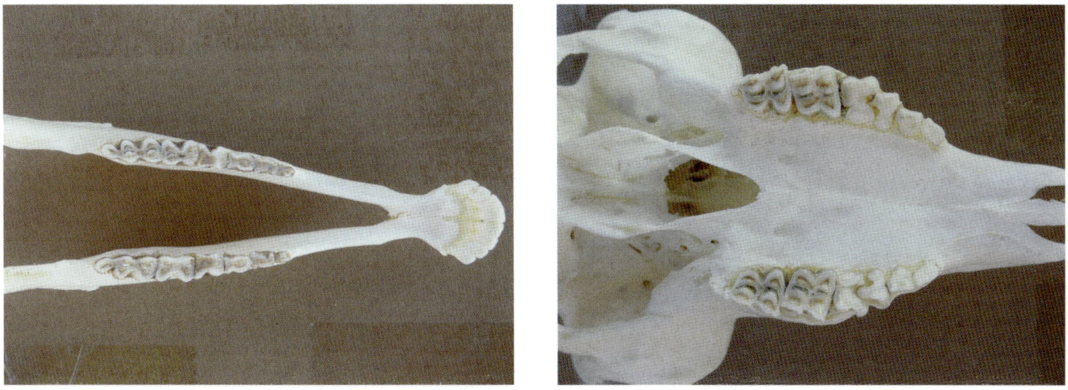

Unter- und Oberkiefer eines 21-jährigen Gamsbockes – beachten Sie das noch vollständige Gebiss.

Eckzahn, der zum Schneidezahn umgewandelt wurde) und den vorderen Backenzähnen ein breiter Spalt, das Diastema, ausgebildet. Zur Unterscheidung von Gams- und Steinwild anhand von Unterkiefern eignen sich neben der unterschiedlichen Stärke am besten die Schneidezähne. Beim Gamswild erweitern sie sich am Wurzelansatz schaufelartig, während sie sich beim Steinwild kontinuierlich keilartig verbreitern.

Der **Zahnwechsel** beginnt etwa im Alter von 15 Monaten und ist erst mit dreieinhalb bis gelegentlich etwas über vier Jahren abgeschlossen, was nicht nur der Art der Ernährung geschuldet ist, sondern auch als Hinweis für die eigentliche Langlebigkeit beider Arten gedeutet werden kann. Da sich bei beiden Wildarten das Alter fast immer am Horn einwandfrei bestimmen lässt, wird auf den Zahnwechsel hier nicht näher eingegangen, er ist für eine genaue Altersbestimmung auch ungeeignet. Beim Muffelwild ist der Zahnwechsel auch erst mit vier Jahren abgeschlossen und die Altersbestimmung bei Muffelschafen kann bis zu diesem Alter recht gut nach dem Zahnwechsel durchgeführt werden, bei Widdern – wie beim Gams- und Steinwild – nach den Schnecken.

Die **Abnutzung der Zähne** erfolgt beim Gamswild in anderer Weise als beispielsweise beim Stein-, Reh- oder Rotwild, wo die Schärfe im Alter abnimmt und die Kauflächen der Backenzähne abgeschliffen werden. Beim Gamswild bleiben die Zähne immer verhältnismäßig scharf und werden stets von der Wurzel her angehoben, weshalb sich ihre Höhe über dem Zahnfleisch auch im Alter kaum ändert. Lediglich bei sehr alten Stücken lässt sich meist ein leichtes Abnehmen der Schärfe, also ein Abschliff der Kauflächen, erkennen. Die Lippen, von denen die Oberlippe bei allen drei Arten gespalten ist, sind sehr beweglich, wodurch kleinste Pflanzen auch sehr bodennah geäst werden können. Hin und wieder werden die Äsungspflanzen so auch mit den Wurzeln ausgerissen. Diese Äsungsaufnahme unterscheidet sich also stark von jener der Hirschartigen.

WEITERE ANPASSUNGEN AN DEN EXTREMEN LEBENSRAUM

Neben den bereits genannten Merkmalen sind es vor allem einige „innere" Anpassungen, die sich für ein Überleben im Hochgebirge als notwendig erweisen. Um den Sauerstoffmangel in großen Höhen auszugleichen, besitzen beide Arten (beim Steinwild liegen die Werte noch über jenen des Gamswildes) pro Raumeinheit Blut etwa **das Doppelte bis Dreifache an roten Blutkörperchen** im Vergleich zum Menschen. Verglichen mit diesem verfügen sie auch über ein verhältnismäßig **großes Herz**, welches eine stärkere Wand als bei Huftieren ähnlicher Größe aufweist und dessen Muskel sehr leistungsstark ist.

Typisch für Bewohner von kühleren Regionen ist auch das relative Verhältnis von Körperoberfläche zu Körpergewicht. Kleine Tiere, wie beispielswei-

Körperanhängsel wie die Lauscher sind bei Hochgebirgsarten meist klein ausgebildet, was im Winter hilft Wärme zu sparen.

se Mäuse, geben aufgrund der großen Oberfläche – bezogen auf das Gewicht – wesentlich mehr Körperwärme ab als große Lebewesen. Gams- und vor allem das in der Gestalt gedrungenere Steinwild besitzen ein **gutes Masse-Oberflächen-Verhältnis**, um Energie zu sparen. Weiters sind Körperanhängsel, wie die Lauscher, klein, wodurch wiederum die Wärmeabgabe vermindert wird.

Gams- und Steinwild können auch die **Körpertemperatur** vor allem in den Außenbereichen, aber in sehr geringem Umfang auch im Körperkern **absenken**. Dadurch werden Stoffwechselvorgänge verlangsamt und geringere Wärmeverluste durch Verringerung der Temperaturdifferenz zur Umgebungstemperatur erreicht, wodurch vorrangig Energie gespart wird. Vom Steinwild wurde bereits 1985 von ONDERSCHEKA und HARTL angenommen, dass es ein hervorragend an Kälte angepasstes Wildtier ist und erst bei Temperaturen von unter –35 °C die Wärmeproduktion steigern muss, was allerdings im Vergleich zu jüngeren Forschungen zum Gamswild doch relativ niedrig erscheint. Nach SIGNER (2013) zeigt Steinwild im Sommer Herzschlagraten von bis zu rund 100 Schlägen pro Minute, die im Verlauf des Winters aber um etwa 60 % sinken und im Februar sogar nur 40 Schläge pro Minute ausmachen können. Sie scheinen widrige Umweltbedingungen nicht durch die Produktion von Wärme oder erhöhte Aktivität zur Nahrungssuche wettmachen zu wollen, sondern drosseln vielmehr den Stoffwechsel und die Wärmeabgabe nach außen, um Energieverluste zu vermeiden. Wichtig in diesem Zusammenhang sind die morgendlichen Sonnenbäder („Steinwild steht mit der Sonne auf"), die dazu dienen, die Muskulatur passiv zu erwärmen.

GESCHLECHTSREIFE

Der Eintritt der Geschlechtsreife wird von verschiedensten Faktoren – wie der körperlichen Kondition des Einzeltieres oder der Wilddichte – stark beeinflusst. Durchschnittlich wird sie bei **Gams- und Steinwild** mit etwa **zweieinhalb Jahren** erreicht. Unter gewissen Umständen können Tiere beider Arten aber auch wesentlich früher geschlechtsreif werden. So berichten KNAUS und SCHRÖDER (1975) bereits von Gamsgeißen, die sich als Jahrling beschlagen ließen und zweijährig Kitze zur Welt brachten. In der Regel wird aber sowohl beim Gams- als auch beim Steinwild das erste Kitz mit vier Jahren gesetzt. Dreijährig setzen meist nur Tiere in wachsenden oder unstrukturierten Populationen, in Mittelgebirgslagen oder Stücke in ausgesprochen guter Verfassung.

Die Geschlechtsreife bei **Muffelschafen** tritt normalerweise **im zweiten Lebensjahr** ein, kann aber relativ häufig auch schon im ersten Lebensjahr erfolgen. Hauptsächlich ist der Eintritt vom Äsungsangebot und dem allgemeinen Gesundheitszustand sowie vermutlich auch von der Wilddichte abhängig.

LEBENSERWARTUNG

Die Lebenserwartung der Geißen liegt sowohl beim **Gams-** als auch beim **Steinwild** über jener der Böcke. Geißen können vereinzelt bis über 20 Jahre alt werden und führen oft noch Kitze bis ins hohe Alter. Böcke erreichen dieses Alter nur in seltenen Fällen. Nach NERL et al. (1995) liegt die Altersgrenze der Gamsböcke zwischen 16 und 18 Jahren, bei den Geißen zwischen 16 und 20 Jahren. Ältere Quellen geben das Alter von Gämsen mit bis zu 25 Jahren an. FUSCHLBERGER (1939) spricht von einem Alter zwischen 18 und 23 Jahren. Für Steinböcke wird das Greisenalter allgemein mit etwa 14 bis 15 und für Steingeißen mit 17 bis 18 Jahren angegeben, einzelne Tiere können aber auch wesentlich älter werden. Allerdings lassen sich populationsspezifische Unterschiede in verschiedenen Gebieten erkennen, welche vorrangig in den Populationsstrukturen (welche meist durch die Bejagung beeinflusst werden), gelegentlich aber auch in umweltbedingten Ursachen zu suchen sind.

Bei Gämsen kann die Sterblichkeit zwischen einzelnen Gebieten sehr unterschiedlich sein. So hat BLEU (2016) festgestellt, dass diese zwischen dem Schweizerischen Nationalpark (SNP) und dem Gebiet Bauges (Frankreich) verschieden sind. Ein Gamsbock im SNP wurde 25 Jahre alt. In Bauges tritt die „Senilität“ früher, im Alter von sieben Jahren, ein, während dies im SNP erst bei rund zwölf Jahren der Fall ist. Auch innerhalb des SNP fanden sich Unterschiede, die vor allem auf die Lebensbedingungen zurückzuführen sind. Die Region Bauges ist bejagt, der SNP nicht, es kann sein, dass dies einen höheren Turnover (Umsatzrate) zur Folge hat.

Muffelwild hat eine natürliche Lebenserwartung von acht bis zwölf Jahren, wobei Schafe älter werden können.

22-jährige Gamsgeiß mit „Altersgesicht“

Beachtliche Feistreserven dieser Geiß in der Bauchhöhle (Ende November)

SINNE ZUR FEINDVERMEIDUNG

Wildtiere werden in ihren Sinnesleistungen von uns Menschen häufig unterschätzt oder es wird sogar angenommen, dass ihre Leistungen ähnlich seien wie die von uns Menschen. Bei Beachtung der Leistungen der Wildtiere sind auch Beunruhigungsfaktoren besser abzuschätzen.

BEWEGUNGSSEHEN

Für die Fähigkeit, kleinste Bewegungen auch in größerer Entfernung wahrnehmen zu können, sind **bewegungsempfindliche Sehnervenzellen** in den Randbereichen der Netzhaut verantwortlich. Zusätzlich unterstützt wird dieses Bewegungssehen von kleinen Unebenheiten auf der Hornhaut (Astigmatismus), die zwar das Scharfsehen etwas behindern, aber jede Bewegung deutlich besser wahrnehmen lassen, als wir sie mit dem menschlichen Auge wahrnehmen können. Den entwicklungsgeschichtlichen Grund dafür, dass diese Zellen gerade an den Randbereichen der Netzhaut vorkommen, vermutet man darin, dass Feinde meist zuerst am Rand des Gesichtsfeldes auftauchen und sich bewegen. Eine frühzeitige Erkennung dieser Feinde erhöht die Überlebenschance potentieller Beutetiere.

Der Feind am Hochsitz

Wie scharf ein Tier sehen kann, hängt vor allem von der Dichte der Sehzellen auf der Netzhaut ab. Bei vielen Wildtierarten befindet sich im zentralen Bereich der Netzhaut ein Bereich mit hoher Nervenzellendichte, welcher dem Bereich des schärfsten Sehens entspricht. Einige Wildarten, wie etwa Rot-, Gams-, Stein- und Muffelwild, besitzen zusätzlich ein **schmales Band mit hoher Nervenzelldichte**, welches sich **horizontal über die Netzhaut** erstreckt und eine weitere Zone mit sehr gutem Sehvermögen darstellt. Dieser streifenförmige Abschnitt der Netzhaut mit dichter Anordnung von Sehnervenzellen dürfte in Zusammenhang mit der Lebensweise dieser Arten stehen. So ist für Offenlandbewohner der Horizont ein wichtiger Bereich für das Erkennen von Feinden. Deshalb müssen sie zur Feindvermeidung diesen Ausschnitt der Landschaft besonders gut beobachten. Gämsen und Steinböcke halten ihr Haupt am Hang immer so, dass die „Horizontlinie" in ihren Augen bzw. auf ihrer Netzhaut parallel zur Horizontlinie des Geländes verläuft. Rotwild hingegen gleicht Bewegungen des Hauptes, z. B. beim Äsen, durch einen beweglichen Augapfel aus, sodass die „Horizontlinie" im Auge unabhängig von der Haltung des Hauptes immer parallel zum landschaftlichen Horizont steht. Der Jäger auf einem recht freien Hochsitz gegen den Himmel stellt deshalb bei kleinster Bewegung einen sehr leicht erkennbaren „Feind" dar.

Weiters besitzen Wildwiederkäuer **querovale Pupillen**, die das Blickfeld ebenso wie die seitliche Lage der Lichter am Haupt stark erweitern. Für Mufflons wird beschrieben, dass sie Feinde bereits auf 1 km eräugen könnten. WAGENKNECHT (1996) ging überhaupt davon aus, dass von Rotwild ein Lidschlag des menschlichen Auges auf ca. 50 m zu eräugen wäre. Und damit Wildwiederkäuer auf oft rasanten Fluchten nicht über Hindernisse stolpern, besitzen sie zusätzlich noch einen weiteren Bereich höherer Sehschärfe direkt oberhalb des Zentralbereiches. Dieser Sehabschnitt auf der Netzhaut hilft, den Boden vor dem Tier detailgetreu auf der Netzhaut abzubilden.

Gut erkennbar ist die querovale Pupille, welche die „Horizontlinie“ stets beobachtet.

Lodengrün wird gut erkannt

Bei den optischen Signalen kommt Bewegungssignalen eine höhere Bedeutung zu als Farbsignalen. Das Farbsehen allgemein und wie viele Farben eine Tierart unterscheiden kann, hängt davon ab, wie viele unterschiedliche Zapfentypen und Sehpigmente diese Art besitzt. Auf der menschlichen Netzhaut finden sich drei verschiedene Zapfentypen, die für den Blau-, Grün- und Rotbereich empfindlich sind, womit die Regenbogenfarben von Violett bis Rot wahrgenommen werden können. Im Gegensatz dazu haben die meisten Schalenwildarten, Raub- und Nagetiere nur **zwei verschiedene Zapfentypen**. Einen Rezeptor für kurzwelliges Licht von (Ultra-)Violett bis Blau sowie einen Rezeptor für den Grün- bis Gelbbereich. Ein Rezeptor für Rot fehlt also den meisten Säugetierarten (Vögel haben solche Rezeptoren sehr wohl; sie benötigen ihn für das Erkennen von Früchten, Balzrosen usw.). Deshalb können Säugetiere die für uns Menschen extrem auffallende rote oder orangefarbene Warnkleidung nicht wahrnehmen. Ihr Farbsehen ist also vergleichbar mit jenem eines rotblinden Menschen, der grüne, gelbe und rote Farbtöne allesamt als grün bis gelb sieht. Im Lebensraum fallen Wildtieren daher vor allem Blautöne auf, was alleine schon die Verwendung von Blue Jeans bei der Jagd verhindern sollte. Aber auch das Lodengrün wird von Wildtieren – besonders in der Dämmerung – sehr gut und wesentlich heller wahrgenommen als vom menschlichen Auge.

LEBENSWEISE UND SOZIAL-VERHALTEN IM JAHRESABLAUF

BRUNFTGESCHEHEN

Gamsbrunft – schwarze Gesellen und wilde Jagden

Gamsgeißen werden **zwischen Ende Oktober und Mitte Dezember** für einen kurzen Zeitraum brunftig. Doch bereits Anfang bis Mitte Oktober erscheinen die Böcke in der Nähe der Geißen und prüfen flehmend die Duftstoffe im Harn der Geißen. Reife Böcke versuchen sich gegen Ende Oktober ein Scharwildrudel mit geschlechtsreifen Geißen zu sichern. Diese sogenannten Platzböcke sind nun ständig auf den Läufen und nehmen kaum Äsung zu sich, was sich auch in der Verringerung des Pansenvolumens zeigt. Sie parfümieren sich mit ihrem eigenen Harn und halten stets Ausschau nach Rivalen. Dies geschieht an exponierten Stellen, wodurch das beanspruchte Gebiet optisch markiert wird. Durch das Abstreifen des Sekrets der Brunftfeigen an Grashalmen, Ästen von Zwergsträuchern, Stauden oder Latschen werden Rivalen gegenüber die Ansprüche auch durch Duftstoffe verdeutlicht. Immer wieder kann man von den Böcken das Blädern hören. Blädern ist aber auch ein Alarm- und Kontaktlaut, dieser Laut wird auch von Geißen ausgestoßen, besonders häufig jedoch von Böcken in der Brunft. Es klingt so ähnlich, als wenn man Luft durch die gepressten Lippen in kurzen Intervallen durchpresst.

Mit den Brunftfeigen werden auch Gräser geruchlich markiert.

Je älter und je zahlreicher die sich an der Brunft beteiligenden Böcke sind, desto stärker etabliert sich übers Jahr ein **Reviersystem**, dass auch in der Brunft eine Rolle spielt. Die Böcke beziehen die Reviere oft schon im Frühling und die Rangordnungsbeziehungen werden dabei schon stark im Frühjahr festgelegt. Benachbarte Böcke kennen sich in der Brunft gut, und Auseinandersetzungen zwischen ihnen sind selten. Die Böcke verteidigen entweder ein Revier oder sie streunen herum und warten auf ihre Gelegenheit. Bei Schneefall ist diese Strategie erfolgreicher. Revierhaltende Böcke verausgaben sich sehr, sie sind nach der Brunft oft stark parasitiert. Wechseln die Geißen aber witterungsbedingt das Terrain, ist der Platzbock gezwungen, ihnen zu folgen, wodurch er die Grenzen anderer Bockareale überschreiten muss.

Treffen zwei Böcke aufeinander, versuchen sie sich gegenseitig zu imponieren.

Geraten zwei Böcke aneinander, umschreiten sie einander breitbeinig und versuchen einander zu imponieren. Dabei wird der Rücken leicht gekrümmt und die Haare, vor allem in der Rückenlinie („Gamsbart"), werden aufgestellt, um größer zu erscheinen. Dieses **Breitseitimponieren** kann sich über einen langen Zeitraum erstrecken und soll Kämpfe bei ungleichen Rivalen vermeiden. Zeitigt es nicht den erwünschten Erfolg, gipfelt es in wilden **Hetzjagden**, die bergauf und bergab führen können. Dabei werden auch häufig die Rollen zwischen Jäger und Gejagtem getauscht und die Krucken als Reißhaken verwendet, die mitunter böse Wunden verursachen. Mitunter kommt es auch zu einem kurzen frontalen Kampf, ähnlich Rothirschen oder Rehböcken. Dennoch läuft der Großteil dieser Brunftkämpfe ohne gröbere, gegenseitig zugefügte Verletzungen ab. Häufiger sind jedoch Laufverletzungen, die im Zuge der Verfolgungsjagden entstehen.

Ein wesentlich größeres Problem stellen die **hohen Gewichtsverluste der Böcke** dar, die bis zu einem Drittel der Lebendmasse betragen. Wer sich zu sehr verausgabt, geht geschwächt in den langen Bergwinter. Diese Gewichtsverluste können stark variieren und hängen u. a. von der vor und während der Brunft herrschenden Witterung sowie dem Geschlechtsverhältnis ab. Bei einem ausgeglichenen Verhältnis und dem Vorhandensein älterer Böcke beruhigt und verkürzt sich das Brunftgeschehen durch die Bildung zahlreicher, dafür kleinerer, nur wenige Tiere umfassender Geißenrudel. Fehlen allerdings alte Böcke im Bestand, so führt nach BUBENIK (1984) die vermehrte Teilnahme jüngerer Tiere zu auffällig unruhigen Brunften mit zahlreichen Hetzjagden. Dies hat aber wiederum zur Folge, dass wesentlich mehr Böcke mit schwächerer Kondition in den Winter gehen und die Fallwildanteile je nach Winterstrenge höher ausfallen.

Böcke ohne Brunftrudel streifen auf der Suche nach Geißen weit umher. Als sehr junge Böcke erkennbare Tiere werden zwar von den Platzböcken weniger beachtet, sind aber vor Angriffen derselben nicht gefeit. Die Geißen wirken vom Brunftgeschehen eher unbeeindruckt und teilnahmslos. Vor dem Beschlag umwirbt der Bock die Geiß, indem er ihr folgt und den hellen Kehlfleck präsentiert (ein Demutsverhalten, das auch jüngere Böcke gegenüber älteren zeigen). Der Beschlag selbst dauert nur kurz, kann aber öfter wiederholt werden. Geißen zeigen vor dem Beschlag eine hinten leicht eingeknickte Körperhaltung. Sie sind nur ein bis zwei Tage deckbereit, können aber, wenn sie im ersten Zyklus nicht aufgenommen haben, etwa drei Wochen später erneut beschlagen werden.

Die Altersstruktur hat große Auswirkungen auf die Anzahl und Heftigkeit der Hetzjagden.

Erstaunlich, dass es bei solchen Hetzjagden nur selten zu Verletzungen kommt.

Einige Böcke nehmen auf der Suche nach Geißen auch weite Wanderungen auf sich.

Alte Böcke sind beim Gams- und Steinwild ein wichtiger Faktor für eine ruhige Brunft und relativ stabile Zuwachsraten.

Steinwildbrunft – mächtige Hörner für den Frieden

Die Brunft des Steinwildes erstreckt sich über die Monate **Dezember und Januar** (Höhepunkt zweite Dezemberhälfte) und findet meist schon in den Wintereinständen statt. Böcke lassen bereits ab Anfang November am hochgeklappten Wedel erkennen, dass sie langsam in Brunftstimmung kommen. In den nächsten Wochen werden einige, abhängig von der Alterstruktur, meist mittelalte Böcke weite Strecken zurücklegen, indem sie ihnen bekannte Geißeneinstände aufsuchen und dort die Lage ausloten. Unter den Böcken wurde die Rangordnung größtenteils in der schneefreien Zeit (vor allem nach Winterende, wenn neue Einstände bezogen werden) in Form von Kommentkämpfen festgelegt. Zwar kann es vor der Brunft noch einmal zu einer Phase mit verstärkter Kampfaktivität unter den gleich alten, reifen Böcken kommen, vor allem wenn Böcke aufeinandertreffen, welche sich im Verlauf des Sommers oder der letzten Jahre noch nicht kennengelernt haben. In der Brunft selbst ist Energiesparen aber bereits lebenswichtig.

Gleich starke, ranghohe Böcke aus den sommerlichen Rudeln suchen zur Brunftzeit häufig unterschiedliche Einstände auf. Vermutlich handelt es sich dabei aber mehr um tradierte Wanderungen aus der Jugend als um ein bewusstes „Sich-aus-dem-Weg-Gehen“. Somit kommt es in der Brunft selbst selten zu ernsthaften Kämpfen, da sich – anders als bei der Bildung der Bockrudel im Frühsommer – die Bockverbände häufig aus Tieren unterschiedlichen Alters zusammensetzen. Außerdem wirken nach SCHALLER (1977) die altersbedingten Unterschiede im Körperbau und in der Gehörnlänge als Zeichen der Rangordnung, die sich auch über größere Entfernungen erkennen lassen. Dies macht territoriales Verhalten in der Brunft überflüssig.

Grundsätzlich lassen sich **zwei Verhaltensweisen** unterscheiden. Einerseits die **„Bewachungsstrategie“**, bei der Böcke den Geißen nicht von der Seite weichen. Diese Strategie wird meist von älteren Tieren, also Böcken von etwa neun Jahren aufwärts angewandt. Die andere Strategie zur Bewachungsstrategie ist die **„Überraschungsstrategie“**. Jüngere Böcke folgen den Geißen und schlagen bei Unaufmerksamkeit der alten Böcke zu oder in einem Gelände (Felswand), wo sich die alten Böcke schwerer tun. Dies gelingt vor allem, wenn die Geißen in Bewegung sind.

Ältere Böcke bewachen paarungswillige Geißen und diese Strategie ist i. d. R. erfolgreicher, denn die Geißen paaren sich bevorzugt mit älteren Böcken. Bei hoher Schneelage sind die jüngeren und auch beweglicheren Böcke im Vorteil, einzelne jüngere Böcke machen sich im Vorfeld der Brunft auf größere Exkursionen auf der Suche nach brunftfähigen Geißen. Das Bewachen ist mit elf Jahren am stärksten ausgeprägt. Die Böcke zeigen nun häufiger Verhaltensmuster wie das Reiben des Gehörns und der Stirnseite des Kopfes an Gegenständen (= Verschlagen) oder am Boden, was vermutlich durch Aggressionen bedingt ist.

Meist werben mehrere Böcke gleichzeitig um eine Geiß. ÄSCHBACHER (1978) bezeichnet diese Verhaltensweise als **Kommunalbrunft**. Typisch für den werbenden Bock sind die Streckhaltung mit nach hinten gelegtem Gehörn und vorgestrecktem Äser sowie der hochgeklappte Wedel. Dieses Verhalten, das sich vom Säugen der Kitze ableiten lässt, wird immer wieder vom Zungenflippern, Vorderhufschlagen und gelegentlich einem Meckern begleitet. Präsentieren Steinböcke beim Drohverhalten ihre Hörner, so versuchen sie nun, diese vor der Geiß zu verbergen, um nicht Aggressionen zu erzeugen. Nicht paarungsbereite Geißen weisen die Böcke mit kurzen Hornschlägen zurück. Ähnlich wie beim Gamswild flehmen die Böcke, allerdings nicht so häufig.

Kommt die Geiß in die paarungsbereite Phase (Hochöstrus, der etwa 24 Stunden andauert), beginnt die **Einzel- oder Individualbrunft**. Der ranghöchste Bock duldet nun keine anderen Böcke mehr im engeren Umkreis. Meist genügt eine kurze Drohgebärde, um zu aufdringliche Rivalen auf Abstand zu halten. Rangniedere, also meist jüngere Böcke werden näher geduldet als ranghohe. In gut strukturierten Beständen, was beim Steinwild erst bei Koloniegrößen ab etwa 300 Tieren möglich ist, kommen unter normalen Verhältnissen kaum Böcke unter acht Jahren zum erfolgreichen Beschlag. Lediglich bei großen Schneemengen zur Zeit der Brunft können jüngere Böcke, da sie leichter und wendiger sind, ihre Chance nutzen. Der Bock begleitet die Geiß

Vor der Brunft wird beim Steinwild meist ohne heftige Kämpfe die Rangordnung überprüft, welche schon seit dem Sommer feststeht.

Auch beim Steinwild begeben sich Böcke auf die Suche nach Geißen.

Junge Böcke haben nur in Abwesenheit von alten Tieren wirkliche Chancen, aktiv an der Brunft teilzunehmen und zum Beschlag zu kommen.

noch einige Zeit und nimmt nach mehrmaligem Beschlagen wieder an der Kommunalbrunft teil. Auch nach der eigentlichen Brunftzeit kann man, ausgelöst durch nachbrunftende, nicht beschlagene Geißen oder Stücke, die nicht aufgenommen haben, immer wieder Brunftverhalten bei einigen Böcken beobachten.

Rammschaden an einer Muffelschnecke

> **HINWEIS**
>
> Zwar sorgen wilde Hetzjagden einerseits und mächtige Hörner andererseits für die Rangordnung unter den Gams- bzw. Steinböcken – eines aber sollte man nicht vergessen: Es bestimmen immer die Geißen, welcher Bock sich wann und wo vererben darf. Oder wie SCHNIDRIG-PETRIG und SALM (1998) es bezeichnen: „Die Geißen sind die wahren Spielmacher in der Brunft."

Muffelbrunft

Muffelwild ist eine gesellige Wildart und die Geschlechter trennen sich weitgehend nach dem Jahrlingsalter. Rudelgrößen nehmen mit höherem Alter der Widder meist ab, es ziehen aber alte Widder auch nur selten alleine. Außerhalb der Brunft sind ältere Widder eher heimlich und ziehen gerne alleine oder mit einem Adjutanten, einem nicht ganz so altem Stück. Jüngere Widder bilden unterschiedlich große Herrenrudel. Anders als bei Schaf-Lamm-Rudeln, deren Hierarchie vorwiegend altersabhängig ist, wird die **Rangordnung in Widderrudeln ständig ausgetragen und überprüft**. Auch junge Widder werden in die Feststellung der Rangordnung einbezogen. Üblicherweise versuchen junge Widder mit zwei oder drei Jahren, in einem Widderrudel Anschluss zu finden. Allerdings kann es auch ganzjährig gemischte Rudel geben.

Zu Beginn der Brunft werden Rangordnungsfeststellungen in den Widderrudeln häufiger. Die Rudel vermischen sich vielfach mit den Schaf-Lamm-Rudeln. Geschlechtsreife Widder folgen den brunftigen Schafen und versuchen diese vom Rudel abzudrängen und zu beschlagen. Kommen so zwei oder mehrere Widder zusammen, wird das Kräfteverhältnis anhand des Gehörns und des Gesamtzustandes der Rivalen abgeschätzt. Schwächere Stücke weichen, werden verjagt oder mit Laufschlägen traktiert etc. Oft reicht auch nur eine Drohgebärde des dominanten Stückes. Gekämpft wird nur, wenn man eine Chance auf den Gewinn des Kampfes sieht: Die Widder stellen sich gegeneinander auf, weichen mit steifen Läufen nach rückwärts aus, laufen dann mit gesenktem Haupt gegeneinander, um einander mit ihrem Gehörn oberhalb des zweiten bis dritten Schubes ihres Gehörns zu rammen. Dieser Vorgang kann so lange fortgesetzt werden, bis das schwächere Tier weicht.

In der **Vorbrunft** halten sich vorwiegend jüngere Widder in der Herde auf. Erst in der **Hauptbrunft** stoßen die dominanten Widder zur Herde und beschlagen die brunftigen Schafe. Sie ziehen sich in der Nachbrunft eher wieder zurück und überlassen die Herde wieder den jüngeren Stücken. Eine gesunde Altersstruktur mit reifen Stücken ist daher für ein gut funktionierendes Brunftgeschehen unerlässlich. Die Entnahme zu vieler reifer Widder ist daher zu vermeiden. Vor der eigentlichen Brunft lösen sich dominante Widder vom Rudel und besetzen Brunftareale.

Muffelwidder sind zwar **polygam**, die Unfähigkeit von Schafen, große zusammenhängende Rudel zu bilden, verhindert aber eine Haremsbildung. Wie bei Hausschafwiddern dürften auch rangniedrigere Muffelwidder von stärkeren in ihrer Samen- und Testosteronproduktion unterdrückt werden. Umgekehrt stimuliert aber die Anwesenheit rangniedrigerer Widder die älteren Widder.

Beim Muffelwild beginnt die **Brunftzeit je nach Klima** zu unterschiedlichen Zeiten. Auf Sardinien und Korsika setzt sie bereits im September ein, in Mitteleuropa verschiebt sie sich auf Mitte Oktober und November und reicht bis in den Dezember. Im Alpenraum ist es für die Überlebensrate der Lämmer besser, wenn die Brunft erst im November statt im Oktober stattfindet, da durch die kürzere Tragzeit die Lämmer nicht schon im März, sondern erst im April gesetzt werden.

HINWEIS

In Grundzügen gleichen der Jahreszyklus und das Brunftgeschehen des Muffelwildes jenen der beiden anderen Arten, insbesondere jenen des Steinwildes. Besonderheiten des Mufflons sind die relativ lange Dauer der Brunft ohne Synchronisation der Schafe und das Fehlen von besonderen Brunftplätzen. Die Widder halten sich im gesamten Streifgebiet der Schaf-Lamm-Rudel auf. Schmalschafe werden meist früher brunftig als Altschafe. Geht ein Lamm verloren, können Schafe nochmals brunftig und beschlagen werden.

Steinwild nutzt in den Vormittagsstunden die Sonnenenergie zum Hochfahren des Stoffwechsels.

DER JAHRESLAUF BEI GAMS- UND STEINWILD

Winter – Energiesparen bestimmt das Geschehen

Die **Standortwahl im Winter** wird bei allen drei Arten stark von der Witterung geprägt. Energiesparen bestimmt den Tagesablauf. Während beim Gamswild nach BRIEDERMANN (1985) die Aktivitätssumme niedriger wird, ist das Steinwild untertags nun mehr auf den Läufen als in den Sommermonaten. Diese Wildart wird meist nach Erscheinen der Sonnenstrahlen aktiv, die größte Aktivität im Hochwinter wird aber erst in den Nachmittagsstunden erreicht. Zwar wird nach SIGNER (2013) die Körpertemperatur verhältnismäßig rasch nach Sonnenaufgang hochgefahren, die volle Funktionsfähigkeit der Muskulatur dürfte allerdings erst später erreicht werden. Aus diesem Grund kann man Steinwild nun am Vormittag oft lange ausharrend bzw. sich nur kleinräumig bewegend beobachten.

Bei sehr ungünstigen Witterungsverhältnissen ist es jedoch für den Energiehaushalt von Gams- und Steinwild **oft günstiger, an geschützten Stellen stunden-, manchmal sogar tagelang zu verharren**. Die oftmals geschlechtlich gemischt wirkenden Verbände des Steinwildes sind nun vorrangig an steilen, felsdurchsetzten Süd- und Südwesthängen oberhalb der Waldgrenze anzutreffen. Von dort ziehen sie immer wieder auch auf die von Lawinen freigelegten Matten. Allerdings beginnt bald nach der Brunft bereits wieder eine Trennung der Geschlechter, welche aber durch die Enge der Einstände nicht immer auf den ersten Blick ersichtlich ist. Bei ungenügend großen Einständen über der Waldgrenze stellen sie sich in sonnenbeschienenen, mit lichtem Baumbestand und zahlreichen Felsen durchsetzten Arealen ein.

Das „schneegängigere" Gamswild nutzt ähnliche Strategien, stellt in dieser Jahreszeit aber nicht so hohe Ansprüche an den Lebensraum und nutzt auch Flächen mit anderer Exposition und tiefer im Bergwald. Es ist dadurch nicht so stark an die steilen felsdurchsetzten Rasengebiete gebunden wie das Steinwild. Dennoch werden auch für diese Wildart Nahrungsangebot und Lebensräume knapp. Sowohl die absolut in einem Winter gefallene Schneemenge als auch die

Auch beim Gamswild spielt das Ausnutzen der Sonnenenergie im Winter eine große Rolle.

Beim Gamswild wird im Frühjahr bereits eine Rangordnung für die Brunft festgelegt.

Anzahl der Tage mit Neuschneehöhen schon über 10 cm beeinflussten den Fallwildanteil in einem Gamsbestand am Göller signifikant. Bei Kitzen wirkten sich sowohl die über einen Winter gefallene Schneemenge als auch Tage mit Neuschneemengen über 40 cm ab März hochsignifikant auf den Fallwildanteil aus.

Aus dieser Not heraus bilden sich nun auch hier gemischte Rudel mit Geißen, einzelnen Böcken und Jungtieren. Je nach Strenge des Winters können bei beiden Wildarten große Verluste auftreten, wobei, abgesehen von Lawinenopfern, stets die Kitze, gefolgt von den einjährigen Stücken, am stärksten betroffen sind. Beim Steinwild sind aufgrund des Lebensraumes im Verhältnis zu anderem Schalenwild mitunter auch höhere Abgänge in der Mittelklasse zu verzeichnen.

Alles neu macht der Mai – frisches Grün und Nachwuchs

Da die Fettreserven aufgebraucht sind, können im Frühjahr auftretende Nassschneefälle mitunter noch einmal erhebliche Fallwildraten unter dem ohnehin bereits geschwächten Wild verursachen. Vor allem jene Tage, an welchen der Stoffwechsel aus dem Energiesparmodus wieder hochgefahren wird, stellen einen kritischen Zeitraum dar. Zusätzlich ist ab Ende März der Organismus der meisten Geißen auch durch die bereits relativ weit entwickelten Föten einer größeren Belastung unterworfen.

Im Frühjahr lässt sich vor allem **Gamswild oft tief in den Tallagen** auf den ersten grünen Wiesen beobachten, wo es die winterlichen Gewichtsverluste zu kompensieren versucht. Auch das **Steinwild** ist mit Beginn des Bergfrühlings **in tieferen Lagen** anzutreffen, von wo aus es mit den grünenden Pflanzen wieder bergwärts zieht. In Lebensräumen, welche weit über die Waldgrenze hinaufreichen, ist es allerdings selten tiefer als in den lichten Bergwäldern anzutreffen.

Bis Ende April/Anfang Mai schließen sich die Steinböcke aus verschiedenen Wintereinständen kommend wieder in Verbänden zusammen, deren Zusammensetzung zu Beginn stark variieren kann, da sich vor allem die zwei- und dreijährigen Böcke mitunter sehr unstet verhalten. Sie müssen nun die Entscheidung treffen, noch ein Jahr mit den Geißen zu verbringen oder sich den Bö-

Böcke versuchen bereits im Frühjahr ihre Brunftplätze zu verteidigen.

Rechts: Geißen suchen bevorzugt kleine Nischen auf, wo sie ihre Kitze setzen und geschützt sind.

cken anzuschließen. Davor entdecken viele von ihnen bis zum Herbst aber auch immer wieder in unbekümmerter Neugier ihren Lebensraum, weshalb im Juni und Juli häufig jüngere Böcke weitab der eigentlichen Einstände anzutreffen sind. Nun, wenn sich die Bockgruppen neu formieren, kommt es vermehrt zu meist „spielerisch" wirkenden Auseinandersetzungen unter den Böcken. Es gilt die **Rangordnung neu festzulegen**, nachzujustieren oder zu eigenen Gunsten zu verändern. Viele, vor allem ältere Böcke kennen sich bereits seit Jahren, richtig ernst wird es deshalb meist nur, wenn ein Unbekannter auftaucht.

> **HINWEIS**
>
> Nach einer Tragzeit von etwa 180–190 Tagen beim Gamswild und 150–180 Tagen beim Steinwild werden ab Anfang Mai die Kitze gesetzt. Steinwild beginnt für gewöhnlich etwas später zu setzen, das Gros der Geißen etwa um den Monatswechsel Mai/Juni.

Zwillingsgeburten sind selten, kommen aber gelegentlich vor. Wenige Tage vor dem **Setzakt** entfernen sich die Geißen aus dem Rudel, schlagen ihre vorjährigen Kitze ab und ziehen sich an geschützte Stellen zurück. Diese Setzplätze, beispielsweise Felsnischen oder dichtes Latschengestrüpp, gewähren meist einen guten Ausblick. Dort setzen sie ihre Kitze, die nach 10–20 Minuten bereits stehen können. Nach etwa einer halben Stunde sind die Jungtiere imstande, der Mutter zu folgen. Kitze und Geißen suchen sich gegenseitig durch Meckern, auch im Spiel meckern Kitze. Zwischen Mutter und Kitz besteht eine enge Bindung, die in den ersten Tagen vor allem über die geruchliche Komponente funktioniert; fremde Kitze werden toleriert. Langanhaltende nasskalte Witterung in den ersten Wochen nach dem Setzen kann mitunter zu großen Verlusten unter den Kitzen führen.

Kurzer Bergsommer – größere Rudel bilden sich aus

In den ersten Wochen **nach dem Setzen** der Kitze schließen sich die Geißen beider Arten mit

Durch spielerisches Verhalten werden u. a. die Muskeln gestärkt und Trittsicherheit erlangt.

Im Frühjahr lassen sich alle Verhaltensweisen beobachten, die zur Etablierung der Rangordnung beitragen.

ihren Jungtieren und Stücken, die nicht gesetzt haben, **wieder in Gruppen** zusammen. Auch der letztjährige Nachwuchs, der teilweise etwas orientierungslos erstmals auf eigenen Läufen stehen musste, kommt nun wieder hinzu. Diese **Verbände sind beim Gamswild** offener, und ihre Zusammensetzung kann mehr oder weniger stark variieren, da nur die eigentliche Mutterfamilie, bestehend aus Geiß, Kitz und meist auch noch Jahrling, eine fixe Einheit bildet. Viele Tiere eines Rudels sind meist miteinander verwandt – was aber beim Steinwild stärker ausgeprägt ist. Während beim Steinwild die männlichen Tiere meist bis zum Alter von zwei, seltener drei Jahren in den Geißenrudeln bleiben, schließen sich beim Gamswild häufig nur mehr die weiblichen Jahrlinge ihrer vorjährigen Mutter an. Die Bockjahrlinge bilden oft kleine Gruppen, die recht sorglos umherziehen. Jüngere und mittelalte Böcke bilden in übersichtlichem Gelände oft lockere Rudel, ansonsten bilden sich – wenn überhaupt – nur kleine Gruppen aus. Gelegentlich finden Bockjahrlinge in solchen Verbänden bereits Anschluss. Ältere Böcke suchen sich gerne als Einzelgänger ruhige, qualitativ hochwertige Einstände.

Nach KRÄMER (1969) liegt beim Gamswild ein anonymes Anschlussverhältnis vor, wodurch auch fremde Tiere toleriert werden. Steingeißen stellen sich mit den noch jungen Kitzen bevorzugt in steilen, oft unzugänglichen Felsregionen ein oder halten sich zumindest in deren Nähe auf. Hier fühlen sie sich vor Feinden sicher. Auch in den kommenden Monaten werden sie sich stets in der Nähe von Gebieten aufhalten, die ihnen als Fluchtterrain dienen können. Die genutzten Areale der Steingeißen liegen flächenmäßig meist deutlich unter den Streifgebieten der Böcke, die nun auf den höchsten Matten umherziehen, träge wirken und untertags viel ruhen.

Verglichen mit Gamskitzen **spielen Steinkitze** etwas weniger, aber auch sie zeigen wilde Verfolgungsjagden. Viele Verhaltensweisen scheinen bei beiden Arten angeboren, denn sie sind bereits in diesem Alter zu beobachten. Die Trittsicherheit ist bei beiden Arten von Anfang an beeindruckend. Häufig bilden sich unter den Kitzen Kindergärten unter der Obhut einer oder mehrerer Geißen, während die Mütter auf Nahrungssuche gehen. Gams- und Steinkitze werden im Verlauf des Sommers immer seltener gesäugt, vereinzelt kann Säugen jedoch bis nach der Brunft beobachtet werden.

Beim Gamswild halten sich Böcke über weite Teile des Jahres in relativ kleinen Streifgebieten auf, ihre Jahresstreifgebiete sind aufgrund ihres Verhaltens vor und in der Brunft aber deutlich größer. Bei den Geißen ist dies meist umgekehrt. Ihre regelmäßig genutzten **Streifgebiete** sind größer, die jährlich genutzten Gebiete liegen aber oftmals unter jenen der Böcke. Steinböcke bilden nun, wenn möglich, oft große Rudel. Erst wenn die eigentlichen Sommereinstände bezogen werden, können sich diese großen Rudel wieder aufteilen, da vor allem gleich alte Tiere die gegenseitige Gesellschaft suchen. Dies hängt einerseits mit den ähnlichen tageszeitlichen Rhythmen zusammen, andererseits ist es für die etwa gleichaltrigen Tiere wichtig zu wissen, wo sie innerhalb dieser Altersgruppe in der Rangordnung stehen. Dies bringt natürlich mit sich, dass über die Sommermonate mithilfe von ritualisierten Verhaltensweisen die Rangordnung gefestigt wird.

HINWEIS

Für die männlichen Tiere beider Arten gilt ab dem Sommer nur noch eines: Neben der Deckung des notwendigen Energiebedarfes so viel Reserven wie möglich für den bevorstehenden Winter aufzubauen.

Während beim Gamswild Scharwildrudel von über 100 Stück beobachtet werden können, bleiben beim Steinwild die Geißenverbände mit Kitzen und jüngeren Böcken stets bedeutend kleiner. Zumindest beim Gamswild ist die Größe des Rudels von der Überschaubarkeit des Lebensraumes abhängig. Dies erklärt auch, weshalb sich in bewaldeten Gebieten weder beim Gams- noch beim Steinwild große Verbände ausbilden.

Im Spätsommer lassen sich Stein- und Gamswild **in den höchsten Regionen** beobachten. Wenn

Die Einstände der Steinböcke liegen nun meist sehr hoch.

Steinwild die Möglichkeit hat, tendiert es dazu in noch größere Höhen, bis hin in die Gletscherregion, zu steigen. Sehr alte Tiere, vor allem Steinböcke, suchen sich mitunter als Einzelgänger entlegene Einstände und vollziehen in den Sommermonaten keine allzu großen Ortswechsel mehr. **Mit den ersten Schneefällen** ziehen Gams- und Steinwild **in die Wintereinstände**, die bei Steinböcken oft kilometerweit von den Sommereinständen entfernt sein können. Je nach Witterungs- und Äsungsbedingungen erweitern sich die Grenzen dieser Areale immer wieder nach außen.

Steinböcke, vor allem ältere, passen sich mit der Nahrungsaufnahme im Sommer auch der Temperatur an. Wenn es heiß wird, äsen sie vermehrt in den frühen Tagesstunden und verweilen während der Mittags- und Abendzeit in schattigen Gebieten.

Einstände und Aktivität im Sommer

Auch im Sommer stellt das Steinwild an seinen Lebensraum die höheren Ansprüche. Als nicht schwitzendes Säugetier bevorzugt es mehr noch als das Gamswild abwechslungsreich strukturiertes Gelände, welches mosaikartig alle Expositionen bietet. Die **Dauer der Äsungsperioden** und **Wahl der Äsungsplätze** sind bei beiden Wildarten zu dieser Jahreszeit sehr **witterungsabhängig**. Nordlagen oder schattige Areale werden nun im Gegensatz zum Winter wesentlich häufiger aufgesucht oder als Einstand gewählt. Bei Schönwetter zieht Gamswild bevorzugt in den frühen Vormittagsstunden, oft kurz am frühen Nachmittag und abends bis zur Dämmerung auf Nahrungssuche. Immer wieder sind die Tiere auch in der Nähe der letzten Schneefelder zu beobachten, worauf sie sich teilweise auch niedertun. Vor allem Kitze und jüngere Tiere fühlen sich auch zu Spielereien veranlasst. Durch den letzten abschmelzenden Schnee kommt auch immer wieder erstes Grün, das abgeäst wird. Gams- und Steinwild sind zwar tagaktiv, sie nehmen aber auch nachts, vor allem in mondhellen Nächten, Äsung auf und können mitunter weite Strecken zurücklegen.

Steile, felsdurchsetzte Areale mit weiten äsungsreichen Matten – hier finden sich sowohl Gams- als auch Steinwild.

Fels spielt im Fluchtverhalten eine große Rolle.

Beim Muffelwild können auch sommers mittelalte Widder in gemischten Rudeln mitziehen.

Beim Gams- und Steinwild sind Böcke (außer Jährlinge) außerhalb der Brunft nur selten in Geißenrudeln.

Beim Steinwild zeigt die Aktivität zwei, gelegentlich drei Gipfel. Bei den Böcken liegt der Schwerpunkt sehr früh in den Morgenstunden und abends. Steingeißen sind vormittags länger auf den Läufen, da die Führung und das Säugen der Kitze einen höheren Energiebedarf mit sich bringen. Obwohl diese Wildart, bedingt durch den Lebensraum, nun auch in der Nähe von Gletschern anzutreffen ist, werden diese kaum betreten und nur in Ausnahmefällen überquert. Sind Einstandsgebiete (z. B. Sommer- und Wintereinstände) durch vergletscherte Gebiete getrennt, kennt Steinwild sehr genau die eisfreien Übergänge (GRESSMANN et al., 2012).

LEBEN IN DER GEMEINSCHAFT

Wie gezeigt wurde, ziehen beide Arten das **Leben in Rudeln** vor, was gegenüber feindlichen Angriffen Vorteile bringt. Feinde werden i. d. R. früher entdeckt und auch das eigene Sicherheitsgefühl ist in der Gruppe höher. Doch für ein Zusammenleben im Rudel sind gewisse Verhaltensregeln notwendig. Diese werden durch eine **Rangordnung** innerhalb der Rudelmitglieder gesichert. Beim Steinbock deutlich stärker als bei der Gämse wird diese Rangordnung **durch optische Reize** (Körperbau, Gehörn) angezeigt. Die – verglichen mit anderen Säugern – bei beiden Arten nur spärlich vorhandenen Duftdrüsen treten in ihrer Signalwirkung zurück. ZEILER (1991) spricht beim Gamswild von anonymen Ranganzeigern, die, ausgelöst von kontrastreich gefärbten Körperstellen in Verbindung mit Verhaltensweisen, auch über größere Entfernungen erkennbar sind. Vor allem aber in der Mutter-Kind-Beziehung sowie in der Brunft sind auch geruchliche Reize von Bedeutung.

Nach AESCHBACHER (1978) entstehen die Rangverhältnisse beim Steinwild durch Drohen und Ausweichen oder durch Kampf und Flucht bzw. werden dadurch aufrechterhalten. Ähnlich dürfte es sich auch beim Gamswild verhalten. Im Rudelverband sind diese Verhaltensweisen ständig zu beobachten, andauernd wird untereinander kommuniziert. Abgesehen von Mutter und Kitz und den Kitzen untereinander duldet man außerhalb der Paarungszeit keinen direkten Körperkontakt. Die Tiere halten eine gewisse Individualdistanz ein.

Beim Gamswild markieren beide Geschlechter – die Böcke intensiv in der Brunftzeit – immer wieder mit den Postcornualdrüsen (Brunftfeigen)

Unter den Steinböcken bilden sich jetzt größere Rudel aus, in welchen die Rangordnungsverhältnisse festgelegt oder gefestigt werden.

an diversen Pflanzen. Dadurch wird für andere Tiere eine geruchliche Marke gesetzt, was am häufigsten durch ranghohe Tiere in Gegenwart anderer ausgeführt wird. Unter dem Hornen, das häufig in Verbindung mit dem Markieren zu beobachten ist, versteht man das Reiben der Krucken an Objekten, wie etwa kleinen Bäumchen. Dieses Verhalten kann mit dem Verschlagen des Steinwildes verglichen werden, welches mitunter große Schäden in Verjüngungen verursacht.

Die **Führung des Rudels** können sowohl beim Gams- als auch beim Steinwild stets mehrere ältere, meist in der Rangordnung hochstehende, aber eher selten nicht führende Tiere übernehmen. Meist handelt es sich um Tiere, die aufmerksamer bzw. misstrauischer als andere sind und selbstständig handeln, sich gewissermaßen nicht in der Anonymität des Rudels verstecken. Somit überrascht es nicht, dass es **meist führende Tiere** sind, welche die Aktivitäten eines Rudels lenken, da sich diese Tiere sehr vorsichtig verhalten. Dennoch darf die Bedeutung alter nicht führender Stücke in Populationen nicht unterschätzt werden, da sich die anderen Tiere in ihrem Verhalten noch immer stark an diesen Stücken orientieren.

LEBENSRAUM UND VERHALTEN DES MUFFELWILDES

Herkunft und Lebensweise

Muffel sind Rudeltiere, insbesondere Schafe und Lämmer schließen sich zu **Mutterfamilienverbänden** zusammen. Sie sind grundsätzlich tagaktiv und bevorzugen übersichtliches Gelände als Lebensraum. Die Wildschafe haben ihre Heimat ursprünglich in den Hochgebirgen Zentralasiens. Ihr Bestreben, Geländekuppen, Kanten oder sonst übersichtliches Gelände zu nutzen, um sich einen Überblick über die Umgebung zu verschaffen, stammt noch aus diesen Lebensräumen. Dementsprechend sind sie auch mit sehr gutem Sehvermögen ausgestattet. Das Gehör und der Geruchssinn, Organe, die man eher in bewaldeten Gebieten braucht, werden nur zusätzlich eingesetzt. Der Wind wird anscheinend aber sehr wohl auch zur Feindvermeidung genutzt. Äsende Mufflons ziehen gerne gegen den Wind, um mögliche Feinde auch geruchlich rechtzeitig wahrzunehmen.

Gerade in Europa wurden Mufflons häufig in Waldgebieten ausgewildert, sie sind also zum Waldschaf geworden. Mufflons meiden hier eher Freiflächen unter der Waldgrenze oder sie suchen landwirtschaftlich genutzte Flächen nur saisonal bei genügender Äsung auf. Sonst bevorzugen sie den Wald und kleinere Freiflächen in ihm.

Das **Auge** des Mufflons hat ein schmales horizontales **Band mit einer hohen Dichte von Ganglienzellen** und daher großer Sehschärfe, eine Zone mit höherer Sehzellendichte ist auch bei Gams-, Stein- und Rotwild vorhanden. In dieser „streifenförmigen" Zone wird die Horizontlinie gut abgesehen – eine Anpassung an das ständige Sichern des offenen Geländes vor Räubern. Der Wolf als ursprünglicher Hauptfeind wird daher schon auf große Entfernungen wahrgenommen. Aber auch das Anpirschen gestaltet sich damit schwierig. Menschen werden ebenfalls bereits auf Distanzen von über 1 km wahrgenommen.

Mufflons sind Rudeltiere, insbesondere Schafe und Lämmer schließen sich zu Mutterfamilienverbänden zusammen. Da die Schafe sich nicht gegen ihren Hauptfeind, den Wolf, zur Wehr setzen können, setzen sie eine **besonders gute Ortskenntnis** als Feindvermeidungsstrategie ein. Sie tradieren über Generationen die Kenntnis ihrer Habitate, in denen sie sich gerne auf denselben Wildwechseln bewegen. Werden sie von einem Räuber verfolgt, wissen sie sofort, wie sie das nächste felsige Gelände erreichen, um sich und die Lämmer der Verfolgung zu entziehen. Als Schutz gegen Adler, die Lämmer schlagen könnten, wird dagegen deckungsreiches Gelände aufgesucht. Verlassen Tiere die gewohnten Habitate, werden sie leichter zur Beute der diversen Fressfeinde.

Im Flachland oder Lebensräumen ohne entsprechend steilen Felsanteil kann ihre angestammte Feindvermeidungsstrategie, in felsige Areale zu flüchten, nicht angewendet werden.

Die besonders stark ausgeprägte Tradition der Lebensraumnutzung der Mufflons erschwert die

Erschließung neuer Lebensräume. Solange ein Lebensraum weitgehend alle Ansprüche erfüllt und nicht übervölkert oder auf andere Art beeinträchtigt ist, wird er kaum verlassen. Neu eingesetzte Bestände erschließen meist nur sehr langsam ihr neues Habitat. Ausbreitungsgrenzen können Bäche, Straßen oder sonstige markante Linien im Gelände sein.

Innerhalb dieser ganzjährigen Streifgebiete kann es – je nach Bedarf – Wanderungen zwischen den verschiedenen Winter- und Sommereinständen geben, auch die Größe der Streifgebiete ändert sich saisonal. Im Frühjahr wird in die Frühjahrs- und Sommereinstände gewandert, im Herbst geht es wieder in die Wintereinstände. **Passt ein Lebensraum ganzjährig**, so **wird nicht gewandert**. Über das Jahr bewegen sich Bestände gerne entlang eines Höhengradienten, sofern sie die Möglichkeit dazu haben: Eine südfranzösische Studie zeigte, dass die Tiere im Winter wegen hoher Schneelagen im Gebirge tiefere Gebiete bis 1.300 m aufsuchten. Dort werden auch die Lämmer gesetzt, danach werden die Wiesen in ca. 1.800 m Höhe bis Ende Mai genutzt. Ab Juni ziehen die Tiere sogar bis auf 2.600 m, von wo sie ab September langsam wieder talwärts wandern.

Zwischen Muffelwild und anderen Schalenwildarten kommt es nicht unbedingt zu „Reibereien“.

Die Größe der Einstandsflächen ist auch alters- und geschlechtsabhängig. Mit zunehmendem Alter entfernen sich viele Widder weiter von ihren Setz- und Brunftplätzen. Hier wurden bei alten Widdern Distanzen von über 3 km gemessen. Dagegen hatten jüngere Schafe größere Streifgebiete als ältere Tiere.

Der ideale Lebensraum

Wasser ist kein wesentliches Landschaftselement für Mufflons. Auf den trockenen Hochebenen in Kleinasien war Wasser kaum vorhanden. Wildschafe reduzierten daher ihre Wasserabgabe und **können** anscheinend **auch aus trockenen Pflanzen ihren Wasserbedarf decken**. Zu feuchte Böden können dagegen Schalenerkrankungen (Moderhinke) mit sich bringen.

Pflanzen werden je nach Verfügbarkeit genutzt. Grundsätzlich werden alle in einem Gebiet vorkommenden Pflanzenarten geäst. Vorlieben für einzelne Arten entstehen durch Tradition innerhalb eines Rudels. Das ganze Rudel lernt von einzelnen Individuen durch „Mach-mit-Verhalten“. So werden auch Bäume von Sträuchern und Weichlaubhölzern, wie Vogelbeere, Weide u. a., als Nahrungspflanzen kennengelernt. Das Schälen von Baumrinde wurde auch bei handaufgezogenen Lämmern entdeckt, die zuerst die Stämme durch Reiben markierten, sie dann aber auch „kosteten“. Weichlaubhölzer werden bevorzugt, ausnahmsweise werden auch kleine Kiefern oder Fichten geschält. Mufflons sind **nicht sehr wählerisch**, was geäst wird, entscheidet letztendlich die spezielle Zusammensetzung der Pflanzen im Lebensraum eines Rudels.

Ein **Lebensraum für Mufflons** muss daher folgendermaßen aussehen:

- Möglichst viele Geländekuppen oder Geländeteile zum Überblicken des Gebietes. Daneben bevorzugen ausgewilderte Mufflons ruhige Waldstandorte.
- Keine Feinde: Wölfe oder auch wildernde Hunde können ohne Rückzugsgebiete in felsigen Abschnitten, wohin die Feinde nicht folgen können, nicht abgewehrt werden.
- Eher zu trocken als zu feucht: Mufflons können mit Wasserknappheit sehr gut umgehen, nicht

aber mit zu feuchten Böden. Gebiete mit großen Schneehöhen werden saisonal verlassen (wenn keine Fütterung die mangelnde Verfügbarkeit von Nahrung abpuffert).

- Die Zusammensetzung der Äsungspflanzen ist weniger bedeutend.

FLUCHTVERHALTEN

Fluchtverhalten von Gams- und Steinwild

Bei Gefahr stößt vor allem das Gamswild häufig Pfiffe aus. Kann die Gefahr nicht genau definiert werden, kommt es mitunter zu einem Stampfen mit dem Vorderlauf. FUSCHLBERGER (1955) beschreibt für in die Enge getriebenes Gamswild auch einen Klagelaut, der einem lauten Blöken ähnlich ist. Gams bleiben auf der Flucht immer wieder stehen, sie machen ein „Haberl", wie der Jäger dieses Verhalten nennt. Vermutlich erfordert die Fortbewegung im Fels vollste Konzentration auf das Gelände, sodass in diesen kurzen Pausen nach dem Feind geäugt wird.

Da Steinwild auf Menschen wesentlich vertrauter reagiert als das Gamswild, bleibt es auch im Fall einer Flucht meist nach einer kurzen Strecke stehen und bewegt sich in weiterer Folge zwar zügig, aber nicht mehr flüchtig von der Störquelle weg, wobei es dabei den Verursacher ständig im Auge behält. Häufig wurde den Tieren deshalb auch eine gewisse Neugier nachgesagt.

Felsen und Steilheit spielen für das Sicherheitsbedürfnis und das Fluchtverhalten von Gams- und Steinwild eine wichtige Rolle. Im Lauf der Evolution haben sie ihr Fluchtverhalten auf Felsen ausgerichtet. Für diese Arten ist es sicherer und energiesparender, sich bei Gefahr in Felsen zurückzuziehen, wohin ihnen kein anderer Bodenfeind folgen kann. Von dort aus können sie den Angreifer im Auge behalten, ohne sich vielleicht auf einer kräfteraubenden Flucht erneuten Gefahren aussetzen zu müssen. Dies ist auch mit ein Grund, weshalb Steinwild nur schwer neue Areale besiedelt. Denn nur Felsen bieten *„dem gewandten Kletterer, aber schlechten Läufer"* ein ausreichendes Schutzgefühl (WOTSCHIKOWSKY, 1982).

Gamsflucht – Felsen und Steilheit spielen für das Sicherheitsbedürfnis des Gamswildes eine große Rolle.

Muffel flüchten nach Störungen meist weiter als Gams- und Steinwild.

Große Täler stellen Ausbreitungsschranken dar und werden nach RATTI (1984) nur durchquert, wenn der Talboden höher liegt als die Waldgrenze. Bei neu ausgesetztem Steinwild zeigen aber vor allem ältere Tiere immer wieder Wanderbewegungen über weite Strecken, die sie auch durch stark bewaldete Gebiete führen. Gämsen hingegen können vor allem im Frühjahr oft weite Wanderungen unternehmen, die sie mitunter auch in völlig neue Lebensräume führen. In den Niederungen zieht Gamswild am liebsten in der Nähe steiler, felsiger Böschungen oder Abbrüche, wohin es sich bei Gefahr zurückzieht; Gegebenheiten, die es meist in der Nähe von Flüssen findet.

Fluchtverhalten von Muffelwild

Das Fluchtverhalten des Muffelwildes wird weitgehend durch das außerordentlich gute Sehvermögen dieser Wildart mitbestimmt. Kann eine Situation noch nicht richtig abgeschätzt werden, so sichern Mufflons nahezu bewegungslos **oft sehr lange** – überhaupt wenn sie etwas Deckung haben. Bei wahrgenommener Gefahr werden Rudelmitglieder durch einen zischenden **Warnpfiff** oft verbunden mit Vorderlaufstampfen gewarnt. Wenn das Rudel flüchtet, verhofft es oft noch einmal kurz nach Gamsmanier, um dann in der Flucht aber meist recht weite Strecken zurückzulegen. Bei häufigerer Störung in einem Gebiet kann Muffelwild Einstände überhaupt aufgeben („Leerpirschen“).

STREIFGEBIETE VON GAMS, STEINBOCK UND MUFFLON

Streifgebietsgrößen richten sich nach der Qualität des Lebensraumes. Alpine bis hochalpine Streifgebiete sind größer als die entlang und über der Kampfzone des Waldes, wo man auf relativ kleinem Raum alle notwendigen Requisiten zum Überleben findet (insbesondere auch Deckung und Witterungsschutz auf kleiner Fläche). Die Streifgebiete von reinen Waldgams liegen beispielsweise in der Mitte zwischen diesen Extremen.

Messung von Streifgebietsgrößen

Streifgebietsgrößen sind allgemein abhängig von verschiedenen Faktoren. Hier hat es in der Wildbiologie in den letzten Jahren Veränderungen dahingehend gegeben, dass früher vorrangig Minimum Convex Polygone als Vergleichswerte genannt wurden, man heute aber dazu tendiert, in die gewonnenen Werte Verteilungshäufigkeiten miteinzubeziehen. Anders gesagt: Eine einzelne Messung, die stark vom Großteil der Daten abweicht, wurde früher ins Streifgebiet miteinbezogen, während solche Daten heute als Ausreißer ausgeschieden werden. Dies ist insofern sinnvoll, da solche Einzeldaten durch äußere Einflüsse entstehen können, die über einen Sender nicht erfasst werden können, wie beispielsweise einer Störung mit nachfolgender weiter Flucht.

Zusätzlich sind durch Sender gewonnene Daten auch von der Mentalität des Tieres sowie dem Verhalten während der Senderlaufzeit abhängig. Da die Senderlaufzeiten begrenzt sind, kann ein junges besendertes Tier ein anderes Raumverhalten zeigen als ein älteres Tier, dass sein Verhalten geändert hat. Außerdem erhält man aufgrund der begrenzten Laufzeit eines Senders nur Einblick in einen gewissen Lebensabschnitt eines Tieres. Davor und danach kann es auch ein anderes Raumverhalten zeigen.

Streifgebietsgrößen des Steinwildes

Es gibt klare Unterschiede zwischen freigelassenen Steinböcken und solchen, welche bereits über Generationen in einem bestimmten Lebensraum vorkommen. Freigelassene Tiere, vor allem

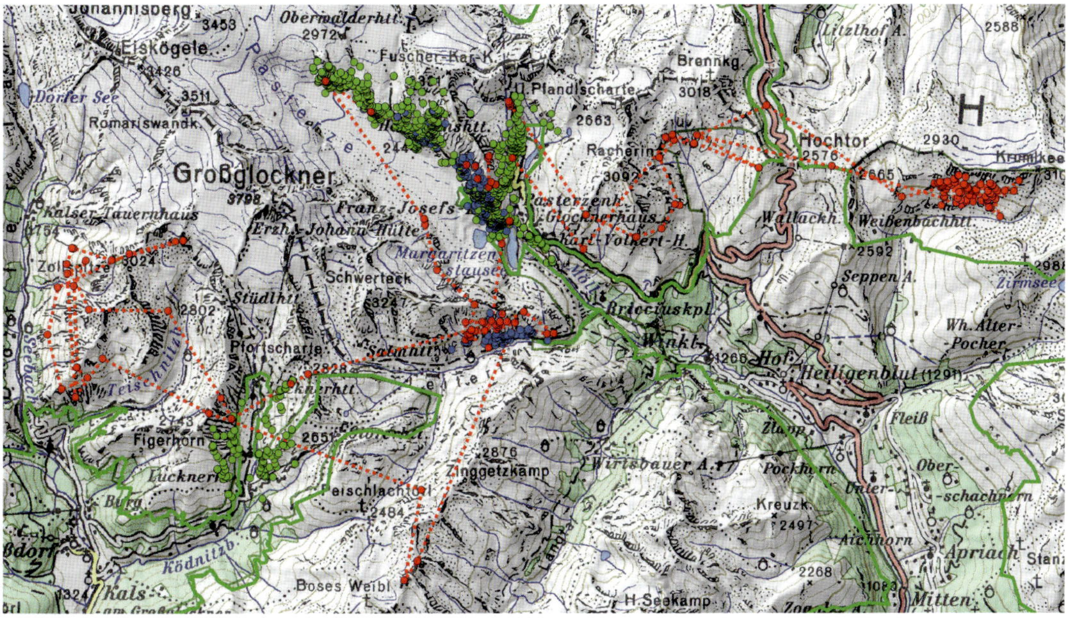

Die rot gepunktete Linie zeigt die von Peilpunkt zu Peilpunkt gemessene Wanderstrecke eines besenderten fünfjährigen Bockes in der Vorbrunftphase im Nationalpark Hohe Tauern mit einer Gesamtlänge von 198 km. Die im Gelände tatsächlich zurückgelegte Strecke dürfte noch wesentlich größer sein. (Quelle: Nationalpark Hohe Tauern)

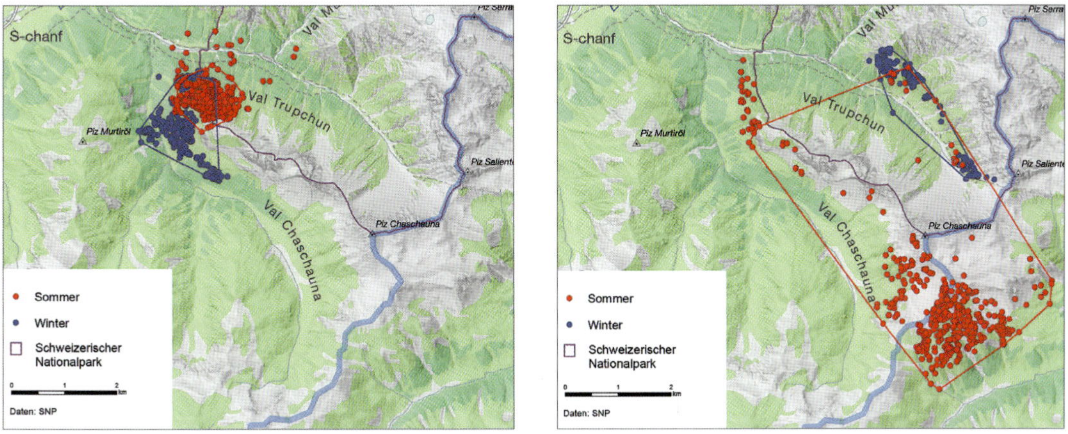

Unterschiedliche Nutzung von Sommer- und Wintereinstandsgebiet eines Gamsbocks (links) und eines Steinbocks im Schweizerischen Nationalpark. Die stärker ausgeprägte Möglichkeit von Gämsen, die verschiedenen Lebensräume zu nutzen, wird anhand der Expositionen deutlich. (Quelle: Schweizerischer Nationalpark)

jene aus Gefangenschaft, verhalten sich, so es sich um jüngere Tiere handelt, sehr kleinräumig und erweitern im Lauf der Jahre ihre Streifgebiete meist nur langsam.

Ansonsten bestehen beim Steinwild betreffend das Raumverhalten grundsätzlich große Unterschiede zwischen Geißen und Böcken. Die Geißen haben aufgrund des langen Bergwinters kaum Zeit für größere Wanderungen, da sie bald die Setzeinstände aufsuchen müssen. Ab diesem Zeitpunkt zählt allein die Sicherheit des Kitzes, die auch bis zum Rückzug in die Wintereinstände gewährleistet sein muss. Anders ist es bei den Böcken, die oft weite Wanderungen zwischen Sommer- und Wintereinständen zeigen, aber auch zwischenzeitlich mitunter mit großen, oftmals nur kurzzeitig anhaltenden Ortsveränderungen überraschen können.

Durchschnittliche Ganzjahresstreifgebiete von Geißen können in Abhängigkeit vom Lebensraum so zwischen 250 und 850 ha betragen, während jene der **Böcke** zwischen 1.500 ha und über 12.000 ha umfassen können. Solch große Streifgebiete kommen meist durch zielgerichtete Wanderungen zwischen Sommer- und Wintereinstand oder Wanderungen vor und in der Brunftzeit zustande.

Die hauptsächlich im Jahr genutzten Areale sind meist kleiner. Doch selbst im Winter nach der Brunft wechseln vereinzelte Böcke mitunter nochmals den Wintereinstand und können dabei größere Strecken zurücklegen.

STEILHEIT BEIM STEINWILD

Steinböcke bevorzugen ganz klar Hänge mit über 30°, wobei der Schwerpunkt zwischen 35° und knapp 50° einer Steilheit liegt. Vorrangig, nicht nur im Winter, spielen süd- und südwestseitige Einstände eine wichtige Rolle in Steinwildgebieten. Bevorzugt genutzt werden, wenn vorhanden, subalpine und alpine Rasen sowie felsige Steilflächen mit Bewuchs.

Streifgebietsgrößen des Gamswildes

Auch bei Gams hängt die Streifgebietsgröße von der Qualität des Lebensraumes ab. Sind alle notwendigen Komponenten auf kleinem Raum verfügbar, reduziert sich die Größe. Gams nutzen im Durchschnitt wesentlich kleinere Gebiete als Steinböcke. Einzelne Tiere wie wandernde Böcke können allerdings bis zu 750 ha durchstreifen, eine Geiß im Schweizer Nationalpark brachte es sogar auf 810 ha. Böcke am Hochschwab nutzten im Jahresdurchschnitt ca. 50 ha, hatten ein Maximum im Dezember mit 135 ha und ein zweites im April mit 73 ha. Von anderen Gebieten sind ähnliche Jahreswerte bekannt (so berichten MILLER u. CORLATTI bei Tiroler Gams von Flächen um 60 ha). Geißen nutzen im Durchschnitt größere Gebiete als Böcke (Hochschwab fast 70 ha), haben aber geringere saisonale Schwankungen. Ihre Aktivität, die auch mittels Sender gemessen wird, ist im Jahresdurchschnitt höher als die der Böcke. Reine Waldgams durchstreifen größere Gebiete als solche, die den Wald nur teilweise nutzen. Ganzjährige Gratgams dürften dagegen große Flächen beanspruchen. Je nach Lebensraum kann zwischen Winter- und Sommerstreifgebieten gewechselt werden. Am Hochschwab werden ab den ersten massiven Schneefällen die Wintereinstände um die Waldgrenze und darunter aufgesucht. Die mit 50%iger Wahrscheinlichkeit genutzten Kerngebiete sind allerdings bei allen Tieren minimal. Sowohl HAYMERLE als auch ZEILER u. GRÜNSCHACHNER-BERGER maßen hier nur Flächen von um die 2 ha.

Streifgebietsgrößen des Muffelwildes

Auch bei Mufflons ist die Größe der Streifgebiete abhängig von der Qualität des Lebensraumes und ist nicht von einem Gebiet auf das andere übertragbar. In Südfrankreich bewegten sich jüngere Widder in Streifgebieten von ca. 450 ha, in der Brunftzeit reduzierten sie die Flächen auf bis zu 250 ha. Erwachsene Tiere nutzten etwa 580 ha, innerhalb der Brunft ca. 240 ha.

Im steilen Gelände ist das Äsen einfacher.

VERHALTEN – KOMFORT-VERHALTEN UND INNERARTLICHE KOMMUNIKATION

Soziale Wildtiere kommunizieren untereinander großteils durch ihre Körpersprache. Ein Individuum versteht die Bedeutung der Kopf- oder Körperhaltung eines Nachbarn, Rudelmitgliedes oder Geschlechtspartners. Diese teilweise ritualisierten Verhaltensformen sind innerhalb einer Art unmissverständlich: Man kann sein eigenes Verhalten danach ausrichten, teilweise werden gröbere Konfrontationen allein durch diese Gesten verhindert. **Verhaltensweisen**, die der Kommunikation dienen, sind **in drei Gruppen einteilbar**:

- Solche, die den sozialen Status innerhalb einer Gruppe anzeigen
- Aggressives Verhalten und Drohen
- Verhaltensweisen im Rahmen des Werbens zwischen Geiß und Bock

Die Zuordnung eines Verhaltens nur zu einer bestimmten Gruppe ist aber häufig nicht möglich. Daneben gibt es auch Verhalten, das nur dem eigenen Wohlbefinden dient und keine soziale Bedeutung hat (Ruhe- und Komfortverhalten).

GAMS

Ruhe und Komfortverhalten

Gams in Ruhe scheinen meist im „Halbschlaf" zu dösen. Ruhende Gams dösen untertags eher nur mit fast geschlossenen Lidspalten. Eine etwaige Feindannäherung wird sofort bemerkt und es wird entsprechend reagiert. Richtiges Schlafen kann man untertags eher bei jüngeren Stücken wie diesem Kitz beobachten.

Geißen lassen Harn (Nässen), indem sie die Hinterläufe einknicken und den Rücken senken. Bei Böcken kann man dieses Verhalten öfter in jungen Jahren oder ausnahmsweise als Teil des Brunftverhaltens sehen.

Fellpflege zeigt Gamswild seltener als Steinwild und nur, wenn es sich sicher fühlt. Die geringere Beobachtbarkeit von solchem Verhalten wird großteils der geringeren Vertrautheit mit Menschen – auch in Gebieten, in denen Gams an Menschen gewöhnt sind – und einer allgemein höheren Aufmerksamkeit gegenüber Feinden zuzuschreiben sein.

Agonistisches Verhalten

Agonistische Verhaltensweisen haben mit Rivalität, Wettbewerb und Präsentieren des eigenen Status zu tun – vermutlich auch bereits mit Rangordnungsverhältnissen für die Brunft. Dazu gehören **Kämpfe** und „Gewalt“, aber auch alle damit verbundenen **Verhaltensweisen der Dominanz** (Imponieren, Drohen etc.), **des Verteidigens, Beschwichtigens und der Flucht**. Eine saubere Trennung zwischen agonistischem und Brunftverhalten ist oft nicht möglich. Junge Tiere (verstärkt Böcke) üben häufig Imponier- und Kampfgehabe spielerisch mit Gleichaltrigen.

Kämpfe zwischen Gams finden das ganze Jahr über statt und erreichen am Ende des Winters einen ersten Hohepunkt. Phasen des Imponierens, aber auch harte Auseinandersetzungen kann man zu dieser Zeit besonders häufig beobachten. Auch die in Relation zur restlichen Decke besonders langen und auffälligen Rückenhaare fallen in dieser Saison besonders auf. Dabei sind frontal geführte Kämpfe mit den Krucken äußerst selten zu beobachten – Hetzjagden hingegen schon. Gams zeigen aber auch viele Verhaltensweisen, die Dominanz auch ohne direkte Aggression augenscheinlich machen.

Dominanz, Breitseitimponieren

Äser und Träger werden nach vorne gestreckt, Lauscher nach hinten. Der Rücken wird gewölbt, der Bart wird aufgestellt, das Stück präsentiert sich in gespannter steifbeiniger Haltung da. Der ganze Körper soll damit größer erscheinen. Imponieren zwei Stücke einander, weichen sie mit der Hinterhand einander aus, sie stehen dann parallel in umgekehrter Richtung zueinander. Es kann ein „Imponier-Karussell“ entstehen, bei dem die Tiere umeinander „kreisen“.

Auch Geißen zeigen Dominanzverhalten: Rechts oben: Zwei Geißen treffen aufeinander, die rechte hebt das Haupt und fixiert die linke, jüngere Geiß. Diese dreht das Haupt beiseite, dreht sich danach um und geht. Bei der Begegnung rechts hebt die dominante Geiß das Haupt noch etwas höher, die unterlegene Geiß dreht auch hier ab und weicht aus.

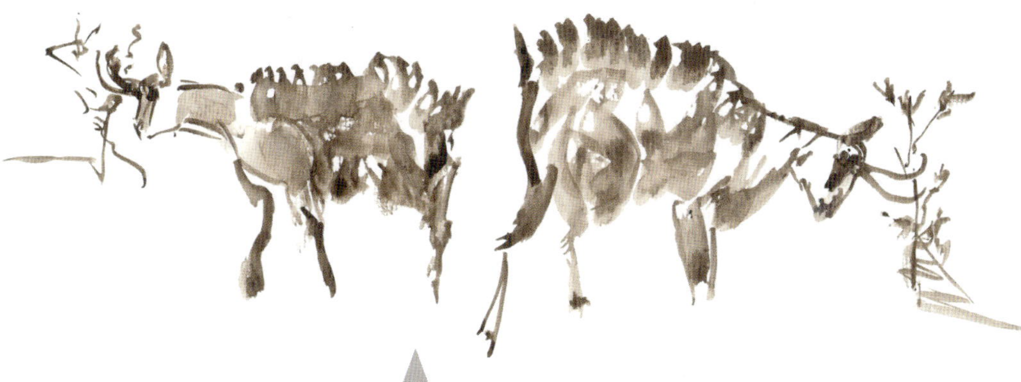

Markieren – Hornen

Beim Hornen werden nur die Krucken an Büschen oder kleinen Bäumen heftig gerieben oder geschlagen. Dabei können immer wieder dieselben Stellen aufgesucht werden. Durch das Pflanzenharz wird Pech an den Krucken angelagert.

Zwei Böcke kommunizieren einander ihre Überlegenheit, indem sie beim Markieren die Krucken und die dahinter befindlichen Duftdrüsen, die Brunftfeigen, an Büschen oder kleinen Bäume reiben. Diese ritualisierte Verhaltensweise setzt eine für die Artgenossen wahrnehmbare Duftmarke und demonstriert die Bereitschaft, dieses Revier zu halten. Dieses Reiben kann mehrere Minuten dauern und wird gerne auch in Gesellschaft anderer Stücke gezeigt (in der Brunft aber auch alleine – Reviermarkierung).

Erektionskauern

Ein Bock kann so seine Dominanz zeigen, ohne direkt einem Konkurrenten aggressiv begegnen zu müssen. Er knickt auf den Hinterläufen ein und demonstriert dem Rivalen seine Brunftrute. Selten sieht man dieses Verhalten auch gegenüber Geißen.

Brunftschütteln

Brunftschütteln kann allein oder im Beisein eines anderen Bocks gezeigt werden. Der Bock schüttelt seinen Körper immer heftiger, dabei wird Harn abgesetzt, am Schluss kann noch der Kopf geschüttelt werden. Der Harn wird dabei an den Flanken über die Decke und den Boden gespritzt, die Duftstoffe im Harn (Pheromone) werden freigesetzt. Der Bock markiert „sich selbst" und seine Umgebung. Er zeigt damit seinen Status und kann auch sein Revier abgrenzen. Brunftschütteln ist auf die Fortpflanzungszeit beschränkt.

Hetzjagd

Hetzjagden können aus gegenseitigem Imponieren zweier Böcke entstehen. Beide versuchen Höhe gegenüber dem Konkurrenten zu gewinnen, aus dem ritualisierten Imponieren kann ein Bock den anderen zu verfolgen beginnen, der andere rast in hohem Tempo davon. Hetzjagden enden oft genauso abrupt, wie sie begonnen haben, oder die Rollen wechseln. Die Rollen können immer wieder wechseln. Der Gejagte dreht sich um und hetzt nun den anderen Bock. Bei der Jagd kann der Verfolger den Gejagten mit der Krucke zu hakeln versuchen. Hetzjagden werden häufig von annähernd gleich starken Böcken durchgeführt.

Demutsverhalten

Ein rangniedrigeres Tier zeigt seine Unterlegenheit einem anderen Individuum an. Es streckt den Träger nach vorne und senkt ihn ab. Dieses Verhalten kann zwischen zwei Böcken oder zwei Geißen gezeigt werden. Bei diesem Verhalten gibt es viele Abstufungen, oft wird es nur angedeutet, was aber in der innerartlichen Kommunikation ausreicht. Daher ist es für das menschliche Auge nicht immer leicht erkennbar – gelegentlich wirkt es wie ein „normaler" Bewegungsablauf.

Spielerischer Halskampf von Kitzen

Das für adulte Tiere lebenswichtige Kommunikationsverhalten wird schon im Jugendalter geübt. Hier senkt ein Kitz seinen Träger auf den Rücken des anderen.

Flehmen während der Brunft

Böcke flehmen, indem sie den Kopf mit offenen Lichtern in die Höhe strecken und die Oberlippe aufziehen. So können möglichst viele Duftstoffe aufgenommen und geprüft werden. Meist wird dieses Verhalten gezeigt, um die Empfangsbereitschaft der Geiß zu prüfen. In dieser Situation harnen Geißen häufig, der Bock kann dann den Harn kontrollieren. Die Atemluft wird in der Nasenhöhle über das Jakobson'sche Organ geführt, in dem die Duftstoffe „analysiert" werden. Flehmend kann auch der Geiß gefolgt werden.

Bock: Haupt hoch gegen Geiß

Erwachsene Geißen haben eine ausgeprägte Kontaktscheue gegenüber Böcken, die erst durch ein längeres Zeremoniell überwunden werden muss. Der Bock nähert sich steifbeinig der Geiß mit erhobenem Haupt und präsentiert seinen weißen Kehlfleck. Die – sonst gefährlich wirkenden – Krucken werden damit optisch verkleinert. Alle Verhaltensweisen zeigen das Gegenteil von Imponieren und Angriffsbereitschaft. Damit beschwichtigt der Bock die Geiß und darf sich ihr nähern.

Flankenstreicheln

Der Bock berührt leicht die Flanke der Geiß. Er prüft, ob die Geiß für den Beschlag bereit ist. Bleibt sie stehen, wird sie meist in der Folge beschlagen. Dieses Verhalten geschieht hier vorsichtig. Es wird manchmal aber auch gröber ausgeführt und als Dominanzverhalten von älteren Böcken gegenüber Jüngeren gezeigt (ähnlich auch beim Mufflon).

Schleichimponieren

In der Brunftzeit versucht der Bock seine Geißen zu herden und fremde Böcke abzuwehren. Das Haupt wird gesenkt, die Krucken gezeigt. Mit dieser Drohgebärde kann man Geißen im Brunftrudel halten oder andere Böcke von ihr vertreiben.

STEINBOCK

Dominanz starker Stücke ist bei den Steinböcken schon wegen des mächtigeren Gehörns viel klarer als bei Gams oder Mufflon. Bei den Geißen ergeben sich vermutlich einige Dominanzverhältnisse bereits aufgrund der Verwandtschaftsverhältnisse innerhalb der Rudel.

Komfortverhalten

Steinböcke investieren viel Zeit in Fellpflege und Ruhen. Da Steinböcke in ihrem Lebensraum kaum Feinde haben, zeigen sie auch Verhaltensweisen wie Sich-Putzen, Kratzen oder auch „richtiges" Schlafen, welche in Gebieten, wo sie an Menschen gewöhnt sind, auch recht häufig zu beobachten sind.

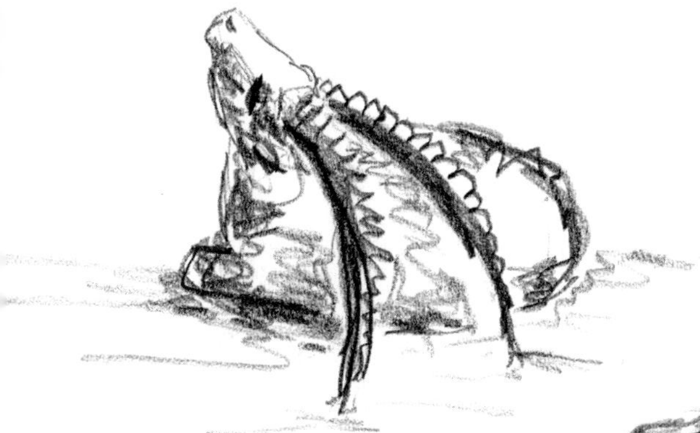

Gehörn als Werkzeug

Steinböcke können die Reichweite ihres Gehörns und dessen Bewegungen im Raum genau einschätzen. Das Gehörn wird damit auch ein Werkzeug, das gezielt zur Unterstützung diverser Verhaltensweisen eingesetzt werden kann. Beim Schlafen kann das Gehörn als Nackenstütze eingesetzt werden. Damit wird die Nackenmuskulatur entlastet. Große Trophäen können bei vielen Schalenwildarten auch zur Körperpflege eingesetzt werden, beispielsweise zum Kratzen.

Schalenpflege

Beim Steinwild ist das Abknabbern der Schalen oder des Kronsaumes (Übergang von den Schalen zur Haut) im Liegen oder im Stehen besonders häufig beobachtbar.

Sitzen

Sitzen ist eine andere Körperhaltung zur Entlastung des Körpergewichtes bei den Böcken.

Agonistisches Verhalten

Markieren

Der Grund des Hornens, das vor allem im Frühjahr intensiver, mitunter sogar aggressiv zu beobachten ist, ist noch nicht geklärt; da es im Frühjahr stark um Rangordnungsverhältnisse geht, kann es Kommunikationsmittel oder Aggressionsabbau sein, genauso gut kann es aber auch nur ein Kratzen zur Zeit des Fellwechsels sein. Häufig zeigen verschiedene Tiere das Hornen an denselben Stellen.

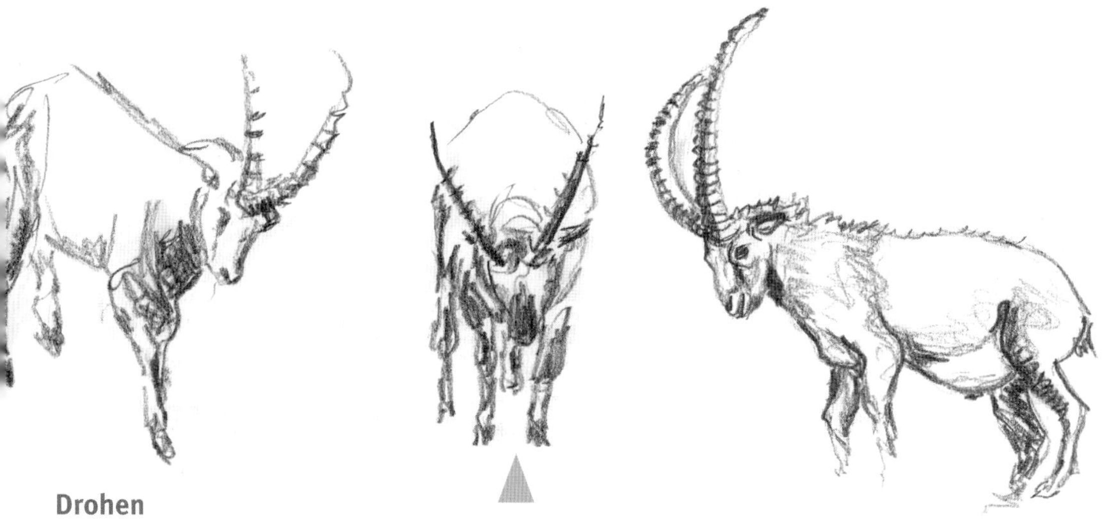

Drohen

Steinböcke drohen ihren Geschlechtsgenossen durch Vorzeigen ihres Gehörns. Das Haupt wird nur leicht abgesenkt (Präsentieren des Gehörns), die Hörner und ihre Länge werden präsentiert, um Kämpfe zu vermeiden, die Lauscher werden nach hinten gelegt.

Dominanz

Der überlegene Bock zeigt durch Inanspruchnahme des Liegeplatzes seine Dominanz, indem er zwar gelassen, aber doch eindrücklich droht, weshalb ihm der junge Bock diese Stelle überlässt.

Brunftrute zeigen: Dominanz und Unterwürfigkeit

Auch Steinböcke können ihre Dominanz gegenüber anderen Böcken durch Zeigen ihrer Brunftrute ausdrücken, dies muss aber kein Dominanzverhalten sein. Auch ohne direkte Aggression des Stärkeren zeigt hier der andere Bock seine Unterlegenheit durch Senken des Hauptes, hier sogar durch Auflegen auf dem Untergrund.

Aufreiten

Ein typisches Dominanzverhalten ist das Aufreiten. Während oder nach Auseinandersetzungen versucht der (meist) ranghöhere Bock auf den unterlegenen aufzureiten, was allerdings etwas häufiger bei jüngeren Böcken zu beobachten ist.

Luftsprung

Luftsprünge sind ein spielerisches Verhalten.

Rangordnungskämpfe, Stoß-Spiel

Mittelalte Böcke stoßen einander gegenseitig oft noch spielerisch oder eher sehr stark ritualisiert. Die Böcke können dabei aber vermutlich sehr viel herauslesen.

Eine „sanftere“ Form des Rangordnungskampfes ist das seitliche Wegdrücken mit Haupt, Hörnern und Träger. Dieses Verhalten beginnt oft spielerisch mit Berührungen und wird dann intensiver und kann auch in den Schlagkampf übergehen.

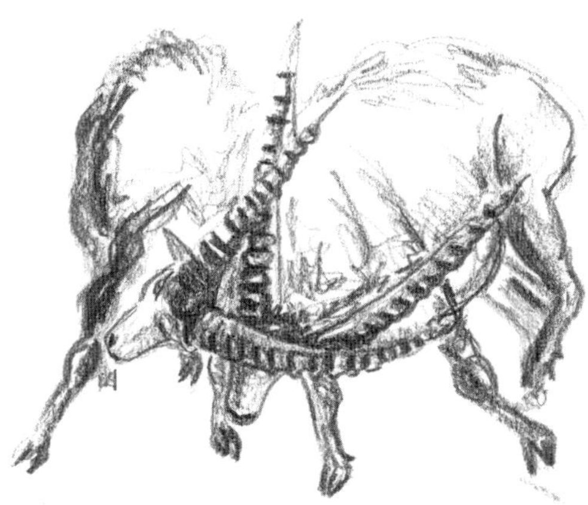

Beschwichtigung – z. B. Gähnen

Der Bock links gähnt, was als ein beschwichtigendes Verhalten nach Ausseinandersetzungen aufzufassen ist.

Hakelspiele von Jungtieren

Verhaltensweisen erwachsener Tiere werden schon in der Jugend spielerisch erprobt. Hier: zwei junge Geißen, die die Rangordnung ausmachen – typischer Hornstoß einer Geiß.

Brunft – Annähern, Werben

Typische Körperhaltung eines werbenden Bockes. Der Wedel ist hochgeklappt, Träger und Haupt sind nach vorne gestreckt und die Hörner nach hinten gerichtet. Immer wieder kommt es dabei zum Zungenflippern oder auch zum Laufschlag.

Flehmen während der Brunft

Geflehmt wird auch bei Steinböcken, um Gerüche zu prüfen. Das geschieht hauptsächlich in der Brunft, um den Östrus der Geißen zu prüfen. Aus dieser Geste der hochgezogenen Lippen und des erhobenen Kopfes ist nun auch ein ritualisiertes agonistisches Verhalten geworden. Der flehmende Bock ist dem anderen unterlegen.

MUFFEL

Ruhen

Widder ruhen oft mit aufrechtem oder leicht abgesenktem Haupt. Mehrere Tiere liegen gerne mit einander zugewandter Analregion in Bauchlage, aber nicht seitlich wie Steinböcke. Damit kann die Gruppe die Annäherung möglicher Feinde aus allen Richtungen schneller wahrnehmen. Tiefen Schlaf kann man deutlich seltener beobachten als ein „Dösen" mit halb geschlossenen Lichtern.

Dominanz – Schulterstoß

Ein dominantes Tier stößt mit der Brust ein rangniedrigeres von hinten oder von der Seite. Dieses Verhalten kommt bei beiden Geschlechtern vor, hauptsächlich aber bei dominanten Widdern.

Imponieren, Stehen, Imponieren

Der Widder steht mit hoch erhobenem Haupt bewegungslos, der Windfang ist leicht abgesenkt. Damit wird die eigene Stärke demonstriert (Körper und Schnecken). Bei Schafen ist dieses Verhalten kaum zu sehen.

Kampf – Stirnkampf

Zwei Gegner stürmen aus mehreren Metern Entfernung aufeinander zu und schlagen ihre Schnecken oberhalb des zweiten bis dritten Schubes zusammen. Mufflons bleiben meist dabei mit allen vier Läufen am Boden. Am Stirnkampf sind meist gleich starke, mittlere Widder beteiligt, zwischen denen die Rangordnung noch festgelegt werden muss. Durch den Aufprall sind Schäden an den Schnecken oder Hautverletzungen im Stirn- oder Nasenbereich möglich. Solche Kämpfe werden zwischen Stücken mit unterschiedlichem Rang weit seltener und weniger intensiv durchgeführt.

Bindungen – Hornen

Dieses Verhalten dient eher zur Festigung von Bindungen zwischen zwei Tieren. Meist reiben jüngere Widder ihre Hornschläuche an denen dominanter Widder, es kann aber auch zwischen gleichaltrigen Stücken stattfinden.

Auch wenn die Zuordnung zu bestimmten Gruppen von Verhaltensweisen nicht eindeutig ist, kann doch zwischen agonistischen Verhaltensweisen und Brunftverhalten – mit vielen Übergängen – unterschieden werden. Die folgenden Verhaltensweisen sind eher dem Brunftverhalten zuzuordnen.

Brunft – Flehmen

Flehmen wird nicht nur von Widdern während der Brunft gezeigt (wie hier, während das Schaf nässt). Es ist auch das ganze Jahr über bei Schafen oder schon bei Lämmern beobachtbar. Auch jüngere Widder flehmen oft nach gegenseitigem Beriechen der Analregion.

Brunft – Vorderlaufschlag

Vorderlaufschläge werden als Brunft-, bei Mufflons aber auch als agonistisches Verhalten angesehen. Mit dem gestreckten Vorderlauf wird gegen den Bauch oder die Hinterläufe geschlagen. Beim Mufflon dürfte der Vorderlaufschlag eher zum agonistischen Verhalten zwischen Widdern zu zählen sein. Bei Widder-Schaf-Interaktionen ist er seltener (häufig nur in der Brunft) zu sehen.

Brunft – Halsstrecken

Hier wird der Träger möglichst weit nach vorne gestreckt und das Haupt gesenkt. Der Windfang ist etwas aufgerichtet. Widder bemühen sich mit dieser Verhaltensweise, die Individualdistanz von Schafen zu verringern und sich dem Schaf nähern zu können. Seltener wird dieses Verhalten auch zwischen Widdern gezeigt.

Brunft – Halsdrehen, Twist

Aus der Halsstreckbewegung wird das Haupt plötzlich so gedreht, dass die Hörner vom anderen Stück wegweisen. Zwischen Widdern wird dieses Verhalten als Droh- oder Imponiergebärde angesehen, das besonders von dominanten Tieren gezeigt wird. Rangniedere Tiere stehen dann still oder fliehen. In der Brunft werben die Widder mit dieser Gebärde um Schafe.

ÄSUNGSWAHL VON GAMS-, STEIN- UND MUFFELWILD

ENTSTEHUNG DER WIEDERKÄUER

Eine Erklärung für die Entstehung der Wiederkäuer scheint sehr plausibel: Demnach entwickelten sich die „Urwiederkäuer" deshalb, weil sie als damals kleine Pflanzenfresser bei der Äsungsaufnahme auf Freiflächen für Großräuber leichte Beute waren. Mit der Entwicklung des Pansens war es ihnen dann möglich, in kurzer Zeit große Äsungsmengen aufzunehmen und diese Äsung zurückgezogen in sicheren Einständen „aufzuwürgen" und zu zerkleinern (= wiederzukäuen).

Entwicklungsgeschichtlich entstanden unsere heutigen Wildwiederkäuer über einen langen Zeitraum. Die direkten Vorfahren unserer Rehe traten schon vor etwa elf Mio. Jahren und damit noch vor der großflächigen Ausbreitung der Gräser auf. Auch heute noch können Rehe Zellulose aus Gräsern nur sehr bedingt aufschließen – im Sommer unter Optimalbedingungen zu maximal 20 %, im Winter gar nicht, weil ihnen dann die zelluloseabbauenden Pansenbakterien völlig fehlen. Der kleine Pansen des Rehwildes führt zu sehr kurzer Verweildauer des Panseninhaltes im Pansen. Bei dem als „Grasfresser" bekannten Muffelwild verbleibt der Panseninhalt in dem auch viel größeren Pansen deutlich länger als beim Reh, was u. a. eine Verdauung von zellulosereichen Gräsern (z. B. Drahtschmiele) erlaubt, sogar Sägespäne könnten teilweise aufgeschlossen werden, da Muffel im Pansen über zelluloseabbauende Bak-

Aufgrund der Möglichkeit, auch Gräser gut aufschließen zu können, sind Muffel- und Steinwild im Frühjahr wenig wählerisch.

terien verfügen! Mufflons könnte man deshalb als „Superwiederkäuer" bezeichnen. Der kleine Rehpansen erfordert auch wesentlich häufigere Äsungsaufnahmen pro Tag. So wird im Sommer zehn- bis zwölfmal Äsung aufgenommen, im Winter drei- bis viermal, bei Muffelwild reichen zwei lange Äsungsperioden am Tag.

ALLGEMEINES ZUR VERDAUUNG

Grundsätzlich zählen Gams-, Stein- und Muffelwild zur Unterordnung der Wiederkäuer (Ruminantia). Typisch für die Wiederkäuer ist der **vierteilige Magen**, bestehend aus
- Pansen-,
- Netz-,
- Blätter- und
- Labmagen.

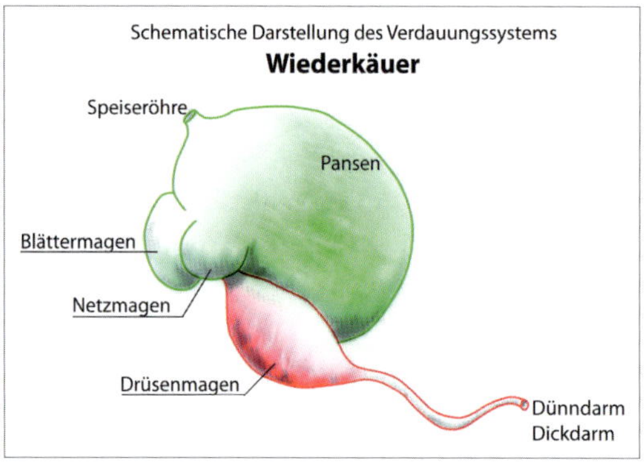

Unter den Wiederkäuern finden sich ernährungsphysiologische Anpassungen des Verdauungsapparates, die durch verschiedene Futterverfügbarkeiten in den unterschiedlichen Lebensräumen entstanden sind. Nach dem Bau der Pansenschleimhaut werden verschiedene **Äsungstypen** vom Konzentratselektierer (Reh) über Mischäser (Gams- und Steinwild, Rotwild usw.) bis zum Gras- und Raufutterfresser (z. B. Muffelwild) unterschieden.

Im Lauf des Sommers wird teilweise auch sehr selektiv geäst.

BESONDERHEIT BEIM GAMSWILD

Gamswild wechselt aber als einzige Wiederkäuerart im Winter den Äsungstyp vollständig, was als Anpassung an seinen extremen Lebensraum und seine winterliche Brunft gewertet werden kann. Es ändert sich durch radikale Umbauprozesse von der Verdauung her vom wählerischen kräuterliebenden Zwischentyp mit hohen Qualitätsansprüchen an die Äsung im Sommer zum anspruchslosen Raufutterfresser im Winter. Der Pansen des Gamswildes fasst bei optimaler Spätsommer-Äsung je nach Geschlecht 7–10 l. In der Brunft reduzieren die reifen Gamsböcke ihre Äsungsaufnahme drastisch und ihr Pansen fasst dann kaum noch 3 l, oft nur Flüssigkeit. Nach der Brunft bis weit in den Bergfrühling hinein hat der Gamspansen ein Fassungsvermögen von über 12 l, bei extrem reduzierter Zottenoberfläche. Das bedeutet physiologisch, dass die nährstoffarme, ausgeaperte, zellulosereiche, schwer verdauliche und meist ausgelaugte Bodenvegetation in einer vergrößerten Gärkammer langsam bakteriell aufgeschlossen werden kann. Aus dem wählerischen Kräuterfresser im Sommer wird also ein anspruchsloser Raufutterfresser im Winter.

Das **Fassungsvermögen** des Pansens beträgt bei ausgewachsenen Tieren 16 l (+/– 4 l) beim Steinwild, 9 l (+/– 3 l) beim Gamswild und 17 l (+/– 3,5 l) pro 50 kg Körpergewicht beim Mufflon. **Mufflons** haben unter allen Wildwiederkäuern **das größte Pansenvolumen relativ zum Körpervolumen**, sie kommen daher mit zwei bis drei längeren Äsungsperioden pro Tag aus, wohingegen beispielsweise Rehe ihren kleinen Pansen acht-

Der volle Pansen lässt den Bock richtig kugelig wirken.

bis zwölfmal „füllen" müssen. Mufflons haben in ihrem Pansen auch zelluloseabbauende Bakterien, die den Aufschluss von alter, zellulosereicher Äsung ermöglichen. Zudem sind die Öffnungen zwischen den Vormägenabschnitten relativ klein, was eine längere Verweildauer der aufgenommenen Äsung im Verdauungstrakt bewirkt.

Während der Äsungsperioden kommt es zu einer Speicherung der nur grob zerkauten Nahrung im Pansen bzw. setzen bereits eine Aufweichung und Aufschließung des Pflanzenmaterials ein. Dazu wird die Nahrung zwischen dem Pansen und Netzmagen (Haube) hin- und hergeschleudert. In den Ruheperioden wird die Nahrung hochgewürgt und ordentlich zerkleinert, was sich bis zum Erreichen einer gewissen Partikelgröße öfter wiederholen kann. Ausreichend zerkleinert, gelangt die Äsung in den Blättermagen, wo Wasser resorbiert wird. Schließlich erreicht sie den eigentlichen Drüsenmagen, den Labmagen.

Wichtig für den Aufschluss der zellulosereichen Pflanzennahrung sind vor allem die **Pansenbakterien und Einzeller**, welche im Pansen leben und sich dort auch stark vermehren. Diese werden von den Tieren teilweise mit verdaut und liefern so hochwertiges Eiweiß. Etwa zwei Drittel des mikrobiellen Nahrungsaufschlusses erfolgt im Pansen-Hauben-Raum. Kohlenhydrate werden hier zu leicht flüchtigen Fettsäuren umgebaut, wodurch die Deckung des Energiebedarfs größtenteils gewährleistet ist.

Im Winter wird die Resorptionsfläche durch Verkleinerung der Pansenzotten minimiert. Kitze können während des Säugens über Muskeln eine Schlundrinne bilden, wodurch die drei Vormägen übergangen werden und die Milch direkt in den Labmagen gelangt. Die Umstellung von Milch- auf Pflanzennahrung beginnt in den ersten Wochen und ist mit etwa sechs Monaten abgeschlossen. Wie Rotwildkälber nehmen auch Gams- und Steinkitze gelegentlich Erde auf, was für die Entwicklung der Darmflora von Bedeutung sein dürfte. Erwähnenswert ist noch, dass Stein-, Gams- und Muffelwild im Gegensatz zu Reh- und Rotwild eine Gallenblase besitzt.

Hornträger haben eine Gallenblase

Die meisten Wirbeltiere (wie auch Gams- und Steinwild, Mufflon, Schwarzwild, Fleischfresser) sowie der Mensch haben eine Gallenblase. Gallenflüssigkeit (= Galle), die für die Verdauung notwendig ist, wird jedoch auch von Tierarten ohne Gallenblase (z. B. Hirschartige) in der Leber gebildet. Die Gallenblase ist also lediglich ein Organ, in dem die Galle gespeichert oder „zwischengestapelt" und auch durch Wasserentzug eingedickt (bis auf 10 % des ursprünglichen Volumens!) werden kann.

Der verflüssigte, angedaute und saure Speisebrei aus dem Magen wird durch Magenkontraktionen zum Magenausgang („Pförtner") gedrückt, der sich immer wieder reflektorisch öffnet und den Speisebrei in den Dünndarm (erster Abschnitt ist der Zwölffingerdarm) bewegt. War der Fettgehalt der Nahrung hoch (auch Pflanzennahrung bein-

Alle drei Hornträger haben eine Gallenblase (hier Muffelleber mit darauf liegender Gallenblase).

Auch Laubhölzer werden beäst.

haltet Fette!) und verlangsamt sich die Verdauung, wird Galle aus der Leber ausgeschieden, um Fette zu emulgieren und danach besser verdauen zu können. Galle aus der Leber und Insulin aus der Bauchspeicheldrüse greifen den angedauten Speisebrei an. Fette werden nach der Emulgierung durch die Galle in Glycerol und verschiedene Fettsäuren gespalten.

HINWEIS

Verdauungsphysiologisch ist es also unerheblich, ob eine Tierart eine Gallenblase besitzt oder nicht, die für die Verdauung notwendige Gallenflüssigkeit wird jedenfalls erzeugt. Bei Tierarten mit Gallenblase kann Galle in der Gallenblase gespeichert werden, bei den übrigen Tierarten wird sie direkt über die Gallengänge und den Lebergang in den Darm abgegeben.

ÄHNLICHER LEBENSRAUM – GLEICHER SPEISEPLAN?

Da Stein- und Gamswild in vielen Regionen gemeinsam vorkommen, stellt sich die Frage einer Nahrungskonkurrenz. Unter den Wildwiederkäuern werden, wie schon angedeutet, **drei Äsungstypen** unterschieden:

- die Konzentratselektierer (Reh),
- die Gras-Raufutter-Fresser (Muffelwild) und
- die Zwischen- oder Intermediärtypen

Danach werden Gams- und Steinwild zu den Zwischentypen gezählt, wobei das Nahrungsspektrum des Steinwildes häufig bereits dem von Gras-Raufutter-Fressern entspricht, zu welchen das Muffelwild gehört. Seine Nahrung weist einen vergleichsweise höheren Anteil an Rohfasern, dafür aber geringere Rohproteinmengen auf als jene des Gamswildes. Vereinfacht gesagt, ist die **Äsung des Steinwildes rauer als die der Gämse**, da Steinwild Zellulose besser verdauen kann.

In der Abbildung auf Seite 93 in der Mitte sind die durchschnittlich aufgenommenen Anteile verschiedener Pflanzengruppen für Sommer und Winter dargestellt. Wie daraus erkennbar ist, liegt der Gräseranteil beim Steinwild sowohl im Sommer als auch im Winter deutlich über dem in der Gamsäsung. Dies hängt mit dem leistungsfähigeren Pansen des Steinwildes zusammen. Gräser können ab dem Herbst für das Gamswild nur mehr einen Teil der notwendigen Energie liefern, während Steinwild auch trockene Gräser noch sehr gut aufzuschließen vermag. Der Anteil aufgenommener Gräser steigt beim Steinwild im Alter. Seggen, Rispen- und Schwingelgräser sowie das Gemeine Ruchgras werden bevorzugt aufgenommen (TEN HOUTE DE LANGE, 1978). Da Gräser im Lebensraum dieser Tiere wesentlich zahlreicher vertreten sind, überwiegen sie mengenmäßig auch beim Gamswild, welches aber beim Vorhandensein von Kräutern diesen den Vorzug gibt.

Zwergsträucher sind leicht freizuschlagen.

UNTERSUCHUNGSERGEBNISSE

Solche Daten, gewonnen durch Pansenanalysen von erlegtem Wild, sind stark vom Erlegungsort, dem Zeitpunkt der Erlegung sowie von geschlechtsspezifischen und individuellen Vorlieben abhängig. Beispielsweise stellten KLANSEK et al. (1991) in einer Schweizer Steinwildkolonie zwischen Tieren der Nord- und der Südseite bei den aufgenommenen frischen Gräsern Differenzen von 38 % im Herbst fest. Untersuchungen von KOFLER (1982) am Hochlantsch in der Steiermark ergaben bei Steinwild einen Nadelholzanteil in der Nahrung von mehr als 60 % im Winter. In dieser Kolonie hat das Steinwild allerdings zu keiner Jahreszeit die Möglichkeit, über die Baumgrenze hinaufzugelangen, weshalb diese Untersuchung im angeführten Vergleich nicht berücksichtigt wurde. Die Tabelle auf dieser Seite unten gibt noch die höchsten und die niedrigsten gefundenen Anteile der angeführten Pflanzengruppen an.

Der Gräseranteil ist in der Gamsäsung geringer als bei Stein- und Muffelwild.

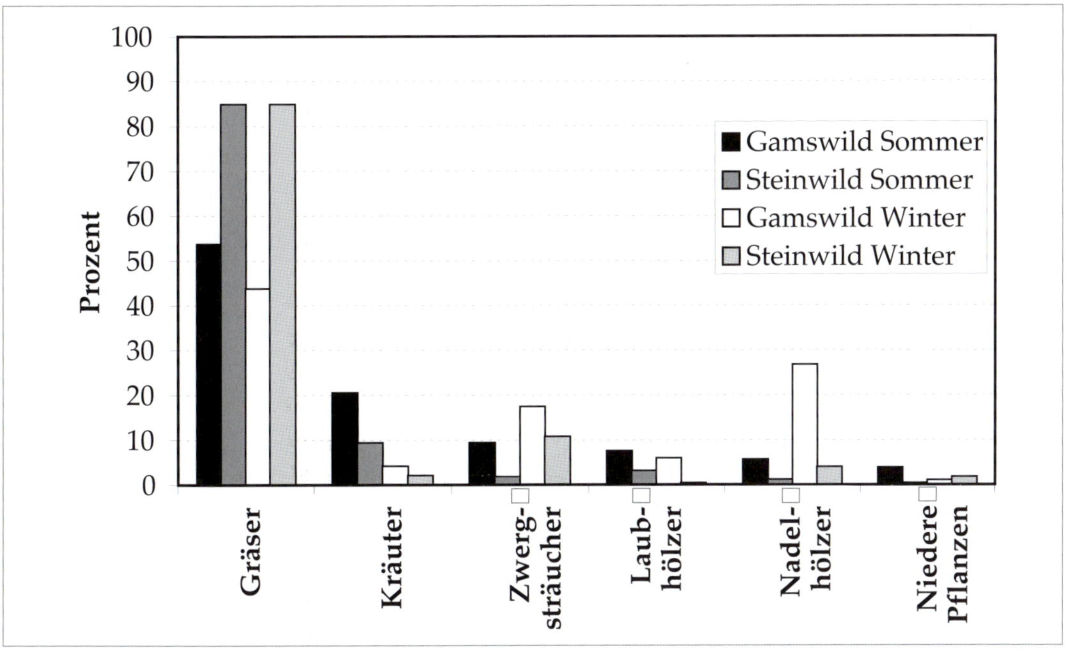

Aufgenommene Nahrungsgruppen von Gams- und Steinwild: Mittelwerte aus 12 Gams- und 6 Steinwild-Untersuchungen für den Sommer bzw. 11 Gams- und 5 Steinwild-Untersuchungen für den Winter.

Somit werden zwar viele Äsungspflanzen sowohl vom Stein- als auch vom Gamswild geäst, allerdings mit unterschiedlicher Präferenz. Wenn im Winter beide Wildarten gemeinsame Äsungsplätze nutzen, kann es, bedingt durch das knappe Nahrungsangebot, zu einer gewissen Äsungskonkurrenz kommen. Da Gamswild in der Hierarchie unter dem Steinwild steht, muss es in diesem Fall weichen – ein Umstand, der vor allem vor der Gründung neuer Steinwildpopulationen Berücksichtigung finden sollte.

Muffelwild: „Gras- und Grobgrasfresser"

Mufflons sind wie alle Wildschafe genügsam und passen sich außerdem dem jeweiligen Nahrungsangebot gut an. Welche Pflanzen geäst werden, bestimmt immer der Lebensraum eines Bestandes. Bevorzugt werden **Gräser und Kräuter**, wobei auch auf einzelne Pflanzen selektiert werden kann. Bevorzugte Gräser sind Drahtschmiele, Waldreitgras, Straußgräser, Waldrispengras und andere Gräser, wie Riedgras und Hainsimse. Bevorzugte Kräuter, Stauden und Sträucher sind Fuchsiges Kreuzkraut, Buschwindröschen, Weideröschen, Heidekraut, Heidelbeere, Brombeere. Von den Nadelholzarten werden hauptsächlich Fichte und – wo vorkommend – Tanne aufgenommen. Von Laubhölzern werden Blätter, Knospen, Keimlinge, vorwiegend von Buche, Eiche und Esche, geäst. Weiters zählen auch Wildobst, Eicheln, Bucheckern und Kastanien zum Äsungsspektrum. Brennnesseln und Kletten werden sehr gerne, aber nur im trockenen Zustand geäst. Im Herbst und Winter dominieren Nadeln, Knospen und Triebe.

SALZLECKEN UND DIE FÜTTERUNGSFRAGE

Wirkung der Mineralstoffe

Mineralstoffe sind für Wildtiere von essentieller Bedeutung, und der Körper benötigt sie genauso wie organische Äsungskomponenten. Meist in wasserlöslicher Form aufgenommen, werden Mineralien entweder direkt ins Gewebe eingebaut, bilden einen Bestandteil von Stoffwechselprodukten oder spielen in der Regulierung des osmotischen Druckes und Säuregrades von Körperflüssigkeiten eine Rolle. Als Beispiele seien die Mengenelemente (Kalzium, Phosphor, Natrium, Kalium, Chlor, Magnesium) oder die Spurenelemente (Selen, Eisen, Jod usw.) genannt. Über den Blutweg können sie in alle Zellen gelangen, wo sie alleine oder als Teil körpereigener Wirkstoffe, beispielsweise als Hormone, ihre Aufgaben erfüllen.

Von besonderer Bedeutung für den Körper sind **Natrium und Chlor** (Salz = Natriumchlorid). Natrium kommt über den Speichel in Form von Natriumbikarbonat die Aufgabe der Säurepufferung im Pansen zu. Weiters ist es im Blutserum vorhanden und für den Ablauf von Muskelbewegungen wichtig. Chlor kommt ebenfalls im Blut vor und bildet im Magen einen für die Verdauung notwendigen Bestandteil der Salzsäure. Natriummangel senkt nach BUBENIK (1984) die Eiweiß- und Energieverwertung und wirkt sich negativ auf die Fruchtbarkeit aus. Bei Wildtieren werden auch das Wachstum, die Milchproduktion sowie der Milchfettgehalt vermindert, wobei all diese Mangelerscheinungen an ehesten bei Gehegewild oder Zootieren auftreten. Da die Äsung ausreichend Chlor enthält, sind bisher keine Chlormangelerscheinungen bekannt.

> **HINWEIS**
>
> Insgesamt ist festzuhalten, dass Wild Salz zwar gerne annimmt, aber in freier Wildbahn keine klinischen Mangelerscheinungen bekannt sind, wenn kein Salz vorgelegt wird.

Anlage von Salzlecken

Salzlecken üben auf Schalenwild in jedem Fall eine große Anziehungskraft aus. Steinwild kann durch Salzlecken sogar an gewisse Gebiete gebunden werden und im Schweizerischen Nationalpark haben nach dem Auflassen der künstlichen Salzlecken Steinböcke entlang der Wanderwege nach Urin der Besucher gesucht. Steinböcke können also so richtige „Salzjunkies" werden, was vor der Anlage von Sulzen zu bedenken ist. Generell gilt für Sulzen, dass

Im Gebirge eignen sich auch kleine Höhlen oder Nischen zur Salzgabe.

durch die Salzaufnahme der Wasserbedarf des Wildes erhöht wird und dass es damit in Trockenperioden leichter zu Wassermangelsituationen kommen kann.

HINWEIS

Zusätzliche Salzaufnahme führt zu erhöhtem Wasserbedarf, was bei Wassermangelsituationen problematisch sein und auch den Verbiss erhöhen kann.

Salz wird dem Wild heute für gewöhnlich **in Form von Steinsalz** (Bergkern) angeboten. Ob es unbedingt notwendig ist, Salz zu geben, wird vielfach angezweifelt. Wiederkäuer können nach BUBENIK (1984) wegen des guten Haushalts mit Natrium monatelang ohne größere Natriumzufuhr auskommen. Andererseits darf auch nicht vergessen werden, dass die Qualität und Quantität der Lebensräume des Gams- und Steinwildes immer mehr abnehmen und das Wild zusätzliche Stressfaktoren zu bewältigen hat. Vermutlich können auch zahlreiche natürliche Mineralausschwitzungen, die häufig in Talnähe liegen, wegen menschlicher Einflüsse nicht mehr genutzt werden.

Auf keinen Fall aber dürfen Sulzen angelegt werden, um mit dem „Salzhunger" des Wildes dieses anzukirren oder dadurch zu versuchen, höhere Wildbestände im Revier zu halten. Denn die Salzgabe in Form von Salzlecken birgt auch **Gefahren**, wenn immer wieder Wildkonzentrationen an gewissen Stellen „provoziert" werden. Der oft weichgetretene, mit Losungen übersäte Boden stellt einen Nährboden für die Übertragung von Parasitosen und Infektionskrankheiten (Moderhinke) dar, von Erkrankungen, die über Körperkontakt (Räude) weitergegeben werden, ganz zu schweigen. Auch ist das Übertragungsrisiko von Haus- auf Wildtiere wesentlich höher einzustufen als umgekehrt (Gamsblindheit).

Aus diesem Grund sollten Sulzen so angebracht werden, dass sie möglichst nicht von Haustieren, vor allem Schafen, erreicht werden können. Hier gilt es gewiss, einen Kompromiss zu schließen, damit auch die Sicherheit des Jägers beim Ausbringen des Salzes gewährleistet ist. Da der Natriumbedarf vor allem während des Haarwechsels (und später während der Milchbildung) stark steigt, sind – jahreszeitlich bedingt – geeignete

Stocksulze „überdacht"

Einfache Steinsulze

Stellen noch häufig unzugänglich. Dennoch sind **Salzvorgaben im Frühjahr und später im Herbst** anzuraten. Beim ersten Auftreten von Krankheiten, die seuchenartige Ausmaße annehmen könnten, sollte eine Entfernung der Sulzen in Erwägung gezogen werden, damit das Infektionsrisiko durch Wildkonzentrationen nicht weiter erhöht wird.

Stock-, Stangen- oder Raufensulze?

Welche Art von Sulze angebracht wird, ist sicher Ansichtssache. Jeder Sulzentyp kann bei richtiger Anbringung seine Funktion erfüllen. Das Hauptziel, die Auswaschungsverluste so gering als möglich zu halten bzw. ganz zu vermeiden, sollte aber in jedem Fall gewährleistet sein.

Durch den Lebensraum von Gams- und Steinwild können auch Nischen oder Höhlen im Fels gut ausgenützt werden, wobei der Salzstein **stets auf felsigem** und nicht auf erdigem **Untergrund** liegen sollte. Der Vorteil solcher Sulzen liegt sicherlich, einmal angelegt, im geringen bis nicht vorhandenen Arbeitsaufwand hinsichtlich Ausbesserungsarbeiten.

Stock-, Raufen- und Stangensulzen bedürfen nach Jahren meist doch kleinerer „Pflegearbeiten", leisten aber in Gebirgsrevieren ebenso gute Dienste.

Fütterungsfrage Gams- und Steinwild

Diese Frage sollte sich eigentlich erübrigen. Auch wenn in Einzelfällen Stein- und Gamswild gefüttert werden, ist eine Fütterung beider Wildarten **strikt abzulehnen**. Sie können bei geeigneten Lebensräumen problemlos überwintern. Dass es alljährlich Ausfälle gibt, liegt an den Extremen der Lebensräume und ist eine natürliche Auslese. Solange es möglich ist, dass der Mensch diesen Wildarten die notwendigen Lebensräume zugesteht, sollte von Fütterungen Abstand genommen werden. Man kann sich hier nur den Worten FUSCHLBERGERS (1955) anschließen, der in seinem Gamsbuch meint: *„Es ist ein Wild der freien Berge und soll es bleiben!"*

Fütterung von Muffelwild

Muffelwild könnte vom Pansenvolumen her als „Superwiederkäuer" bezeichnet werden. Mufflons haben im Vergleich zum Körpervolumen das **größte Pansenvolumen unserer Wildwiederkäuer**, was es ihnen ermöglicht, in zwei bis drei längeren Äsungsperioden pro Tag diesen Pansen zu füllen.

Die **natürliche Äsungszusammensetzung** des Muffelwildes besteht durchschnittlich aus 40 bis 70 % Gräsern, je ca. 15 % Nadel- und Laubhölzern sowie Sträuchern und rund 10 % Kräutern. Für ein

Gutes Heu oder Grassilage sollte bei der Muffelfütterung die Hauptration darstellen.

Stück Muffelwild mit 30 kg Lebendgewicht wird in Abhängigkeit vom Wasser- und Energiegehalt der Ration im Winter eine Futteraufnahme von 1–3 kg Frischsubstanz angegeben, was einer durchschnittlichen Futtertrockenmasse von 0,6 kg entspricht. Die Futterration sollte 40 g Rohprotein (für 30 kg Lebendgewicht bzw. 50 g verdauliches Rohprotein/kg Futtertrockenmasse) und einen Rohfasergehalt von 20–25 % aufweisen (MISSBACH, 1993).

> **HINWEIS**
>
> Bei der Fütterung von Muffelwild ist besonders darauf zu achten, dass die Futterration einen Gehalt an strukturwirksamer Rohfaser (Länge von Futterbestandteilen mindestens 1 cm lang, d. h. wiederkaufähig) von mindestens 20 % hat. Als Alleinfutter können entweder gutes Heu, Grassilagen oder nicht zu körnerreiche Maissilagen vorgelegt werden.

Vorsicht ist bei der Kraftfuttervorlage (Getreide, Mais, Pellets, Apfeltrester usw.) geboten, da Muffelwild wie auch Rehwild leicht zu Pansenazidosen (Pansenübersäuerung) neigt und zudem durch kraftfutterreiche Rationen der Verbiss- und Schäldruck auf die Waldvegetation zunehmen. Pansenazidosen beeinflussen auch die körpereigene Immunabwehr, was einen höheren Parasitenbefall sowie eine höhere Anfälligkeit gegenüber Infektionskrankheiten (z. B. Paratuberkulose) bewirkt.

Kupfervergiftung beim Muffelwild

Kupfer ist ein Spurenelement, das als Bestandteil von vielen Enzymen im Stoffwechsel sowie von Struktur- und Transportproteinen und Gerinnungsfaktoren lebensnotwendig ist. Beim Muffelwild und Hausschaf kommen jedoch recht **häufig Störungen des Kupferstoffwechsels** und der Kupferspeicherung vor. Da die Kupfertoleranz der Schafe sehr gering ist, kommen immer wieder akute oder chronische Kupfervergiftungen vor, die bei „Überdosierung" tödlich enden können.

Kupfermangel kommt bei Hausschafen und Mufflons in Gattern fast ebenso häufig vor wie **Kupfervergiftung**. Bei freilebendem Muffelwild kommt es häufig zu Kupfervergiftungen, besonders durch die Vorlage von Mineralstofffuttermitteln für andere Tierarten (z. B. Rinder). Das aufgenommene Kupfer wird nur scheinbar in annähernd gleicher Menge wieder über die Losung ausgeschieden. Tatsächlich besteht aber ein komplexer innerer Kupferkreislauf, bei dem Kupfer zunächst im Verdauungstrakt freigesetzt, vom Kreislauf aufgenommen und an Transportproteine gebunden wird. Über das Blut gelangt das Kupfer in die Leber, wo es an weitere Transportproteine, Enzyme und Speicherproteine gebunden wird. Das die Leber verlassende Blut enthält nur wenig Kupfer, welches der Kupferversorgung anderer Organe dient. Die Kupferaufnahme kann zudem durch andere Mengen- oder Spurenelemente behindert werden.

Eine chronische Kupfervergiftung nach langfristiger Zufuhr von zehn- bis 50-fachen Dosen verläuft als schleichende Lebererkrankung, in Einzelfällen kommt es nach Monaten zu plötzlich einsetzender akuter Leberstörung und Zerfall von roten Blutkörperchen durch freiwerdendes Kupfer. Eine Verdachtsdiagnose kann durch Untersuchung des Leber-Kupfergehaltes bestätigt werden.

> **HINWEIS**
>
> Vorbeugend dürfen Mineralstoffmischungen oder mineralisierte Lecksteine für Rinder oder andere Tierarten dem Muffelwild nicht vorgelegt werden, da in diesen der Kupfergehalt für Mufflons häufig zu hoch liegt und zu Kupfervergiftung führen kann.

FÄHRTEN UND LOSUNG

FÄHRTEN

Wie bereits erwähnt wurde, verdanken Gams- und Steinwild ihre Kletterfähigkeit und Trittsicherheit u. a. auch dem harten Rand ihrer Schalen. Auf weichem Untergrund hinterlassen sie daher deutliche Fährten.

Bei den länglich-keilförmigen Trittsiegeln einer **Gams** wirken die schmalen Spitzen vor allem im Schnee meist rundlich bzw. abgestumpft. Nach den Ballen zeigen sie eine leichte Verengung. Die Schalen werden im tiefen Schnee oder auf der Flucht weit gespreizt. Die Afterklauen, die nach NERL et al. (1995) bei älteren Stücken ausgefranst wirken und höher als beim Steinwild ansetzen, sind meist nur auf der Fluchtfährte, im Schnee oder auf sehr weichem Untergrund zu erkennen. Eine Unterscheidung zwischen Bock und Geiß ist nur schwer möglich, da die Größe der Schalen stark von deren Abnutzung abhängt, welche ihrerseits wieder von der Einstandswahl beeinflusst wird. Vor allem nach einer schneelosen Brunft können die Trittsiegel einzelner Böcke durch massiven aktivitätsbedingten Abrieb sehr klein wirken, wodurch eine sichere Unterscheidung fast unmöglich wird.

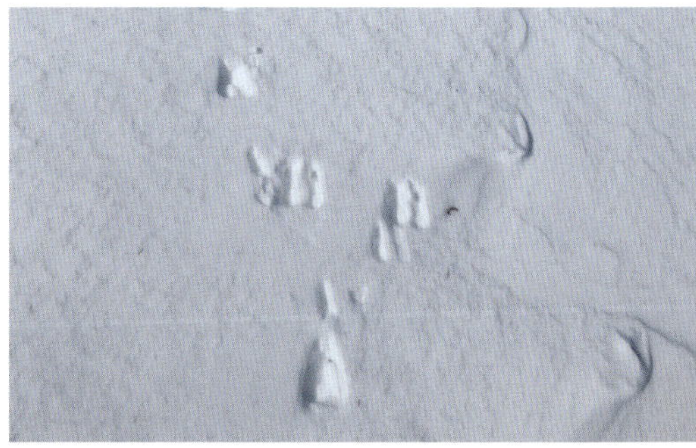

Gamsfährten im Harschschnee, der die Gams trug.

Die Fährte des **Steinwildes** fällt vor allem bei den Böcken durch die größeren Vorderhufe auf, wodurch sie sich deutlich von der anderer Schalenwildarten unterscheidet. Die einzelnen Trittsiegel wirken, verglichen mit jenen von Gams, gleichmäßiger, etwas rundlicher und vor allem bei Böcken größer.

Nicht überall hinterlässt Wild Fährten.

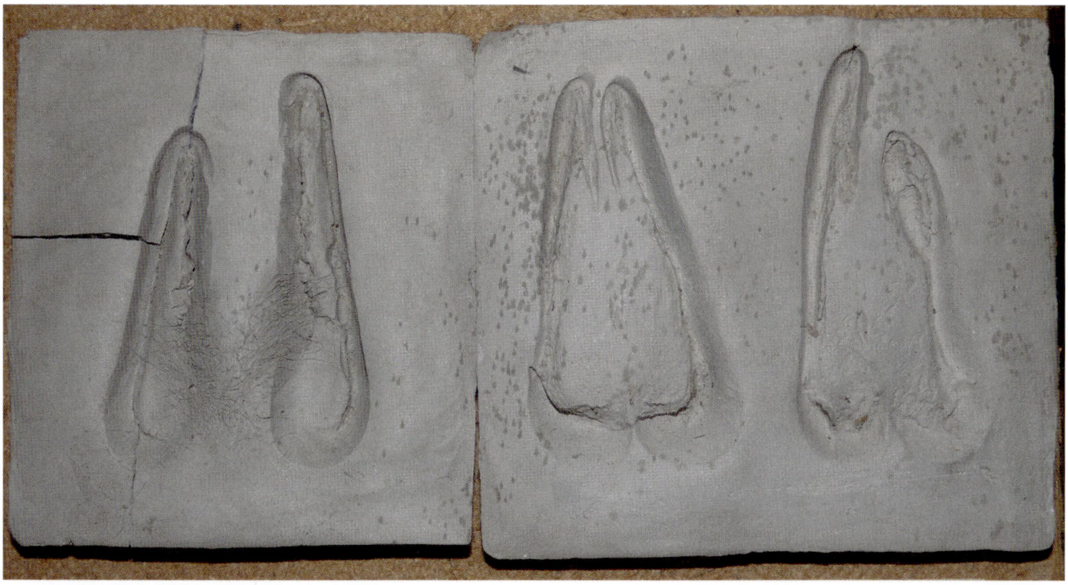

Abdrucke von Muffelschalen (von links: dreijähriger Widder, Hinterlauf; Muffelschaf, Vorder- und Hinterlauf)

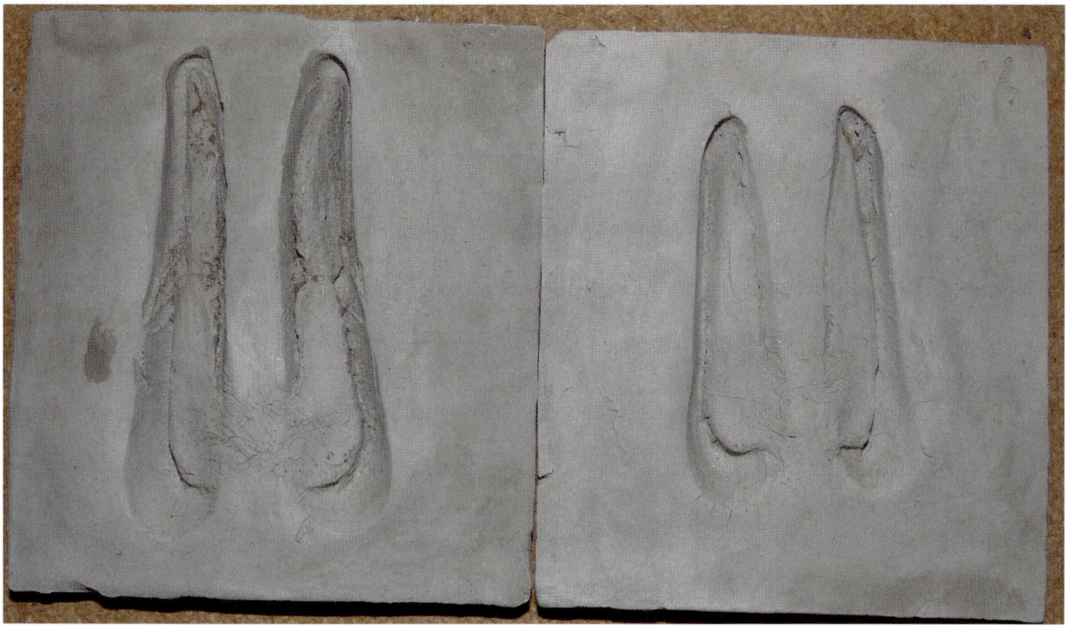

Abdrucke von Gamsschalen (zweijährige Gamsgeiß, links Vorder-, rechts Hinterlauf)

Auch bei den Schalen des **Muffelwildes** sind die äußeren Ränder der Schalen scharf und aus deutlich härterem Horn als das Ballenhorn, was Mufflons ebenfalls ein gutes Klettervermögen verleiht. Die Fährte des Muffelwildes ähnelt stark den Tritten von Hausschafen. Die Trittsiegel sind ungefähr so groß wie jene des Gamswildes, jedoch abgerundeter und die äußeren Schalenränder drucken sich deutlicher ab. Bei zu weichem Boden im Lebensraum können die Schalen des Muffelwildes relativ leicht auswachsen (siehe „Schalenkrankheit", S. 116).

Alle drei Arten setzen beim Gang die Schalen des hinteren Laufes in das Trittsiegel des vorderen. Die Art der Überlagerung beider Abdrücke kann allerdings von Stück zu Stück stark variieren und wird – wie die Schrittlänge – fast immer auch durch das Gelände vorgegeben. Unterschiede im Körperbau der einzelnen Tiere können hier mitunter zu Differenzen führen, die das Trittbild etwas anders erscheinen lassen. Beim Flüchten übereilen beide Arten, d. h., die Hinterläufe greifen jeweils außen vor die Vorderläufe und drücken sich auch vor diesen ab, ähnlich dem Spurenbild eines Hasen.

Gamslosung

LOSUNG

Die Form der Losung wird stark von der Zusammensetzung der Äsung bestimmt. Den Großteil des Jahres über wird sie **in Form von Einzelbohnen** abgegeben. Die Losung aller drei Arten kann allerdings im Frühjahr mehr oder weniger zu Trauben zusammengepresst sein und ähnelt dann jener von Schafen. Mit der Umstellung auf das frische Grün wird sie gelegentlich sogar fast breiig. Im Herbst und Winter werden von gesunden Tieren, bedingt durch die karge Äsung, aber ausschließlich Einzelbohnen abgegeben. Diese sind bei der **Gämse** oval bis länglich und ähneln jenen des Rehwildes und beim **Steinbock** unregelmäßig rundlich geformt. Steinwildlosung unterscheidet sich nur unwesentlich von jener der Hausziegen. Frische Losung weist einen glänzenden Überzug auf, der im Winter am schwächsten ausgebildet ist.

Muffellosung

Die Losung des **Muffelwildes** hat jahreszeitlich unterschiedliche Form und Konsistenz und ist dem Kot des Hausschafes sehr ähnlich. Einzelne Losungsbällchen sind rund 15 mm lang und etwa 10 mm breit und haben oft ein kleines Zäpfchen. Besonders im Frühjahr bei der Aufnahme von junger Grünäsung wird die Losung auch in kleinen Fladen oder zusammengeballten Trauben abgesetzt.

Steinwildlosung, weich – Frühjahrslosung oder Parasitenbefall?

Eine Unterscheidung zwischen Kitz/Lamm und älteren Tieren ist anhand der Losung möglich, eine Differenzierung nach Geschlecht oder Stärke ausgewachsener Stücke aufgrund der auch beim selben Tier häufig verschiedenen Größe und Form der Einzelbohnen jedoch nicht.

DIE HORNTRÄGER: KRANKHEITS-ANFÄLLIGES RUDELWILD

Alle drei Wildarten sind als geselliges Wild für eine rasche Ausbreitung von Infektionskrankheiten und Parasitosen innerhalb der Rudel anfällig. Obwohl der Winter und Nachwinter zumindest im alpinen Lebensraum alljährlich eine Auslese schwachen Wildes bewirkt, treten bei allen Wildarten trotz ihrer Anpassung an extreme Lebensräume relativ häufig Krankheiten auf.

KRANKHEITEN

Zu hohe Wilddichten, Unruhe (wie Tourismus oder hoher Jagddruck besonders im Winter bei Schneelage) und ungeeignete oder suboptimale Lebensräume stellen ebenso wie auch der Klimawandel prädisponierende Faktoren für den Ausbruch von (Massen-)Erkrankungen dar. In diesem Zusammenhang ist aber auch eine gamswildgerechte Bejagung hinsichtlich der Altersklassenverteilung und des Geschlechterverhältnisses von Bedeutung, da diese Faktoren ebenfalls indirekt Einfluss auf den Gesundheitsstatus einer Population nehmen können.

Bei **Gamswild** im Ostalpenraum treten häufig Räude und Gamsblindheit auf, weiters sind Gämsen relativ empfänglich für Lungen- und Bandwurmbefall. Einzelne schwere Erkrankungsfälle mit Lippengrind oder Papillomatose demonstrieren ebenfalls die Krankheitsanfälligkeit dieser Wildart.

Gams-, Stein- und Muffelwild sind Rudeltiere. Häufig genutzte Stellen bergen auch ein gewisses Infektionsrisiko. Solche Stellen lassen sich im Gelände gut erkennen.

Beim **Steinwild** treten besonders in suboptimalen Lebensräumen sowie bei zu hohen Wilddichten Krankheiten wie Räude (Ostalpen), Moderhinke, Gamsblindheit, Paratuberkulose oder Endoparasitosen auf und können mit hohen Verlusten einhergehen. Zusätzliche gesundheitliche Gefahren resultieren aus dem Almauftrieb erkrankter Schafe und Ziegen sowie dem Aussetzen von Steinwild mit unbekannter Herkunft bzw. mit unbekanntem Gesundheitsstatus des Ursprungsgebietes. Neben dem Preis für zugekauftes Steinwild rechtfertigt die Sorge bezüglich Krankheitsübertragungen auf bereits im Aussetzungsgebiet befindliches Steinwild (und auch Gamswild!) ein überlegtes Vorgehen.

Muffelwild ist krankheitsanfällig besonders hinsichtlich Moderhinke (bei zu weichem Untergrund oder Infektion durch Hausschafe), Paratuberkulose und Endoparasiten (Großer Leberegel!). Wie beim Steinwild ist auch beim Muffelwild auf das Risiko von „zugekauften Erkrankungen" bei Aussetzungen hinzuweisen. Aussetzungen von Schalenwild sind auch jagd- und naturschutzrechtlich bewilligungspflichtig.

HINWEIS

In der überwiegenden Zahl der Fälle sind am Ausbruch schwerer Erkrankungen an Einzeltieren oder bei Massenerkrankungen negative Umweltfaktoren, prädisponierende Faktoren seitens der Wildtiere selbst oder Eigenschaften der Krankheitserreger beteiligt (**„Faktorenkrankheiten"**).

Die folgende Kurzbeschreibung soll das Erkennen von Krankheiten erleichtern, die Einsendung von Untersuchungsmaterial in Zweifelsfällen fördern, einen Beitrag zur Wildbrethygiene leisten und auf mögliche Infektionsgefahren für den Jäger hinweisen. Weiters wird dadurch die Mitverantwortung der Jäger für die Gesunderhaltung der Wildtierbestände unterstrichen und damit auch ein Beitrag zu positiver Öffentlichkeitsarbeit der Jagd geleistet.

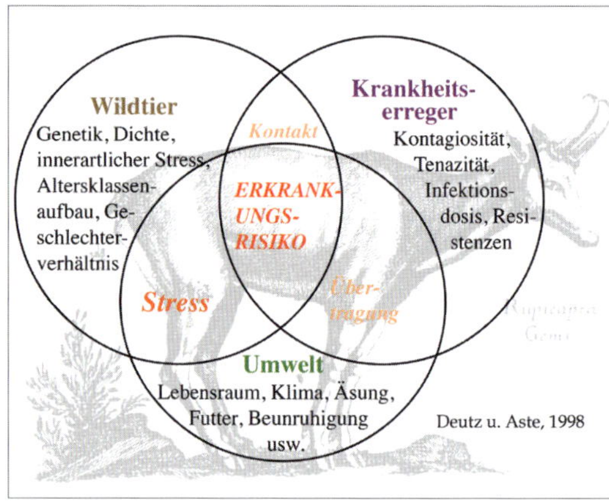

Gegenseitige Beeinflussung der Faktoren Wildtier, Krankheitserreger und Umwelt bei der Entstehung von Wildkrankheiten

Erregerbedingte Krankheiten

Gamsräude

Vor etwa 100 Jahren war die Räude auf die Gebirge von Kärnten, Salzburg und der Steiermark beschränkt. Ab den 1950er-Jahren nahm das Verbreitungsgebiet der Räude ständig zu. In den letzten Jahrzehnten trat die Gamsräude massiv in Italien sowie in Slowenien auf, wo sie bei Erstauftreten mit Ausfällen zwischen 82 und 94 % bestandsgefährdende Züge annahm. Weiters wurde über massive Räudezüge in spani-

Räude bei einem Steinbock. Die betroffenen Stellen zeigen bereits Krusten.

Einteilung der wichtigsten Erkrankungen des Gams-, Stein- und Muffelwildes

Einteilung		Krankheit/Erreger
Erregerbedingte Erkrankungen	Bakterielle Erkrankungen	„Gamsblindheit“, Infektiöse Keratokonjunktivitis (*Mycoplasma conjunctivae*)* Tuberkulose (*Mycobacterium* subsp.)* Paratuberkulose (*Mycobacterium avium* subsp. *paratuberculosis*) Bakt. Lungenentzündung (*Mannheimia* subsp., *Pasteurella* subsp.) Dermatophilose (*Dermatophilus congolensis*)* Brucellose (*Brucella* subsp.)* Salmonellose (*Salmonella* subsp.)* Moderhinke (*Fusobacterium necrophorum*, *Dichelobacter nodosus*) bei Stein- und Muffelwild
	Parasitäre Erkrankungen	Räude (*Sarcoptes rupicaprae*), [Muffelwild eigene Milben]* Befall mit Bandwürmern oder Finnen (mehrere Arten) Lungenwurmbefall (mehrere Arten) Befall mit Magen-Darm-Würmern (mehrere Arten) Haarlings- und Lausfliegenbefall Seltener: Kokzidiose (bes. bei Kitzen), Leberegel, Babesiose
	Virusbedingte Erkrankungen	Lippengrind, Papillomatose* Muffelwild: Blauzungenkrankheit, Scrapie, Maedi-Visna, Lungenadenomatose, FSME Seltener: Tollwut*, Maul- und Klauenseuche*, Border disease
	Pilzinfektionen	selten (außer bei Zootieren)
Nichterreger-bedingte Erkrankungen	Organ-krankheiten	Erkrankungen der Verdauungs-, Atmungs-, Harn-, Geschlechts- und Bewegungsorgane sowie des Herz-Kreislauf- und Immunsystems
	Tumoren, Missbildungen, Regelwidrig-keiten	z. B. Leber-, Gallengangs- oder Hodentumoren Schalenmissbildungen, angeborene Missbildungen Hauthörner

* Mögliche Infektionsgefahr für den Menschen

schen Gamspopulationen (Kantabrische Gämse, *Rupicapra pyrenaica parva*) berichtet.

Ein schwerer Räudeausbruch bei Steinwild ereignete sich Mitte der 70er-Jahre in der Schobergruppe bei Heiligenblut (Kärnten) mit Ausfällen von über 70 % und 2014/15 wurde eine Steinwildkolonie mit knapp über 100 Stück in einem relativ begrenzten Lebensraum in Tirol (Großer und Kleiner Rettenstein) durch Räude vollkommen aufgelöst. Ähnliche Erfahrungen sind auch aus den Sölktälern in der Steiermark bzw. dem Blühnbachtal in Salzburg bekannt. Die Autoren konnten 1990/91 in der Steiermark einen Räu-

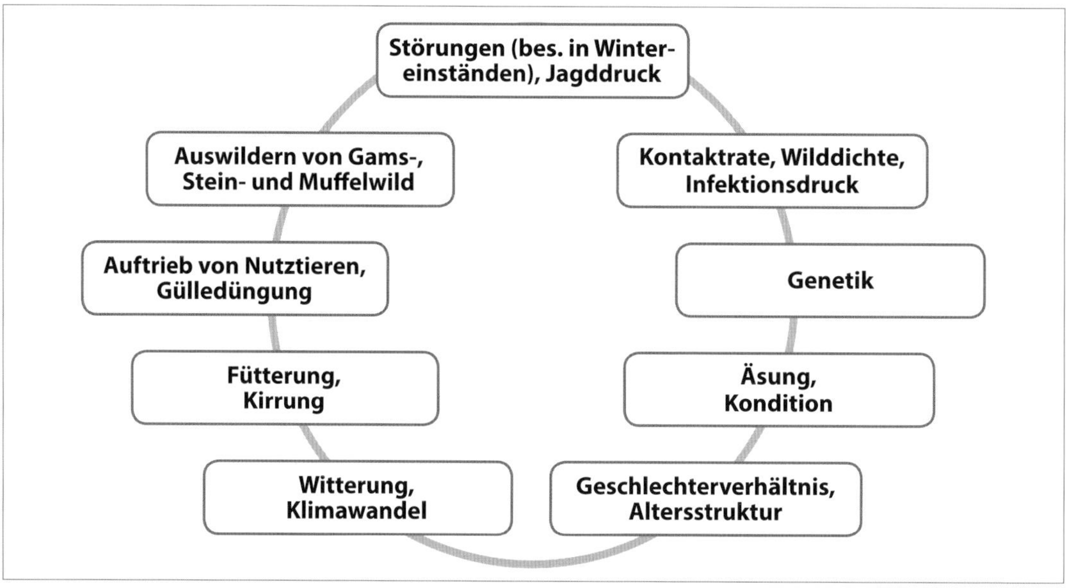

Einflussfaktoren für die Entstehung von Krankheiten (Faktorenkrankheiten)

deausbruch in einer kleinen Steinwildkolonie in Mittelgebirgslage mitverfolgen, in dessen Verlauf diese Kolonie nahezu aufgelöst wurde und sich die gemeinsam vorkommende Waldgamspopulation auf Einzelstücke reduzierte.

Bei weiteren Räudezügen in einem Gebiet sind die Ausfälle meist nicht mehr so hoch. Vor allem von kleinen Populationen gibt es Berichte, dass die Räude die Population ganz ausgelöscht hat – möglicherweise spielt hier die Genetik eine Rolle. Es gibt Ansätze, dass es unterschiedliche „Gen“-Typen gibt, die unterschiedlich anfällig sind (möglicherweise handelt es sich bei kleinen Populationen, die ausgelöscht wurden, um wenige Gründertiere mit derselben Genetik). Es ist davon auszugehen, dass die Räude in Gebieten, wo sie einmal aufgetreten ist, immer wieder ausbrechen kann, weil Räudemilben über lange Zeit auf sogenannten „stillen Milbenträgern“, die nicht klinisch erkranken, überleben können. Das bedeutet für ein Gebiet eigentlich: Einmal Räude – immer Räude.

Beim Muffelwild kommen andere Räudemilbenarten vor, die auch auf Hausschafen parasitieren (*Sarcoptes-*, *Psoroptes-* und *Chorioptes-*Milben) und Kopf-, Körper- oder Fußräude hervorrufen können.

Erreger und Krankheitsbild

Den Erreger der Gamsräude, die Grabmilbenart *Sarcoptes rupicaprae*, zeichnet eine **hohe Vermehrungsrate** aus. Die etwa 0,2–0,4 mm großen Milbenweibchen graben Bohrgänge in die Haut, wo sie Eier ablegen. Die daraus schlüpfenden Larven wandern nach ein bis zwei Häutungen an die Hautoberfläche und paaren sich dort nach Erreichung der Geschlechtsreife, die bereits 18 bis 24 Tage nach dem Schlüpfen aus den Eiern eintritt.

Räude beginnt mit vermehrter Schuppenbildung am Haupt und Träger sowie an der Bauchdecke und den Beugeflächen der Läufe, sie befällt

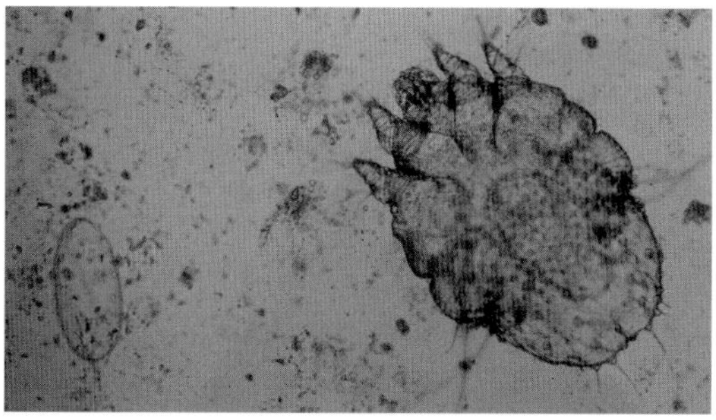

Räudemilbe und Ei (links) sowie ein Ei in der Bauchhöhle der Milbe

später in schweren Fällen den ganzen Körper und verläuft mit hochgradigem Juckreiz. In der Folge entstehen starke Hautverdickungen mit schwarzbraunen Krusten und Schuppenbildung, Haarausfall und eitrige Hautentzündungen durch bakterielle Sekundärinfektionen sowie Scheuerstellen und Hautverletzungen durch Kratzen an Felsen, Bäumen und anderen Gegenständen.

Übertragung

Die Übertragung erfolgt durch **direkten Kontakt**, wie Benützung derselben Lager, Geiß-Kitz-Kontakt und Kontakte in der Brunft. Der Befund, dass Geißen nach der Brunft meist am Rücken und Böcke meist am Bauch erkranken, weist auf die Übertragung während des Beschlagens hin. Zu ersten klinischen Erscheinungen kommt es zwei Monate nach der Ansteckung. Mitunter befallen Milben auch den Menschen, wo sie eine Scheinräude hervorrufen, die nach spätestens drei Wochen spontan abheilt, da Gamsräudemilben sich in der menschlichen Haut nicht vermehren.

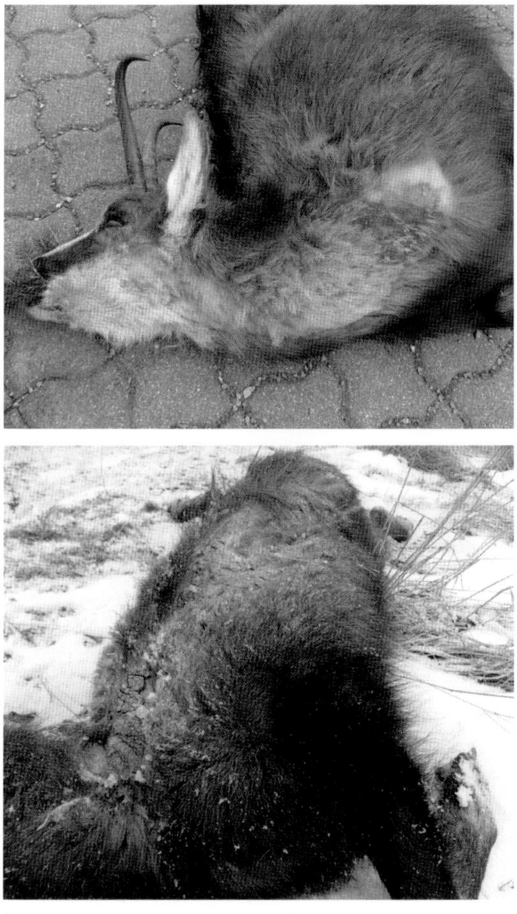

Oben: „Haarseuche" infolge Haarlings- und Lausfliegenbefall, also keine Räude bei einer Gamsgeiß; unten: hochgradige Gamsräude

Außerhalb des Wirtstieres sind Räudemilben nur kurzfristig (max. 14 Tage bei 5 °C und hoher Feuchtigkeit, meist höchstens eine Woche) überlebensfähig und sie entfernen sich auch nur max. 1 m vom toten Wirt, was „Verbrennungsaktionen" bei Fallwild weitgehend erübrigt.

Faktoren und Ausbreitung

Die Erkrankungsrate bei erstmaligem Auftreten der Räude ist u. a. abhängig von der Wilddichte und weiteren prädisponierenden Faktoren. Unzweifelhaft haben sich im gesamten Alpenraum die Lebensbedingungen für Gams- und Steinwild (Ganzjahrestourismus, Abdrängen in Waldgebiete und suboptimale Lebensräume, Almerschließungen, zunehmender Jagddruck – auch auf Rotwild) insgesamt großteils verschlechtert. Neben einer möglichst frühzeitigen Erfüllung des Abschusses ist es wichtig, die sozialen Strukturen (Wilddichte, Altersklassenaufbau, Geschlechterverhältnis) in den Gams- und Steinwildbeständen zu berücksichtigen und jagdlich auf optimale Verhältnisse hinzuwirken. Ein unausgeglichenes Geschlechterverhältnis zugunsten der Geißen zieht beispielsweise die Brunft und damit die Belastung der Böcke und Beunruhigung der Rudel unnötig in die Länge.

In einer italienischen Untersuchung wurde ein jährliches Fortschreiten der Gamsräude um durchschnittlich 3,4 km beobachtet. Im steirischen Untersuchungsgebiet war bei der Ausbreitung der Räude in Richtung Süden in den Jahren 1980–1984 ein jährliches Fortschreiten um 15–20 km festzustellen. Dies wird von den Autoren mit gleichzeitig auftretenden Fällen bei Steinwild, welches hier zum Teil in suboptimalen Lebensräumen lebt, in Zusammenhang gebracht. Steinwild wäre hier als wesentlicher Vektor für Gamsräude zu nennen, weil es durch weiträumige Wanderungen – besonders der Böcke – die Räude in kurzer Zeit relativ weit verschleppen kann.

Räude im Jahresverlauf

Im Monatsverlauf der Räudefälle zeigten sich im Untersuchungsgebiet Steiermark ein Anstieg im August (Beginn der Jagdzeit) und ein weiteres deutliches Ansteigen in und nach der Brunft im November und Dezember. Danach ist ein starker Rückgang der gemeldeten Fälle von Januar bis März zu erkennen, was nicht zuletzt mit der geringeren Beobachtung des Wildes in dieser Zeit zusammenhängen mag (Ende der Schusszeit im Dezember, hohe Schneelagen, Lawinengefahr). Eine größere Anzahl von Krankheitsfällen lässt sich wieder im April beobachten. Möglicherweise hängt dies nicht nur mit der wiederum ansteigenden Beobachtungsfrequenz im Frühjahr, sondern auch mit den häufig zu dieser Zeit noch auftretenden Nassschneefällen zusammen. Dadurch kann es bei den ohnedies durch den Winter geschwächten Tieren zu einem Krankheitsausbruch kommen.

Räude wurde am häufigsten bei mittelalten und alten Tieren festgestellt, wobei Räudefälle bei mittelalten Tieren relativ konstant im Jahresverlauf auftreten, jene bei alten Stücken und Kitzen vorwiegend im November und Dezember. In der Jugendklasse (ein bis drei Jahre) ist ein Gipfel der Erkrankungsfälle im August zu beobachten. Auffallend ist, dass die Krankheitsfälle bei den Böcken zur Zeit der Brunft rapide ansteigen und dies bis in den Februar anhält. Dadurch wird deutlich, dass extreme körperliche Belastung, Stress und mangelnde Nahrungsaufnahme neben den in der Brunft natürlich häufigeren Körperkontakten prädisponierende Faktoren im Räudegeschehen darstellen können. Bei den Geißen fällt ein Gipfel der Erkrankungshäufigkeit im August (Zeit der Hochlaktation) auf.

Räudebekämpfung

Erfahrungsgemäß sind die Ausfälle in Gebieten, wo die Räude erstmalig auftritt, wesentlich dramatischer als in Gebieten, in denen sie schon längere Zeit vorkommt, was sicherlich auch auf immunologische Faktoren zurückzuführen ist. Bisher wurden weder über Lecksteine mit Antiparasitika noch mittels strenger jagdlicher Maßnahmen („Räudejäger" in der Vergangenheit) wirkungsvolle Konzepte zur Räudebekämpfung gefunden, was durch die mannigfaltigen Faktoren, die im Räudegeschehen mitbestimmend sind, nicht verwundert. Mittlerweile wäre ein bei Wildtieren aufgrund der unsicheren Dosierung (kranke Tiere nehmen auch weniger auf!) ohnedies wirkungsloser Arzneimitteleinsatz in Österreich verboten. Damit wäre das Risiko der Räudeverbreitung an Sulzen höher als der zu erwartende Heilungserfolg.

Jagdlich ist jedoch vorbeugend auf alle Fälle darauf zu achten, dass die Gamswild- bzw. Steinwilddichten den (Winter-)Lebensräumen angepasst sind und der Altersklassenaufbau sowie das Geschlechterverhältnis in der Norm liegen. In Räudegebieten darf das Wild – auch jagdlich – nicht zu stark beunruhigt werden, um ein Auswechseln von räudekranken Stücken zu verhindern und Unruhe zu vermeiden (weiterer Stressfaktor). In umliegenden Gebieten, wo die

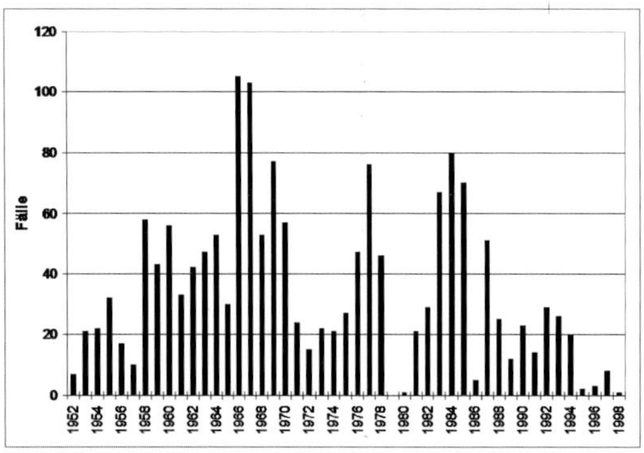

Räudefälle bei Gams- und Steinwild mit typischen Krankheitsgipfeln, Steiermark (1952–1998)

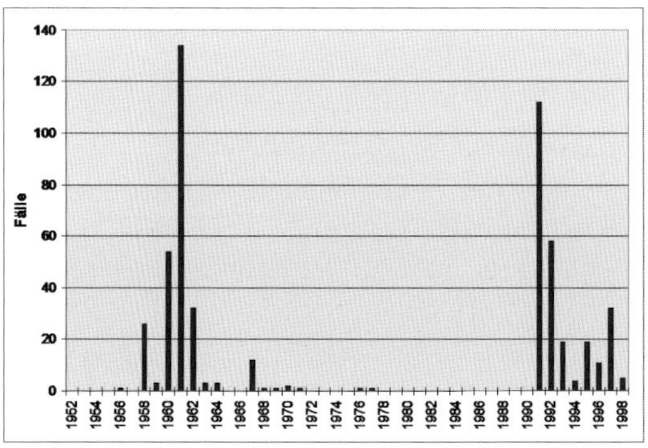

Fälle von Gamsblindheit bei Gams- und Steinwild, Steiermark (1952–1998)

Räude noch nicht auftritt, soll der Abschuss bei hohen Wilddichten erhöht sowie das Gams- und Steinwild genauestens beobachtet, kranke und verdächtige Tiere erlegt und im Zweifelsfall diagnostisches Material eingesandt werden.

Hohe Gebirgszüge, breite Taleinschnitte oder große Flüsse halten die Ausbreitung der Räude nicht auf. Als effektive künstliche Barrieren konnten im Untersuchungsgebiet ein im Jahre 1922 errichteter Gamsräudeabwehrzaun sowie eine Autobahn mit Wildzaun erkannt werden. Da diese Barrieren selbstverständlich nicht überall aufgestellt werden können, führen nur konsequente, revierübergreifende Maßnahmen zum Ziel, einerseits in Räudegebieten die Prävalenz (Rate der Erkrankten) zu senken und andererseits ein weiteres Vordringen der Räude zu verhindern.

Juckreiz durch weitere Ektoparasiten

Weitere Erkrankungen, die ebenfalls mit einem bisweilen starken Juckreiz einhergehen und die mit Räude verwechselt werden können, sind der Befall mit Gamslausfliegen, Haarlingen, seltener Läusen oder den Larven von Herbstgrasmilben. In den letzten Jahren ist bei Gams- und Steinwild das Krankheitsbild der **„Haarseuche“** (Haarverlust durch Haarlings- und Lausfliegenbefall), wie wir es von Rehen kennen, vermehrt zu beobachten, möglicherweise auch als Folge milderer Winter. Eine sichere Räudediagnose ist – außer in hochgradigen Fällen mit deutlicher Borkenbildung an den typischen Lokalisationen (Haupt, Träger, Bauchdecke, Beugeflächen der Läufe usw.) – durch die mikroskopische Untersuchung eines Hautgeschabsels zu stellen.

„Gamsblindheit“ (Infektiöse Keratokonjunktivitis)

Die Infektiöse Keratokonjunktivitis (IKK, Keratokonjunktivitis = Lidbindehautentzündung) ist die häufigste Augenerkrankung der Haus- und Wildwiederkäuer. An IKK, die beim Schaf weltweit vorkommt, erkranken auch Gams- („Gamsblindheit“), Stein- und Muffelwild. Der Erreger ist eine kleine Bakterienart (*Mycoplasma conjunctivae*). Als die Krankheit begünstigende und mit auslösende Faktoren kommen Fliegen, Staub, intensives Sonnenlicht, hohe Wilddichten, sekundäre

Viele Fälle von Blindheit heilen von selbst wieder aus. Ruhe im Revier ist oberstes Gebot.

Infektionserreger und auch der Klimawandel in Betracht.

Krankheitsbild

Die IKK, die meist beidseitig auftritt, kann **klinisch in vier Stadien eingeteilt** werden.

- Im ersten Stadium sind Tränenfluss, verstärktes Blinzeln, Lichtscheu und eine Lidbindehautentzündung, die häufig spontan abheilt, charakteristisch.
- Das zweite Stadium ist durch eine beginnende Hornhautentzündung und das Einwachsen von Blutgefäßen in die Hornhaut gekennzeichnet.
- Im dritten Stadium sind eine eitrig-schleimige Lidbindehautentzündung, Trübung der Hornhaut und starker Tränenfluss („Sekretrinne“), die Ausbildung gelber Herde auf der Hornhaut und eine Vorwölbung der Hornhaut zu erkennen.
- Das vierte Stadium kann nach dem Aufbrechen von Hornhautgeschwüren und Ausrinnen des Kammerwassers zum Erblinden führen.

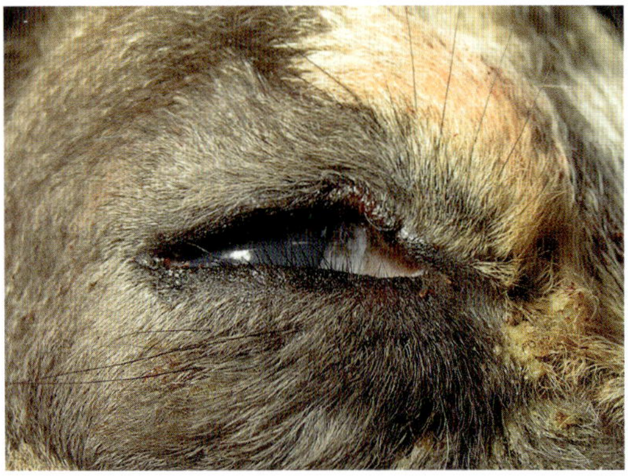

Stadium I: Tränenfluss

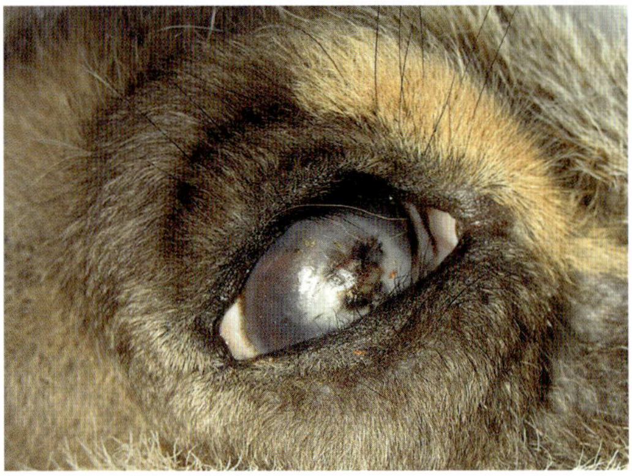

Stadium II: Hornhautentzündung

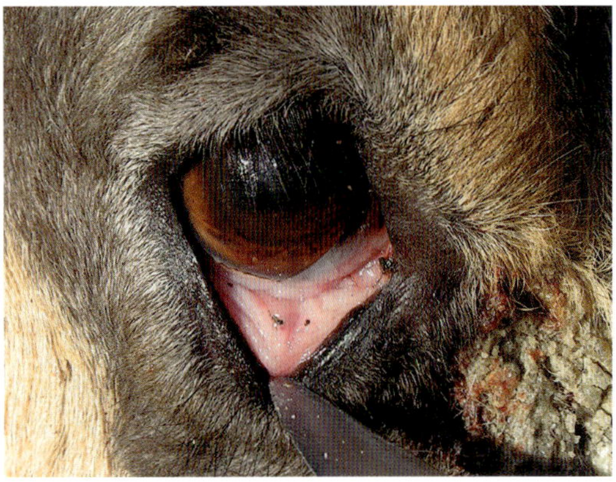

Stadium III: Eitrige Lidbindehautentzündung

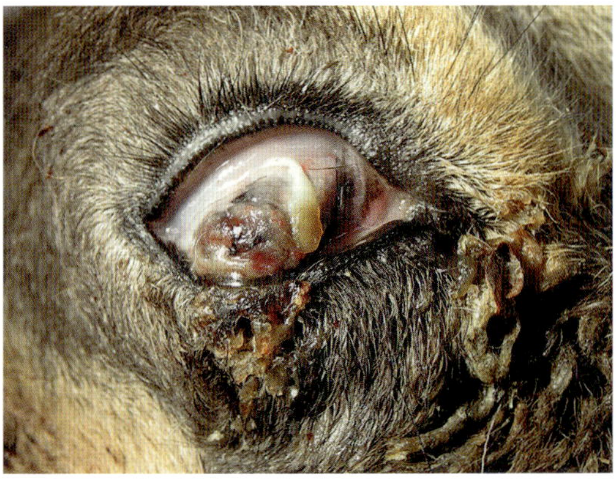

Stadium IV: Hornhautgeschwür

In milderen Fällen klart die Hornhaut vom Rand ausgehend wieder auf, die Lidbindehautentzündung geht zurück und es kann im Zuge der Selbstheilung wieder zur Erlangung der vollen Sehkraft kommen. Durch die Sehstörungen sind eine Einschränkung der Äsungsaufnahme sowie die Gefahr des Abstürzens gegeben.

Gamsblindheit ist hoch ansteckend

Die IKK ist innerhalb von Wildtierrudeln und Schafherden hoch ansteckend. Häufige und enge Kontakte zwischen Tieren scheinen die Voraussetzung für die rasche Ausbreitung zu sein. Der Erreger kann über Aerosole (z. B. Staub, Nebeltröpfchen), Augen-besuchende Insekten, aber auch zwischen verschiedenen Tierarten übertragen werden. Eine Verhaltensstudie ergab, dass Begegnungen zwischen geweideten oder gealpten Schafen, Ziegen, Gams- und Steinwild in den Schweizer Alpen relativ häufig vorkommen. Haus- und Wildtiere können sich während längerer Zeit in unmittelbarer Nähe nebeneinander aufhalten, wo dann auch Fliegen bei der Übertragung des Erregers eine wesentliche Rolle spielen können. In diesem Zusammenhang ist auch der Klimawandel von Bedeutung. So waren im Zuge des Gamsblindheitsseuchenzuges in den Niederen Tauern (Ostalpen) im Jahre 2006 noch Ende November Fliegen in Seehöhen von über 1.800 m zu beobachten. In den letzten milden Wintern herrschten noch im Dezember sehr hohe Temperaturen, die annehmen lassen, dass sogar in diesem Monat noch Fliegen als Überträger in großen Höhen in Frage kommen.

Im Jahre 2003 konnte bei zwei Kindern in der Steiermark der Erreger nachgewiesen werden, die Kinder hatten sich an Schafen angesteckt. Hinsichtlich der möglichen Übertragbarkeit der IKK auf den Menschen ist besonders der Kontakt von Kindern zu erkrankten Tieren zu verhindern und es wird empfohlen, im Umgang mit erkrankten Tieren Schutzhandschuhe zu tragen sowie übliche Hygieneregeln (Vermeidung von Schmierinfektionen usw.) einzuhalten.

Vorbeuge- und Bekämpfungsmaßnahmen
Auftriebsuntersuchungen vor dem Weideauftrieb bieten einen gewissen Schutz vor der Übertragung von IKK von Hausschafen auf Gams- oder Steinwildbestände und – wo vorkommend – auch auf Muffelwild, obwohl in Schafherden nicht alle infizierten Tiere auffallen. Falls in einer Schafherde einzelne Fälle auftreten, gilt demnach der gesamte Bestand als „infiziert". Auftriebsuntersuchungen von gealpten Schafen und Ziegen werden in Westösterreich freiwillig durchgeführt und sind in einigen Schweizer Kantonen vorgeschrieben. Die IKK beim Hausschaf ist heilbar.

Treten in einem Gebiet Fälle von „Gamsblindheit" bei Gams- oder Steinwild auf, so sind schwer erkrankte Stücke (Stadium IV mit Hornhautgeschwüren oder erblindet) möglichst ohne Beunruhigung und Versprengung des Restbestandes zu erlegen. Da Fälle im Stadium I und II in vermutlich einem hohen Prozentsatz selbst ausheilen und sich damit eine Bestandsimmunität aufbauen kann, sind Abschüsse in diesen Fällen umstritten, obwohl natürlich sämtliche erkrankten Stücke auch Infektionsquellen für noch gesunde Stücke darstellen.

Beim letzten Ausbruch im Schweizerischen Nationalpark wurde nicht mehr eingegriffen und damit keine zusätzliche Unruhe in den Bestand gebracht. Vielmehr wurden die Gebiete mit befallenen Gämsen mit einem Betretungsverbot belegt, um die Tiere nicht unnötigem Stress auszusetzen. Die Schaffung von Ruhezonen unterstützte die Selbstheilung.

Paratuberkulose – häufiger als vermutet!

Aus Österreich lagen bis ins Jahr 2002 Berichte über das Auftreten von Paratuberkulose bei Rindern, Schafen und Ziegen und bei Wildtieren aus Gatterhaltung sowie vereinzelt aus freier Wildbahn bei Rotwild vor. Ab dem Jahr 2002 häuften sich Fälle bei Wild in freier Wildbahn. Paratuberkulose ist eine weltweit verbreitete, ansteckende, chronische Darmerkrankung besonders der Wiederkäuer, die durch *Mycobacterium avium* subsp. *paratuberculosis* (Kurzform: M. a. p.) hervorgerufen wird.

Zwischen 1944 und 1950 wurde die im Jahre 1906 im Tierpark Peter und Paul in St. Gallen gegründete Steinwildpopulation (wo nach dessen beinaher Ausrottung erstmals Steinwild gezüchtet worden war) durch Paratuberkulose aufgelöst. Ebenso leidet eine Muffelkolonie im steirisch-kärntnerischen Grenzgebiet erheblich unter der Paratuberkulose, alljährlich treten einige klinische Fälle auf und die Fallwildraten sind hoch.

Das Wirtsspektrum der Paratuberkulose umfasst außer Haus- und Wildwiederkäuern auch Pferd, Hund, Schwein, Esel, Geflügel, Primaten, Fuchs, Dachs, Großes und Kleines Wiesel, Hasen, Kaninchen, Rabenvögel, Ratten und Waldmäuse, die jedoch i. d. R. nicht klinisch erkranken, sondern vor allem als Ausscheider auftreten. Beim Menschen wurde M. a. p. bei Morbus Crohn (chronische Darmentzündung) isoliert, ein Zusammenhang zwischen Paratuberkulose und Morbus Crohn konnte aber bislang noch nicht schlüssig bewiesen werden.

Übertragung
Der Erreger wird vorwiegend über Kot (bis 100 Mio. Erreger pro g Kot/Losung!) ausgeschieden, die Infektion erfolgt vor allem durch **orale Aufnahme der Erreger** meist schon in den ersten Lebenswochen. Die Infektionsdosis, die zu einer Infektion führt, ist bei jungen Tieren vermutlich sehr gering, zudem kann der Erreger in der Umwelt über ein Jahr überleben. Die Inkubationszeit (Zeitraum von der Infektion bis zum Ausbruch von Krankheitserscheinungen) beträgt beim Rind mindestens zwei Jahre, kann aber bis zu zehn Jahre dauern. Bei Wildtieren dürfte nach unseren bisherigen Erfahrungen die Inkubationszeit kürzer sein. Bei den von uns untersuchten Wildtieren waren auch Erkrankungsfälle bei vier- bis sechs-monatigen Kitzen und Kälbern von Reh-, Gams- und Rotwild zu beobachten, die vermutlich auch auf einen hohen Infektionsdruck hindeuten.

Paratuberkulose bei einem achtjährigen Steinbock (35 kg unaufgebrochen) und einem Muffelwidder

Krankheitsbild

Folgende **Symptome** konnten bei erkrankten Tieren festgestellt werden: Abmagerung, vergrößerte Darmlymphknoten, Hinweise auf Durchfall (wie Losungs-/Kotspuren um After/Weidloch und an den Sprunggelenken) in ca. 15 % der Fälle, verzögerter Haarwechsel, abnormer Geruch bei frisch verendeten oder mittels Fangschuss erlegten Tieren, Ödeme im Bereich des Darmtraktes sowie Bauchwassersucht. Die für das Rind typische hochgradige („hirnwindungsähnliche") Verdickung und Faltenbildung der Darmwand ist bei Wildtieren nicht oder nur in geringgradiger Ausprägung zu beobachten. Es war auch festzustellen, dass Jagdhunde den näheren Kontakt zu erlegten/verendeten kranken Stücken weitgehend mieden. Es gelang auch der Nachweis der intrauterinen Übertragung (Infektion der noch ungeborenen Kälber/Kitze) von *M. paratuberculosis* bei Rot- (drei Fälle) und Gamswild (ein Fall).

Als Ursachen für die Häufung klinischer Fälle ab dem Jahre 2002 wird allgemein die starke Zunahme der Mutterkuhhaltung und Rinderimporte aus Westeuropa (Rinder der Rasse Limousin scheinen anfälliger zu sein) mit einer Anreicherung der Erreger in der Umwelt vermutet. In Mutterkuh- und Fleischrinderzuchtbetrieben stellt Paratuberkulose seit zumindest Anfang der 1990er-Jahre ein häufigeres klinisches Problem dar. Ein nicht zu vernachlässigendes Risiko ergibt sich aus der zunehmenden Ausbringung von Gülle. Hitzestress und Wassermangel (wie in den Jahren 2003 und 2013) oder auch chronische Pansenübersäue-

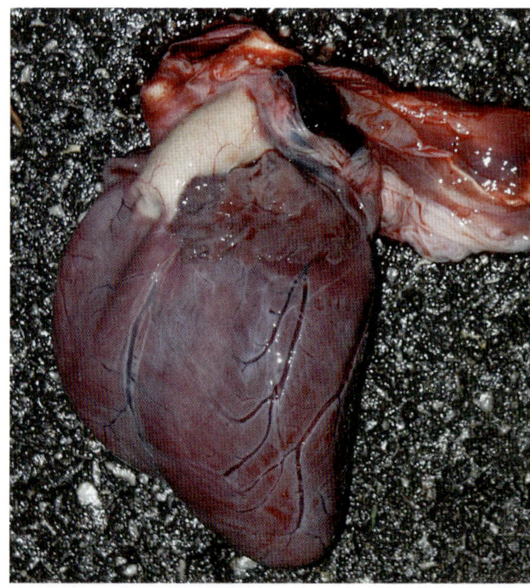

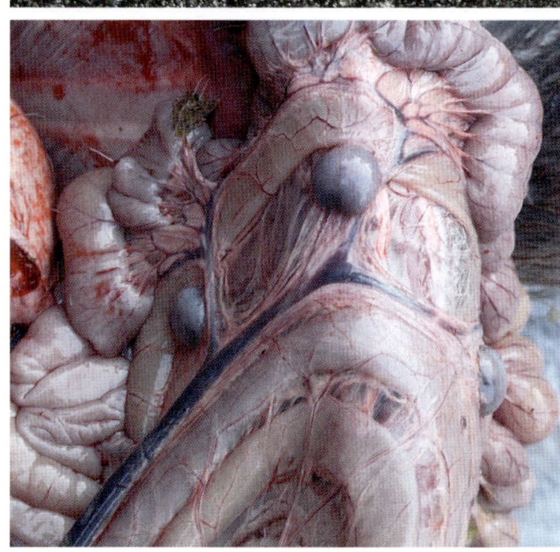

Sektionsbefunde Paratuberkulose: Gamsherz ohne Fett in den Herzfurchen (oben), vergrößerte Darmlymphknoten beim Gamswild (unten). Aus den Darmlymphknoten können auch die Erreger nachgewiesen werden.

rung durch Fütterungsfehler (Getreideschrot- und Maisfütterung beim Muffelwild) und schwere Parasitosen sind zusätzliche prädisponierende Faktoren für das Auftreten von Paratuberkulose.

Vorbeuge- und Bekämpfungsmaßnahmen

Bei der Bekämpfung von Paratuberkulose muss neben der hohen Überlebensfähigkeit des Erregers in der Umwelt auch die intrauterine Übertragung (Infektion noch Ungeborener) beachtet werden. Der Erreger kann bis zu einem Jahr auf Äsungs-/Weideflächen infektionsfähig bleiben und damit auch den Winter überdauern. Insgesamt begünstigen niedrige Temperaturen, Feuchtigkeit und fehlende Sonneneinstrahlung das Überleben des Erregers.

- **Jagdliche Maßnahmen:** Jäger sind verstärkt über diese Krankheit zu informieren, um ihr Verständnis und ihre Mitarbeit für langfristige und großräumige jagdliche Entscheidungen zu sichern. Der Abschuss und die Untersuchung aller krankheitsverdächtigen Stücke (zu jeder Jahreszeit, natürlich Kitze und Lämmer von erkrankten Muttertieren), die regionale Reduktion von Wildbeständen nach Häufung von Krankheitsfällen und eine möglichst frühzeitige Abschusserfüllung mit stark reduziertem Jagddruck ab November sind konkrete jagdliche Maßnahmen zur Senkung des Infektionsdruckes. Ein erhöhter Jagddruck im Bereich von kontaminierten Weidegebieten/Äsungsflächen (Lenkungseffekt!), wo Rinder aus Paratuberkulose-positiven Betrieben aufgetrieben werden, wäre zusätzlich möglich.
- **Weitere Maßnahmen:** Kranke und krankheitsverdächtige Tiere und Aufbrüche müssen seuchensicher entsorgt werden. Die Abklärung sämtlicher Verdachtsfälle und ein flächendeckendes Paratuberkulose-Monitoring unter Einbindung unverdächtiger Stücke würden über die regionale Verbreitung der Paratuberkulose bei Wildtieren Aufschluss geben und könnten in ein Informationssystem über Wildtierkrankheiten einfließen.

Eine **Behandlungsmöglichkeit** gegen Paratuberkulose **gibt es nicht.** Die Bekämpfung der Paratuberkulose bei Wildtieren wird erst nach einer Eindämmung der Paratuberkulose bei Rindern Wirkung zeigen. Der zunehmende Nachweis von *M. paratuberculosis* bei Wildtieren muss als Indikator für eine steigende Prävalenz von Paratuberkulose in Rinderbetrieben gewertet werden. Seit 2006 ist die Paratuberkulose bei Rindern, Schafen, Ziegen und bei Farmwild eine in Österreich anzeigepflichtige Tierseuche.

Moderhinke – schmerzhafte Klauenentzündung

Die Moderhinke oder Klauenfäule ist eine Klauenerkrankung, die durch zwei Bakterienarten (*Fusobacterium necrophorum* und *Dichelobacter nodosus*) verursacht wird und vorwiegend **nach längeren Regenperioden im Spätsommer und Herbst** bei Hausschafen, Ziegen, Steinwild und Mufflons auftritt. Erst das Zusammenwirken der beiden angeführten Bakterienarten in sauerstofffreiem Milieu (Hornklüfte der Schalen, Zwischenklauenspalt, ausgewachsene Schalen) bewirkt schmerzhafte, tiefgreifende, meist übelriechende Entzündungen der Klauenlederhaut, die bis zum sogenannten „Ausschuhen", d. h. der vollständigen Loslösung der Schale vom Klauenbein, führen kann.

Krankheitsbild

Je nach Ausprägung des Krankheitsbildes ist eine
- „gutartige" Form der Moderhinke (Entzündung im Zwischenklauenspalt, geringe Ablösungen im Ballenbereich, geringgradige Lahmheit, Tendenz zur Selbstheilung) von einer
- „bösartigen" Moderhinke (Loslösung des Klauenhornes vom Ballen bis zur Schalenspitze, hochgradige Lahmheit an mehreren Gliedmaßen, keine Selbstheilungstendenz und eventuell Streuen der Erreger über die Blutbahn mit eitrigen Entzündungen und Abszessbildung in Leber, Niere, Lunge und Gelenken)

zu unterscheiden.

Die Erreger überleben in Hornklüften bis zu zwei Jahre. Erkrankte Stücke sind vorerst in der Bewegung stark eingeschränkt, bewegen das Haupt im Ziehen nickend oder schieben sich auf den Carpalgelenken (fälschlich „Kniegelenken") der Vorderläufe „kniend" vor, bis sie in hochgradigen

Dieser Steinbock schont den rechten Hinterlauf. Ist er deshalb gleich ein Hegeabschuss? Auf alle Fälle sollte die Population in Richtung Moderhinke im Auge behalten werden.

Fällen überhaupt festliegen. Steinböcke stützen sich beim Hochwerden auch auf das Gehörn, was am Abrieb der Schmuckwülste erkennbar ist. Das vermehrte Liegen verursacht Liegeschwielen in der Brustbeingegend. Die erkrankten Stücke magern in kurzer Zeit stark ab, bis sie entweder verhungern oder einen Fangschuss erhalten. Auffallend ist, dass häufig starke Steinböcke – und diese vorwiegend an den Vorderläufen – erkranken. Dabei mögen sowohl das höhere Körpergewicht und die damit verbundene stärkere Schalenbelastung als auch der von den Geißen unterschiedlich bevorzugte Lebensraum eine Rolle spielen.

Ausbrüche von Moderhinke haben schwere Verluste beim Steinwild in Tirol (Kleiner Rettenstein, Rossgruber), der Schweiz (Appenzell, St. Gallen) und in Frankreich (Savoyen) verursacht. Als Ursachen für Moderhinke beim Steinwild wird das Auftreiben erkrankter Hausschafe angeführt, aber noch widersprüchlich diskutiert. Eine Untersuchung der Schafe vor dem Auftrieb in Steinwildlebensräumen ist jedoch auf alle Fälle anzuraten. Salzlecken für Steinwild sollten so angebracht sein, dass sie von Schafen nicht leicht erreicht werden können, damit eine Erregerkonzentration vor den Sulzen vermieden wird.

Vorbeuge- und Bekämpfungsmaßnahmen

Impfungen oder Klauenkorrekturen und -bäder, wie sie bei Hausschafen zur Vorbeugung und Behandlung der Moderhinke dienen, waren in den wenigen bisher angestellten Behandlungsversuchen von narkotisierten Wildtieren nicht erfolgversprechend. Erkrankte Wildtiere sind – nicht zuletzt aus tierschützerischen Aspekten und Gründen der Eindämmung der Krankheitsverbreitung – zu erlegen, die Erkrankung ist diagnostisch abzuklären, und Salzlecken sind als möglicher Ort der Krankheitsübertragung vorübergehend aufzulösen.

Moderhinke bei erlegtem Steinbock (oben) und Moderhinke sowie ausgewachsene Schalen bei Muffelwiddern (unten)

Lippengrind

Lippengrind (*Ecthyma contagiosum*) ist eine virusbedingte Infektionskrankheit (Parapockenviren), die bei Wildtieren fast ausschließlich bei Gams- und Steinwild (seltener Rotwild) und darüber hinaus bei Hausschafen und -ziegen sowie nach Kontakt mit erkrankten Tieren auch beim Menschen auftritt. Die Erkrankung verläuft meist ohne deutliche Beeinträchtigung der infizierten Tiere, weiters ist die Selbstheilungsrate relativ hoch.

Krankheitsbild

Die Erreger dringen über Haut- oder Schleimhautverletzungen (Äser, Lecker, Läufe) ein und verursachen **blasenartige Veränderungen** und später **geschwürige Entzündungen** an Äser, Lippen, Gaumen, Lecker und seltener an den Extremitätenenden. Durch die Veränderungen im Äserbereich wird bei Komplikationen in hochgradigen Fällen die Äsungsaufnahme erschwert bis unmöglich, was Todesfälle infolge Entkräftung und Verhungerns hervorruft. Lippengrind kommt fast nur im Winter und hauptsächlich bei jungen oder schwachen Stücken vor, was auf zusätzliche Faktoren (Harschschnee, extreme Witterung, Äsungsknappheit, Beunruhigung usw.), die zum Angehen dieser Erkrankung führen, hindeutet. Im Frühjahr kommt es durch die verbesserten Lebensbedingungen nicht selten zu Selbstheilungen. In abgefallenen Hautkrusten kann der Erreger mehrere Jahre überleben und infektiös bleiben.

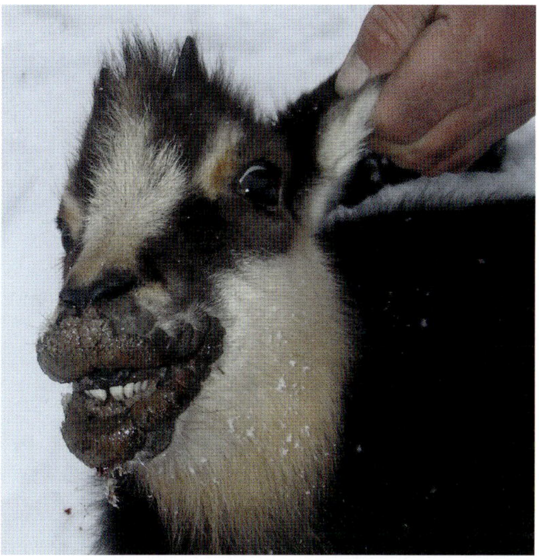

Papillomatose, Gamskitz

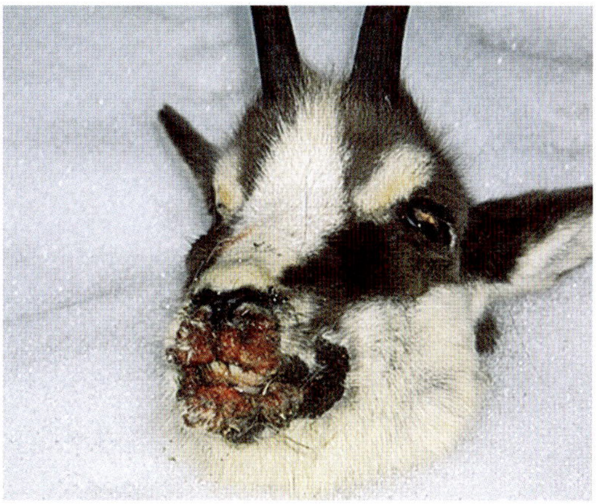

Lippengrind, Gamsgeiß

Bekämpfungsmaßnahmen und Ansteckung
Erkrankte Stücke sind möglichst ohne starke Beunruhigung des restlichen Bestandes zu erlegen. Außerdem sind bei Auftreten mehrerer Fälle die Salzlecken (häufige Ansteckungsquelle) zu entfernen.

Beim Menschen können nach Kontakt mit an Lippengrind erkrankten Tieren Erreger über Hautwunden eindringen, die nach drei bis sieben Tagen vorwiegend an Händen, Armen, Hals sowie im Gesicht oder Nacken Bläschen, Pusteln und Krusten hervorrufen. Diese Veränderungen heilen i. d. R. innerhalb weniger Wochen komplikationslos ab. Daneben werden vereinzelt Fieber, Lymphknotenschwellungen oder Gelenksschmerzen beobachtet.

Papillomatose

Die durch Papovaviren verursachte Papillomatose mit **erhabenen, warzenartigen Veränderungen** (bei Lippengrind meist eingesenkte Geschwüre) an den Schleimhäuten der Verdauungsorgane oder der Haut (besonders an den Läufen) wurde bisher bei Gams- Stein-, seltener bei Rot-, Dam- und Rehwild sowie Hasen und Wildkaninchen nachgewiesen.

Die Übertragung erfolgt über kleine Wunden, Insektenstiche, direkten Kontakt oder auch bei Salzlecken. Krankheitserscheinungen treten hauptsächlich im Winter auf, können die Nahrungsaufnahme behindern (Papillomatose im Äserbereich, an der Zunge, in der Speiseröhre oder im Vormagensystem) oder zu Bewegungsstörungen (Papillomatose an den Läufen) führen. Im Frühjahr heilt die Papillomatose in den überwiegenden Fällen wieder ab.

Dermatophilose

Eine erst selten nachgewiesene, aber zumindest beim Gamswild sicherlich häufiger vorkommende Hauterkrankung ist Dermatophilose. Sie wird durch Bakterien (*Dermatophilus congolensis*) verursacht und verläuft **akut bis chronisch**. Es überwiegen milde Verlaufsformen, bei denen nach Wegfall hautschädigender Einflüsse Selbstheilungen vorkommen. In generalisierten Fällen kann sie jedoch zum Tode führen. Die Der-

Beginnende Dermatophilose am Nasenrücken eines Gamskitzes

matophilose kommt vorwiegend in wärmeren Klimazonen, vereinzelt aber auch in Europa, bei über 30 Tierarten, wie z. B. Rindern, Pferden, Ziegen, Schafen, Fleischfressern, Schweinen, Nagetieren, Marderartigen, sowie gelegentlich beim Menschen vor. Bislang war die Dermatophilose bei Gamswild in der Schweiz und in Österreich beschrieben worden.

Die **Ansteckung** erfolgt **über Hautverletzungen und Ektoparasiten**, während dem direkten Tierkontakt geringere Bedeutung zuzukommen scheint. Begünstigend für das Auftreten sind längere Regenperioden (Aufweichung der oberen Hautschichten), intensive Sonnenbestrahlung, andere Hautinfektionen oder Zeckenbisse. Dermatophilose beginnt mit dem Aufrichten einzelner Haarbüschel und Krustenbildung. Innerhalb einiger Wochen entwickeln sich haarhaltige, schwer entfernbare Borken ohne Juckreiz (Unterschied zur Räude!). Diese Veränderungen können sowohl mit Räude als auch mit Lippengrind verwechselt werden.

Brucellose

Weiters von Bedeutung sind serologische Befunde von Brucellose bei freilebendem Gams-, Stein- und Muffelwild in Frankreich. Es ist durchaus anzunehmen, dass Brucellose auch im Ostalpenraum beim Gamswild vorkommt. Gebiete mit einem hohen Anteil sogenannter „Geltgeißen“ (nicht führende, meist alte Geißen) sind verdächtig. An gegenseitige Ansteckungen zwischen Schafen/Ziegen und Gams-/Steinwild muss ge-

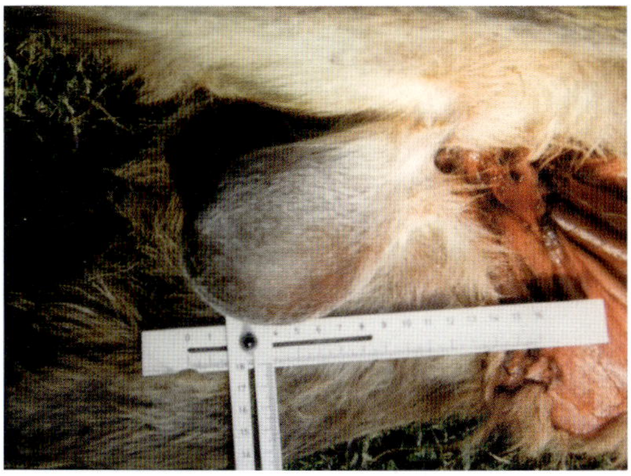

Vergrößerte Brunftkugeln bei einem Gamsbock – Tumor- oder Bruceloseverdacht

dacht werden. Eine ein- oder beidseitige Vergrößerung der Brunftkugeln bei Böcken und Widdern liefert einen Hinweis auf Brucellose und sollte diagnostisch abgeklärt werden, zumal auch eine Infektionsgefahr für den Menschen besteht.

Salmonellose

Einige Fälle von Salmonellose bei Gamswild traten in den Jahren 1998 und 1999 auf Almen in Tirol auf. Erkrankte Stücke (hauptsächlich ältere Gamsböcke in ihren tieferliegenden Sommereinständen) verendeten innerhalb weniger Tage an einem akuten septikämischen Durchfallgeschehen. Als Infektionsquellen konnten Salmonellen-ausscheidende Rinder identifiziert werden, die besonders Tränkeplätze, aus denen auch Gämsen schöpften, mit Erregern kontaminierten.

Blauzungenkrankheit

Die Blauzungenkrankheit (Bluetongue) ist eine meist **akut verlaufende, seuchenhaft auftretende Viruserkrankung** bei Schafen, seltener bei Rindern, Ziegen und Wildwiederkäuern. Muffelwild ist unter den Hornträgern sicherlich die anfälligste Wildart. Das im Blut infizierter Tiere zirkulierende Virus wird von Stechmücken der Gattung *Culicoides* und Zecken von Tier zu Tier übertragen. Die Krankheit wurde in Südafrika erstbeschrieben und von dort in andere Teile Afrikas verschleppt. Die ersten europäischen Fälle ereigneten sich 1998 in Spanien. Ab 2006 kamen zahlreiche Ausbrüche in Mittel- und Nordeuropa dazu. Das saisonale Auftreten dieser Erkrankung hängt eng mit der Flugzeit weniger Mückenarten zusammen. Als Virusreservoir gelten vor allem Rinder und Wildwiederkäuer, in denen der Erreger bis über 200 Tage im Blut zirkulieren – also auch überwintern – kann.

Endoparasiten

Unter den Endoparasitosen (Innenparasiten) sind bei Gams- und Steinwild besonders **Lungenwürmer, Bandwürmer und Magen-Darmwürmer** von größerer Bedeutung. Bei Kitzen können auch Kokzidien schwere Durchfälle verursachen, die bis zum Verenden führen. Frühjahrsdurchfälle bei Jungtieren sind allgemein meist auf Endoparasitosen zurückzuführen. Gleich wie die Ektoparasitosen treten auch Endoparasitosen als Faktorenkrankheiten bei negativen Umweltfaktoren (Stress, hohe Wilddichte, suboptimale Lebens-

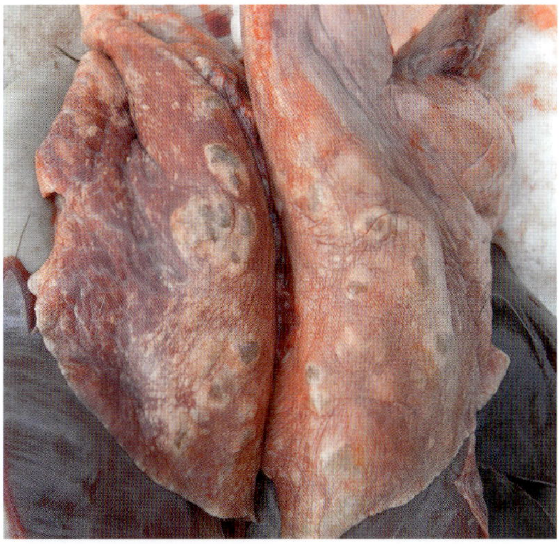

Lungenwurmbefall (Wurm- und Brutknoten) bei einem Gamsbock

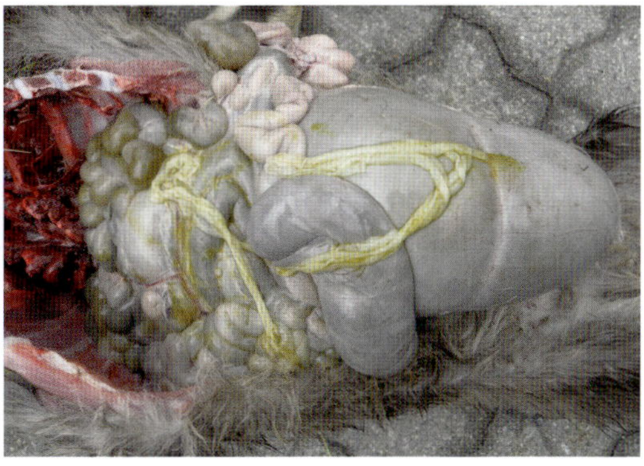

Bandwürmer aus dem Dünndarm eines Mufflons

Die Gülleausbringung auf Almflächen erhöht das Leberegel- und Paratuberkulose-Risiko.

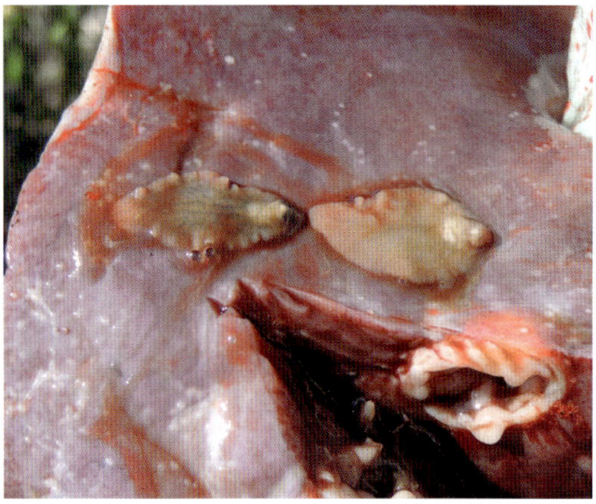

Zwei Leberegel aus einer Gamsleber

räume usw.) massiver auf. Einige Endoparasiten sind auch zwischen Gams-, Stein- und Muffelwild bzw. auch zwischen diesen und Schafen sowie Ziegen wechselseitig übertragbar, überwiegend trägt jedoch jede Art ihre eigene Parasitenfauna. In den letzen Jahren sind hochgradige Parasitosen bereits in immer höheren Lagen feststellbar, was auf die steigenden Jahresdurchschnittstemperaturen zurückgeführt wird.

Nachdem die heutigen Steinwildvorkommen im Alpenraum auf das Gebiet des Gran Paradiso zurückgehen, dürfte es besonders beim Steinwild eine gewisse einheitlich artspezifische Parasitenfauna geben, zu der jedoch gebietsspezifische Parasitenarten von Gamswild und auch Schaf und Ziege dazukamen. Bei zugekauftem Steinwild für Aussetzungen ist es möglich, über Losungsuntersuchungen während der Quarantäne den Parasitenbefall zu erkennen und, wenn erforderlich, eine gezielte Entwurmung durchzuführen, um damit das Einschleppen von für eine Population noch fremden Parasitenarten zu verhindern – in freier Wildbahn sind Entwurmungen jedoch abzulehnen (in Österreich verboten). Wegen der Winterhärte des Steinwildes sind parasitär bedingte Ausfälle recht gering.

Nichterregerbedingte Erkrankungen

Schalenmissbildungen, „Schalenkrankheit“

Ein übermäßiges Schalenwachstum („Schalenkrankheit“) ist sowohl beim Gatterwild als auch bei freilebenden Wildtieren beschrieben. Als **Ursachen** sind in der Literatur **zu weicher Boden**, **Stoffwechselstörungen** mit daraus resultierender Überproduktion von Horn sowie **Knochenbrüche** mit reduzierter Bewegung in der Ausheilungszeit angeführt. Beim Rotwild können auch Filarienbefall (Fadenwürmer) und beim Muffelwild eventuell Fütterungsfehler und genetische Einflüsse die Verursacher sein. Eine Ursache für die Schalenkrankheit an allen vier Läufen kann eine eingeschränkte Bewegung (und damit verminderter Schalenabrieb) im Zusammenhang mit anderen Krankheiten sein, meist dürfte aber übermäßige Klauenhornproduktion in Frage kommen.

Ausgewachsene Schalen an einzelnen Läufen treten oft nach längerem Schonen infolge von Knochenbrüchen auf. Durch Vermeidung des Bodenkontaktes unterbleibt der Schalenabrieb und das Schalenhorn krümmt sich beim Auswachsen leicht nach oben. Wenn dieser Lauf auch später wieder aufgesetzt wird, kann die Schalenspitze nicht mehr abgerieben werden und es entstehen sogenannte „Schnabelschuhe“, bei denen nur mehr am Ballen aufgetreten wird und die Schalen ohne Abrieb monatlich mindestens 6–7 mm weiterwachsen. Wildtiere mit Schalenkrankheit zeigen Lahmheiten unterschiedlichen Grades, außerdem liegen sie viel und äsen häufig „kniend“.

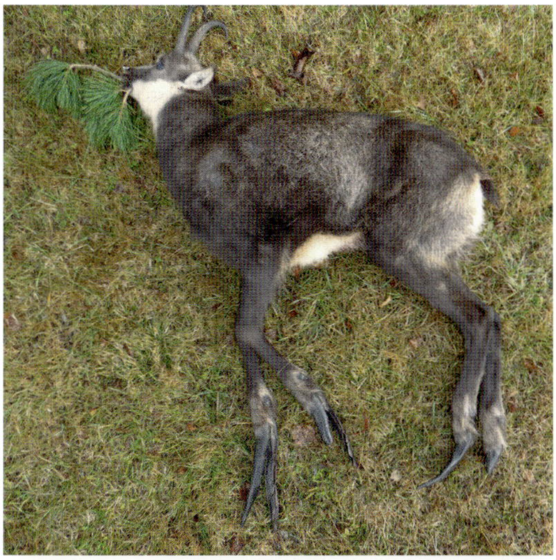

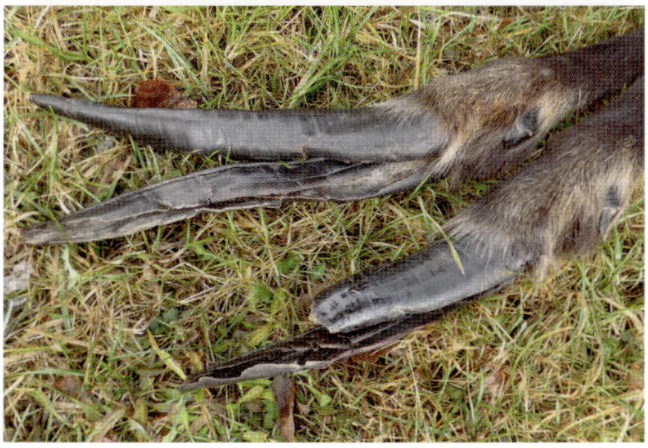

„Schnabelschalen“ bei einem Gamsbock

Tumorerkrankungen häufig beim Gams

Tumoren („Krebserkrankungen“) kommen beim Gamswild weitaus am häufigsten vor, gefolgt von Reh- und Rotwild. Meist sind ältere Stücke von Tumorerkrankungen betroffen. Dies lässt sich damit erklären, dass mit zunehmendem Alter auch die Wahrscheinlichkeit steigt, dass irgendwann Zellen zu entarten beginnen und durch körpereigene Abwehrfunktionen nicht mehr abgewehrt werden können. Exemplarisch werden hier einige Fälle beschrieben.

Eine 14-jährige Gamsgeiß (16 kg Wildbretgewicht) wurde wegen einer kinderfaustgroßen Umfangsvermehrung an der linken Hauptseite im Bereich des vorderen Augenwinkels erlegt. Die Geschwulst war teils dunkelrot und teils mit braunen Krusten verklebt, welche sich bei der Bergung lösten, wodurch ein weißer Untergrund sichtbar wurde. Der mit dünner Haut überzogene, relativ weiche Knoten zeigte an der Schnittfläche bohnengroße knochenharte Bereiche und Blutungen. Nach der histologischen Untersuchung erwies sich dieser Tumor als teleangiektatisches Osteosarkom. Osteosarkome sind bösartige Knochentumoren (im Volksmund „Knochenkrebs“), die aggressiv wachsen und frühzeitig zur Bildung von Metastasen neigen, häufig in der Lunge.

Der zweite beeindruckende Fall fiel beim Aufbrechen einer zwölfjährigen Gamsgeiß auf, nämlich ein Lebertumor. Zwei Drittel der Leber waren mit zahlreichen kirschkern- bis taubeneigroßen Zysten in gesamter Leberstärke durchsetzt. Die Zysten waren mit seröser bis leicht blutiger Flüssigkeit gefüllt und die Leber war teilweise mit der Umgebung verwachsen sowie in eine fettgewebsreiche Kapsel eingebettet. Die feingewebliche Untersuchung des Lebertumors ergab die Diagnose Zystadenom. Zystadenome sind seltene gutartige Tumoren, die von der Gallengangsschleimhaut ausgehen und die aber bösartig entarten können. Beim Umfang des gegenständlichen Tumors ist jedenfalls davon auszugehen, dass er, obwohl gutartig, alleine schon durch seinen Umfang zu erheblichen Problemen im Leberstoffwechsel geführt haben muss. Zu verwechseln wäre dieses Krankheitsgeschehen höchstens mit einem hochgradigen Befall der Leber mit Bandwurmfinnen.

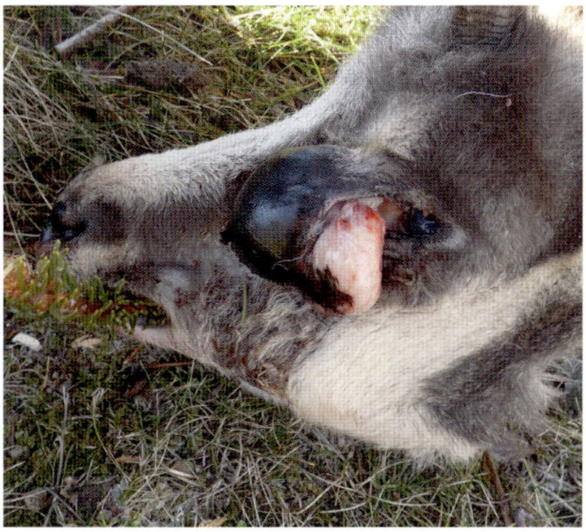

Bösartiger Knochentumor am Haupt einer 14-jährigen Gamsgeiß

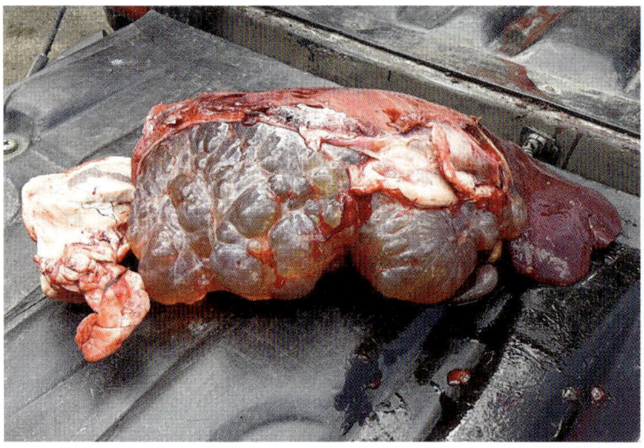

Massiver Lebertumor bei einer zwölfjährigen Gamsgeiß

Das dritte Beispiel betrifft eine 23 Jahre alte Gamsgeiß, hochgradig abgemagert, einseitig blind und mit einem massiven Plattenepithelkarzinom am Haupt erlegt. Der bösartige Tumor in der Stirngegend wucherte auch in den Schädelknochenbereich ein, was zur großflächigen Auflösung von Knochensubstanz führte. Plattenepithelkarzinome sind bösartige, von der Haut oder von Schleimhäuten ausgehende Tumore. Sie entwickeln sich in erster Linie auf schwer lichtgeschädigter, oft auf vorgeschädigter Haut und wachsen warzenartig, oft geschwürig zerfallend und teilweise verhornend. Plattenepithelkarzinome sind ein gutes Beispiel für einen durch Sonnenlicht ausgelösten Hauttumor.

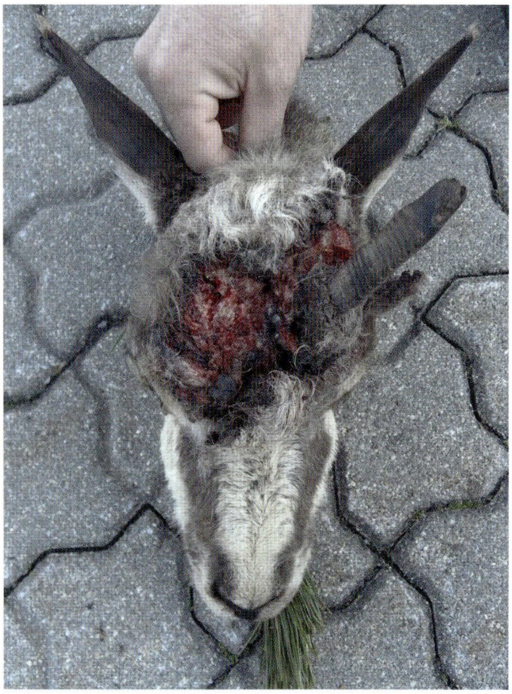

Plattenepithelkarzinom (bösartiger Hauttumor) am Haupt einer Gamsgeiß

Da offenbar die kumulative Sonnenexposition („UV-Lebenszeitkonto“) eine entscheidende Rolle spielt, ist ein derartiges Leiden bei einer sehr alten Gamsgeiß nicht verwunderlich. Da regional auch beispielsweise Ohrrandkarzinome bei Hauskatzen, die sich viel im Freien aufhalten, zunehmen, besteht der Verdacht, dass das Sonnenlicht (UV-Strahlung) durch die Schädigung der Ozon-Schicht „aggressiver“ wird.

ZUKAUF VON TIEREN IST IMMER EIN RISIKO – TIERKAUFRECHT

Auch der Zukauf von Stein- oder Muffelwild, ob zur Neugründung einer Kolonie, zur Aufstockung einer bestehenden Population oder zur „Blutauffrischung“ (Notwendigkeit?) unterliegt Rechtsbestimmungen (i. d. R. Jagd- und Naturschutzrecht). Rechtlich haftet der Verkäufer von Tieren dafür, dass der Kaufgegenstand die ausdrücklich bedungenen oder die im Verkehr gewöhnlich vorausgesetzten Eigenschaften aufweist und der Natur des Geschäftes nach oder der Vereinbarung gemäß verwendet werden kann. Von rechtlicher Relevanz ist auch, ob der Mangel (z. B. Krankheit) verborgen oder offensichtlich, wesentlich oder unwesentlich, behebbar oder unbehebbar ist. Danach richtet sich, ob eine Wandlung des Geschäftes oder eine Minderung des Kaufpreises verlangt werden kann.

Der Käufer von Stein- oder Muffelwild hat das Recht, vor dem Kauf einen bestimmten Gesundheitsstatus der Tiere zu verlangen, was auch die Untersuchung von z. B. Kot- und Blutproben mit einschließen kann. Für einen bestehenden Bestand kann es sich fatal auswirken, wenn zugekaufte Tiere beispielsweise die Erreger der Paratuberkulose, der Moderhinke oder Räudemilben in die Kolonie einbringen und diese streuen. Insgesamt muss – wie auch im Haustierbereich – vor dem Risiko der Einschleppung von Krankheiten gewarnt werden, da einige Erkrankungen auch bei eingehenden Untersuchungen am lebenden Tier nicht oder nur unzuverlässig erkannt werden können (wie Paratuberkulose) und diese zugekauften Tiere später potentielle Infektionsherde darstellen.

KLIMAWANDEL UND WILDTIERGESUNDHEIT

Der **Einfluss des Klimawandels** auf die Verbreitung von Krankheitserregern kann **direkt** erfolgen, indem Krankheitserreger bei höheren Jahresdurchschnittstemperaturen in der Umwelt länger überleben und auch höheren Infektionsdruck erzeugen, oder auch **indirekt** bei jenen Krankheitserregern, die über Vektoren (z. B. Zecken, Stechmücken) übertragen werden und wo deren Verbreitungsgebiet bzw. Populationsgrößen klimatisch beeinflusst werden. Erregerhaltige Zecken und Stechmücken sind bereits in größeren Seehöhen nachweisbar als noch vor zwei Jahrzehnten. Weiters können sich bei Krankheitserregern, die in ihrem Auftreten eine jahreszeitliche Periodik aufweisen, Zeiträume mit höherem Infektionsrisiko verlängern. Auch Parasiteneier und -larven sowie Zwischenwirte von Parasiten sind bereits in größeren Höhen nachweisbar bzw. profitieren von steigenden Jahresdurchschnittstemperaturen.

Parasiten, Klimawandel und Seehöhe

Auf Rinderweiden in Obergurgl/Tirol wurde in den letzten Jahren die durchschnittlich errechnete 7-°C-Isotherme bereits im Mai und die 10-°C-Grenze im Juni erreicht, in den Jahren 1950–1960 dagegen erst Mitte Juni respektive im Juli. Früher war dieser Wert gleichzeitig die maximale durchschnittliche Lufttemperatur, während in den letzten sieben Jahren die 10-°C-Grenze im Juni, Juli und August überschritten wurde. Eine durchschnittliche Erwärmung um 4 °C kann daher in sensiblen Zonen die Entwicklungsgeschwindigkeit der freilebenden Parasitenlarven (parasitisch lebenden Würmern) nahezu verdoppeln, in höher gelegenen Regionen erst ermöglichen (PROSL, 2008).

Faktor Temperatur

Die freilebenden Stadien der wichtigsten Labmagenparasiten stellen jegliche Weiterentwicklung unter 5 °C ein. Steigt die Temperatur im Frühjahr auf über 5–6 °C (was auch für viele andere Parasiten der Schwellenwert ist) an, werden die Parasitenstadien wieder aktiv. Mit zunehmenden Temperaturen beschleunigt sich die Entwicklung. Der dunkle Kot (Losung) wird durch Sonneneinstrahlung und bakterielle Zersetzung zusätzlich erwärmt. Bei 7 °C dauert es fünf Wochen, bei 9 °C drei Wochen und bei 15 °C etwa neun Tage, bis aus einem mit dem Kot ausgeschiedenen Ei eine infektionsfähige Larve heranwächst (PROSL, 2008). In diesem Zusammenhang finden wir beispielsweise vermehrt eitrige Lungenentzündungen bei Gamswild in der Folge des Befalles mit Kleinen Lungenwürmern und sich sekundär aufpfropfenden bakteriellen Lungenentzündungen.

Faktor Feuchtigkeit

Neben der Temperatur ist die Feuchtigkeit in der Losung und in deren Umfeld ein wesentlicher Faktor für die Entwicklung von Parasiten. Auch hier gilt, dass Feuchtigkeit und Nässe in Zusammenhang mit geeigneten Temperaturen das Überleben der Parasiten begünstigen. Trockenheit und hohe Temperaturen töten parasitäre Stadien ab, ebenso wie direkte UV-Bestrahlung. Mit dem Ansteigen der Waldgrenze und zunehmendem Schattenwurf der Bäume kommt es auch dazu, dass weniger UV-Licht auf Parasiten und ihre Entwicklungsstadien in der Losung einwirken kann und diese somit länger infektiös bleiben.

Faktor Seehöhe

Derzeit gibt es auch noch keine exakten Erkenntnisse über das Vorkommen von Endoparasiten bei Wildtieren abhängig von der Höhenlage. Empirisch wurde jedoch erkannt, dass Parasiten wie der Große Leberegel, Labmagen-Dünndarm-Trichostrongyliden oder Lungenwürmer bei Wildwiederkäuern zunehmend in höheren Lagen vorkommen. Im Rahmen eines aktuellen Projektes (DEUTZ et al., 2015) wurden im Zuge der Probenahmen auch die jeweiligen Seehöhen mit erfasst, um zukünftig bei anzunehmender weiterer Erhöhung der Jahresdurchschnittstemperatur eine Verschiebung der vorkommenden

Parasitenspezies sowie ein Ansteigen des Parasitendruckes in höheren Lagen beweisen zu können oder dies schon aktuell zu bestätigen. Von uns wurden im Zusammenhang mit den parasitologischen Untersuchungen folgende **Höhenstufen** unterschieden:

- bis 1.500 m,
- 1.500 bis 2.000 m,
- 2.000 bis 2.500 m und
- über 2.500 m.

In der Verfolgung der bisherigen Befunde muss davon ausgegangen werden, dass es im Zuge des Klimawandels, besonders in feuchtwarmen Jahren mit zeitigem Frühjahr und verzögertem Winterbeginn und in schattigen Habitaten, zu einem deutlich gesteigerten Infektionsrisiko selbst in Höhenlagen von deutlich über 2.000 m Seehöhe kommen wird.

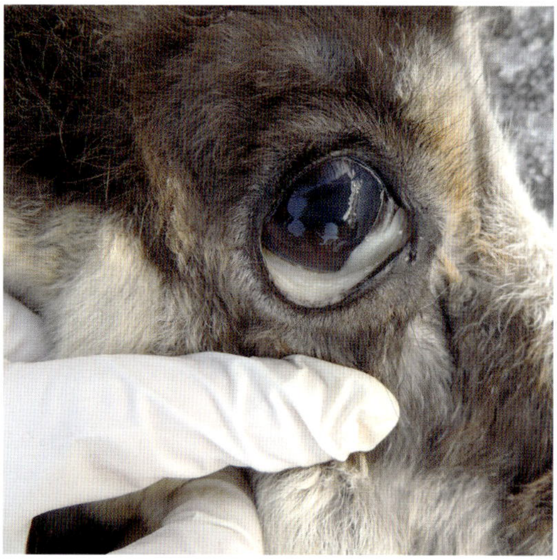

Anämische Lidbindehäute nach parasitär bedingtem Blutverlust

Untersuchungen zum Roten Magenwurm

Überraschend an den Untersuchungen der letzten beiden Jahre war der Nachweis des **Roten Magenwurmes** (*Haemonchus contortus*), der in der Außenwelt wärmeliebend ist und beim Gamswild in alpinen Lebensräumen bis auf über 2.500 m Seehöhe in früheren Jahrzehnten noch keine Bedeutung hatte. Mittlerweile verursacht dieser Parasit erhebliche Ausfälle bei Gamswild, was möglicherweise auch mit der erst kurzen Koevolution zwischen Wirt und Parasit und damit Problemen der Immunabwehr zusammenhängen könnte. Der Rote oder Gedrehte Magenwurm scheint nun massiv auf Gams- und Steinwild selbst in Hochlagen zu treffen. Dieses Phänomen, verbunden mit den zum Teil immunsuppressiv wirkenden Störfaktoren und regional geänderten Dünge-

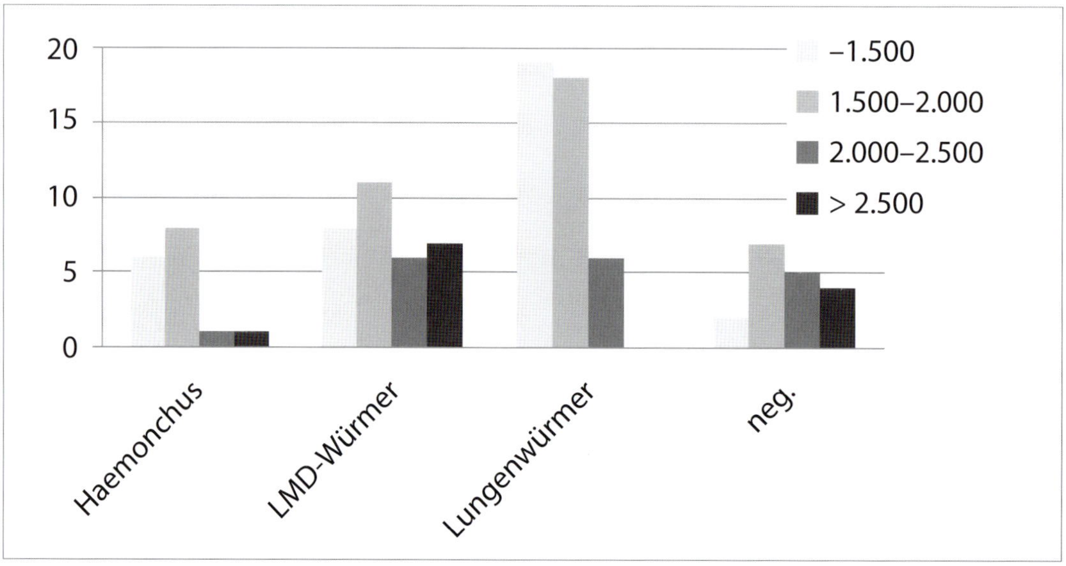

Nachweise von Gamsparasiten im Bezug zur Seehöhe des Erlegungs-/Fundortes (*Haemonchus* ... Roter Magenwurm; LMD-Würmer ... andere Labmagen-Dünndarmwürmer)

verfahren (Gülledüngung), wirkt sich deutlich auf die Wildtiergesundheit, Fallwildraten und damit auf die Entwicklung von Populationen aus. Der Rote Magenwurm, der Erreger der **Haemonchose**, lebt im Labmagen von Wild- und Hauswiederkäuern, ernährt sich von Gewebeteilen und saugt Blut aus der Labmagenschleimhaut. Durch das Saugen von Blut sowie infolge von Nachblutungen kommt es zu großen Blutverlusten und Anämie. So nehmen 1.000 Würmer rund 50 ml Blut pro Tag auf. Bei der Sektion zeigen erkrankte Stücke blasse, blutarme Organe, Milzvergrößerung, Flüssigkeitsansammlung in Brust- und Bauchhöhle sowie tiefrotes Knochenmark. Neben dem Blutverlust kommt es aufgrund einer verminderten Salzsäureproduktion und einem Anstieg des pH-Wertes im Labmagen zu Verdauungsstörungen sowie zu einer Störung der Eiweißverdauung. Die Haemonchose führt häufig zu schweren klinischen Erkrankungen und plötzlichen Verendensfällen.

Untersuchungen zur Babesiose

Zur **Babesiose** (Babesien sind einzellige Blutparasiten) bei Wildwiederkäuern liegen eingehende aktuelle Untersuchungen aus der Schweiz vor. In 11 % von insgesamt 984 untersuchten Blutproben von Reh-, Rot-, Gams- und Steinwild aus der Schweiz konnten fünf verschiedene Babesienarten nachgewiesen werden. Bei Reh- und Rotwild waren die Nachweise signifikant häufiger, ebenso mehr Nachweise gelangen in niedrigeren Lagen und bei Jungtieren. Mit dem Ansteigen der Temperaturen und damit der Zecken ist zukünftig sicherlich mit häufigeren Nachweisen bei Gams- und Steinwild zu rechnen, wie auch im Untersuchungsgebiet bei einem Fall in Judenburg/Steiermark auf einer Seehöhe von 1.500 m nachgewiesen.

Dieser Fall, übrigens der erste beschriebene klinische Fall bei Gamswild in Österreich, ist ein deutliches Zeichen des stattfindenden Klimawandels und seiner Auswirkung auf Krankheitserreger und Krankheitsüberträger (hier Zecken). Glaubte man vor wenigen Jahrzehnten noch, dass zeckenübertragene Krankheiten lediglich bis zu einer Seehöhe von rund 1.000 m relevant seien, müssen wir heute davon ausgehen, dass diese Krankheiten bereits in deutlich höheren Lagen vorkommen, was infektionsgefährdete Gebiete wesentlich ausdehnt (SCHEBECK et al., 2014). In Bruck a. d. Mur und Murau in der Steiermark ereigneten sich mittlerweile Babesiosefälle bei Rindern auf ca. 1.700 m Seehöhe.

GRUNDSÄTZLICHE BEKÄMPFUNGSMASSNAHMEN GEGEN WILDKRANKHEITEN

Grundsätzliche Bekämpfungsmaßnahmen gegen Gams-, Stein- und Muffelwildkrankheiten sind:

- Etablierung eines effektiven Informationssystems über Gams- und Steinwildbestände, auftretende Krankheiten und jagdliche Eingriffe
- Verstärkte Untersuchung von erkrankten und verdächtigen Stücken
- Anpassung der Wildbestände an den jeweiligen (Winter-)Lebensraum
- Möglichst wenig Unruhe im Revier durch die Bejagung von erkrankten Tieren.
- Möglichst frühzeitige Abschusserfüllung, reduzierter Jagddruck ab November

Eine intensive und fachkundige Auseinandersetzung der Jäger mit den Themen „Wildtiergesundheit" sowie eine entsprechende Verantwortung für Wildpopulationen wird zukünftig eines der Hauptargumente für die Aufrechterhaltung der Jagd in annähernd gewohnter Art und Weise darstellen.

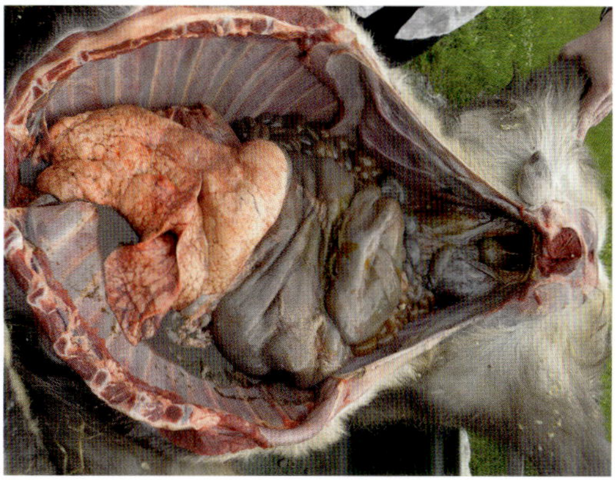

Sektionsbild einer Gams mit Babesiose (blutiger Harn, blutleere Organe)

GRATGAMS UND WALDGAMS – WALDSTEINBÖCKE

Begriffe wie „Grat"- oder „Waldgams" führten in den letzten Jahrzehnten immer wieder zu heftigen Diskussionen. Da Gams- und Steinwild im Wald mitunter große Schäden verursachen können, waren diese Debatten meist sehr stark durch Wildschadensfragen beeinflusst. Doch bevor allzu eilig Waldgams oder -steinböcke nur als Schadwild abgestempelt werden, ist **eine eindeutige Begriffsdefinition notwendig.** Wo zieht man die Grenze zwischen Wald- oder Gratgams und sind diese Bezeichnungen überhaupt gerechtfertigt? Nimmt man allgemeingültig eine Seehöhe an, die jeweilige Waldgrenze oder eine beliebig gewählte Forststraße im Revier? Sollen einfach alle Tiere, die wir im Wald antreffen, als Waldgams bezeichnet werden? Also auch jene Böcke, die im Spätsommer gerne in tieferen Lagen ihren Feisteinstand wählen, Wochen später zur Brunftzeit aber wieder in den Hochlagen anzutreffen sind? Oder jene Rudel, die im Frühjahr in den Tälern das erste frische Grün suchen und sich zu dieser Zeit häufig in den umliegenden Waldarealen einstellen? Oder jene Tiere, die gegenüber den immer stärker werdenden menschlichen Nutzungsinteressen weniger gestörte bewaldete Areale vorziehen? Wie man sieht, bieten sich viele mögliche Antworten an. Ohne gewissenhafte Überlegungen anzustellen, könnte der neugierige Jahrling oder der junge Bock, der nach Wanderungen durch Täler zum Genaustausch zwischen Populationen beigetragen hätte, zu schnell auf der Decke liegen. Obwohl in weiterer Folge häufig nur der Ausdruck Waldgams verwendet wird, gelten folgende Überlegungen auch für Steinwild.

Finden sich im Wald Freiflächen mit großem Äsungsangebot, ist dies für Gamswild attraktiv.

WAS SIND WALDGAMS?

Grundsätzlich ist anzumerken, dass Hänge, welche steiler als ungefähr 30° sind, für Gamswild interessant sind. Gamswild besitzt eine unglaubliche Plastizität (Anpassungsfähigkeit) – man findet es über 3.000 m Seehöhe ebenso wie in steileren Küstenarealen auf Meereshöhe. In manchen Gebieten bewohnt Stein- oder Gamswild (durch Zuwanderung oder Ansiedlung) Lebensräume, die von Natur aus nicht über die Waldgrenze hinausragen. In solchen Fällen kann sicher vorbehaltlos von Waldgams gesprochen werden. Solche Kolonien sollten allerdings auch anders bejagt und bewirtschaftet werden. Begünstigt durch seine große ökologische Plastizität drängt das Gamswild mancherorts in die Vorlagen der Berge und es ist anzunehmen, dass sich noch weitere Inselvorkommen bilden werden, was derzeit in Südtirol zu beobachten ist.

Reine Waldgams werden im Durchschnitt schwerer und ähneln in ihrem Verhalten teilweise dem Rehwild. Es bilden sich nur mehr kleine Rudel oder Familienverbände, welche sich teilweise

Äsung und Deckung auf kleinem Raum – eine Kombination, die gerne von Feistböcken genutzt wird.

dämmerungs- bis nachtaktiv verhalten. Die Fallwildraten sind niedriger und häufig setzen Geißen bereits im Alter von drei Jahren und sogar jünger Kitze.

In Gebirgsrevieren steht ein Großteil des Wildes zumindest während der Sommer- und Herbstmonate über der Waldgrenze. Doch auch in diesen Gebieten kann es immer wieder zu einem verstärkten Auftreten beider Arten im Wald kommen, wobei hier nicht voreilig von Waldgams gesprochen werden sollte. Vorrangig müssten jene Ursachen, die dieses Verhalten auslösen, erkannt werden. Auch im Fall von Wildschäden können dadurch rascher Maßnahmen ergriffen werden, die nachhaltig zu einer Beruhigung der Situation führen.

GAMS- UND STEINWILD IM BERGWALD?

Bei vielen Diskussionen in der Vergangenheit wurde ein Aspekt vielleicht zu wenig berücksichtigt. Steiles Gelände und freie Sicht spielen in der Feindvermeidung bei beiden Arten eine große Rolle. Durch Kahlschläge oder Forststraßen mit steilen Böschungen hat der Mensch in den letzten Jahrzehnten **viele neue Freiflächen im Bergwald** geschaffen, die dem Sicherheitsbedürfnis dieser Wildarten einigermaßen Rechnung tragen. Wegen des erhöhten Lichteinfalls entwickelte sich an diesen Stellen eine eigene Flora, die zusätzlich attraktive Äsung bietet. Durch das Fehlen großer Beutegreifer wurde die Situation noch begünstigt. Auch Änderungen im Waldbau, weg von Monokulturen hin zu **standortangepassten Pflanzenmischungen**, ziehen für diese Wildarten positive Änderungen im Nahrungsangebot nach sich. Bei **vermehrten Störungen** über der Waldgrenze sucht vor allem das Gamswild Zuflucht im Wald. Das gilt aber auch für Steinwild, wie INGOLD (2005) eindrucksvoll aufgezeigt hat. Beide Wildarten verursachen dann aber Verbiss- und Schlagschäden.

Unterschiedlichste Gründe können diesen Wechsel der Einstände verursachen. Regelmäßig auftretende **Beunruhigungen**, wie Wanderer auf markierten Wegen, stellen noch kein zu großes Problem dar. Sogar an den Flugsport, wenn er in gelenkten Bahnen und in ausreichender Höhe durchgeführt wird, können sich die Wildtiere einigermaßen gewöhnen, wie zahlreiche Untersuchungen zeigen. Zu beachten ist jedenfalls, dass eine „Gewöhnung an eine Störung“ nur bedeutet, dass es weniger unmittelbare Reaktionen (z. B. weniger Fluchten) auf eine Störursache gibt. Trotzdem werden oft solche beeinträchtigte Lebensräume häufig in geringerem Ausmaß genutzt oder lebenswichtiges Verhalten wie Äsen oder Ruhen in geringerem Ausmaß gezeigt. Überraschend kommende Störungen (etwa ein knapp über einer Geländekante auftauchender Paragleiter oder Heißluftballon) führen allerdings zu panikartigen Fluchten und einem längeren Verweilen im Wald. Aber auch **falsche Bejagung** oberhalb der Waldgrenze kann Gams- und Steinwild für lange Zeiträume nach unten drängen.

Ebenso darf man die **Verhaltensbiologie** dieser Wildarten keinesfalls außer Acht lassen, wie die anfangs angeführten Beispiele des Feistbockes oder der Frühjahrsrudel im Tal zeigen. Da das Fluchtverhalten beider Wildarten auf Fels ausgerichtet ist, können sich durchaus zahlreiche, für das Wild attraktive Einstände im mit Felsbändern durchzogenen (Berg-)Wald befinden. Wahrscheinlich gibt es auch individuelle Vorlieben für einen Einstand (man denke nur an jene Gams, die auch im strengsten Winter die Hochlagen nicht verlassen). Mitunter kann, vor allem bei

Gamswild im Schutzwald – ein Problem? Vielerorts ist diese Wildart aber Sündenbock für andere Probleme oder Wünsche.

Stein- und Gamswild: Bei hoher Steinwilddichte kann es zur Verdrängung von Gamswild kommen.

länger andauernden Wintern, der aufkommende Nahrungsengpass die Tiere in den Wald drängen, wobei hier sicherlich die **Topographie der Winterlebensräume** eine große Rolle spielt. Junge Böcke suchen häufig neue Gebiete auf und liefern so einen wichtigen Beitrag zur Vermischung von Genen zwischen einzelnen Populationen. Solche Wanderungen finden oft im Frühjahr statt, Einzelfälle lassen sich aber auch zu anderen Jahreszeiten beobachten.

Wie die Beispiele zeigen, kann hier kaum noch zwischen Grat- und Waldgams unterschieden werden. Vermutlich wird ein Großteil des Gamswildes im Jahresverlauf, wie es NERL (1989) formuliert, *„irgendwann einmal wird jeder Gams zum Waldgams"*. Dazu kommt noch, dass beim Gamswild allgemein, beim Steinwild vor allem bei den Geißen, einzelne Tiere oft schwer zu unterscheiden sind. Außerdem lassen sich Gams im Wald, ähnlich den Rehen, nur schwer zählen. Erfahrungswerte spielen hier eine große und wichtige Rolle. Erfassen lassen sich aber Verhältniszahlen (Geißen/Kitze/Jahrlinge). Auch im Schweizerischen Nationalpark sind im Winter die Gams praktisch immer im Wald, obwohl sie im Sommer mehrheitlich eigentlich richtige „Gratgams" sind.

Die Wildschadensfrage

Eines sollte grundsätzlich nicht passieren – eine strikte Trennung von Wald und Wild, wie es in der Vergangenheit sehr oft der Fall war. Dies führte oftmals dahin, dass Wild im Wald nur mehr negativ besetzt war und als Sündenbock herhalten musste. Um verstärktes Auftreten von Wild im Wald in den Griff zu bekommen, ist grundsätzlich eine **Klärung der Ursachen** notwendig und kein schnelles, unüberlegtes Handeln. Mögliche stärkere Entnahmen, die sich vielleicht auch noch verkaufen ließen, waren gelegentlich mit ein Grund, schnell einzugreifen. Oftmals wurde dabei aber nicht auf hohen Jagddruck (nicht in absoluten Abschusszahlen, sondern in der Präsenz des Jägers und dem Vergrämungsdruck zu verstehen) wert gelegt, wodurch ein Sogeffekt erreicht wurde. Dies wird verstärkt, wenn zudem keine schonende und überlegte Bejagung oberhalb der Waldgrenze stattfindet und das Wild ständig nach unten gedrängt wird.

Wenn es die Möglichkeit hat, über die Waldgrenze hinauszugehen, bevorzugt Steinwild eher die Freiflächen bzw. im Frühjahr den Waldgrenzbereich.

Gamswild reagiert als Rudelwild relativ empfindlich auf Bejagung, was man sich im Wald selbst allerdings wieder zunutze machen kann. In kritischen Gebieten sollte die Bejagung in erster Linie auf weibliches Wild erfolgen. Bekanntlich werden die Verhaltensweisen von der Mutter auf das Kitz tradiert. Das bedeutet, dass im Wald aufgewachsene Kitze auch später häufig dort anzutreffen sind und Traditionen langfristig verlagert werden. Möglicherweise wurden in der Vergangenheit, aus Sicht auf das Gamswild, Herausforderungen im Wald zu kleinräumig gesehen und die möglichen Auswirkungen auf Gebiete oberhalb der Waldgrenze zu wenig berücksichtigt. Richtet sich die Bejagung vorrangig auf jüngere Geißen, kann die Wilddichte im Wald nachhaltig gesenkt werden. Bei der Bejagung von Böcken ist allerdings Vorsicht geboten. Wie bereits erwähnt, wandern junge Tiere oft weit

Gamsverbiss an einer Fichte („Kollerbusch")

Buchenverbiss – kann zur Baumartenentmischung führen.

umher. Hier und ebenso bei mittelalten Böcken, die sich im Spätsommer ihren Feisteinstand im Wald suchen, gilt es, genau abzuwägen, ob ein Abschuss gerechtfertigt scheint. Gegen eine Bejagung von Böcken der Klasse I ist allerdings nichts einzuwenden.

Wenn sich eine gewisse Beruhigung der Situation einstellt, ist es wichtig, den Jagddruck noch über einen längeren Zeitraum hochzuhalten. Hier ist der Jäger gefordert, da eine gewissenhafte Durchführung, wenn kaum mehr Wild beobachtet wird, oft Anstrengung erfordert.

Bei einem vermehrten Auftreten von Wild im Wald sollte auch berücksichtigt werden, dass sich vor allem beim Gamswild kranke Stücke häufig im Wald einstellen. Genaues Ansprechen jener Tiere, die man im Wald antrifft, ist also unumgänglich.

WILDEINFLUSS AUF DIE WALDVEGETATION, KONKURRENZVERHÄLTNISSE

Einflüsse auf die Waldvegetation, die durch Wildtiere verursacht werden, sind vielerorts Auslöser für heftige, nicht immer objektiv ausgetragene Debatten. Anders als bei landwirtschaftlichem Schaden, der meist im folgenden Erntejahr keine Rolle mehr spielt, zeigen sich im Wald die Auswirkungen oft erst Jahrzehnte später. Die Leidtragenden bei allen diesen Auseinandersetzungen waren oft die Wildtiere. Da durch die Lebensweise von Gams-, Stein- und Muffelwild häufig der sensible Bergwald, dem meist eine wichtige Rolle in Form eines Schutzwaldes zukommt, betroffen ist, muss beim Erkennen von Schäden rasch gehandelt werden. Allerdings sollte nicht gleich jeder Einfluss des Wildes auf den Wald als „Schaden“ qualifiziert werden – denn eines muss klar sein: Wollen wir (vor allem heimische) Pflanzenfresser erhalten, werden diese auch immer wieder Pflanzen oder Teile davon fressen!

Wie können Gams-, Stein- und Muffelwild die Vegetation beeinflussen?

Verbiss

Im Zusammenhang mit Gams-, Stein- und Muffelwild stellt der Verbiss das größte Problem dar und kann fast über das ganze Jahr stattfinden. Unter Verbiss versteht man das **Abäsen von jungen Trieben oder Knospen.** Eine anatomische Besonderheit des Muffelwildes ist seine enge Maulspalte. Größere Triebe können daher nur etwas aufwändig abgebissen werden. Nicht jeder Verbiss ist aber sofort mit Schaden gleichzusetzen. Mitunter kann Verbiss sogar dem Wachstum von Pflanzen förderlich sein und stärkt das Wurzelwachstum, was in extremen Gebieten auch von Vorteil sein kann. Bei stärkerer Verbissbelastung kann es aber zu Wachstumshemmungen bis hin zum Absterben des betroffenen Baumes kommen, was besonders in Schutzwäldern problematisch ist. Selektiver Verbiss kann ebenso wie der Keimlingsverbiss, der ohne Kontrollmaßnahmen nur schwer zu erfassen ist, zur Artenverarmung bis Entmischung in Mischwäldern führen.

Schlagschäden

Schlagschäden entstehen durch das **Reiben oder Schlagen des Gehörns an der Vegetation.** Durch beide Verhaltensweisen werden Äste abgedrückt bzw. die Rinde abgescheuert, was vor allem bei jüngeren Bäumen häufig zum Absterben führt. Obwohl auch Gamswild verschlägt, verursacht

Auch Steinwild kann großen Einfluss auf die Vegetation ausüben, in diesem Fall werden aber die Auswirkungen zu vernachlässigen sein.

Steinwild kann durch Verschlagen vor allem jüngere Bäume schädigen.

diese Verhaltensweise des Steinwildes aufgrund der Stärke der Stirnwaffen wesentlich größere Schäden. Nach ABDERHALDEN und BUCHLI (1999) ist dies am häufigsten während der Brunft und zur Zeit der Rudelbildung im Frühjahr zu beobachten und vermutlich durch Aggressionen bedingt. Schlagschäden an der Vegetation des Krummholzgürtels stellen (abgesehen von Schäden an der Zirbe) forstlich meist kein Problem dar, in tieferen Lagen können sie aber für großen Unmut sorgen. Schlagschäden treten auch durch in den Wald gedrängte Steinböcke auf. Durch Muffelwild können ebenfalls Rindenverletzungen verursacht werden, wenn die Widder mit den Schnecken Bäume rammen. Die kleinflächig verletzte Rinde kann dann auch leichter weiter geschält werden.

Trittschäden

Trittschäden, wenn sie tatsächlich vermehrt auftreten, können vor allem in steilen Almgebieten des Gebirges insofern von Bedeutung sein, als sie Angriffsstellen für eine beginnende Bodenerosion darstellen können. Vor allem an Stellen, die von Steinböcken häufig genutzt bzw. als Wechsel benutzt werden, lassen sich immer wieder solche Bodenverletzungen beobachten. In geringem Ausmaß können durch Schalen entstandene Verwundungen von Nutzen sein, da sie Samen der Vegetation in den Boden einbringen bzw. Keimbetten schaffen können. Trittschäden spielen in freier Wildbahn, wenn überhaupt, nur eine sehr **untergeordnete Rolle**.

Schälen

Obwohl Publikationen über Gatterwild dieses Verhalten für Gams- und Steinwild dokumentieren, scheint es in freier Wildbahn, wenn überhaupt, nur zu unbedeutenden Schäden zu führen. Vom Steinwild im Gehege wurde auch über eine verstärkt auftretende Wurzelschäle berichtet.

Sehr wohl können aber **durch Muffelwild** beträchtliche Schälschäden (Stamm- und Wurzelschäle) auftreten. Ob hier Hybride zwischen Hausschafen und Muffelwild stärker zum Schälen neigen, ist nicht letztgültig belegt; auch die Kraft, Rinde zu schälen, ist mit der engen Maulspalte

Muffelschäle an den Wurzeln

eingeschränkt. Geschält werden meist dünnere Sträucher und Bäume. Typische Schälschäden von Muffelwild verlaufen spitz nach oben und sind überwiegend Sommerschälungen. Bei Fichten kommt auch Wurzelanlaufschäle vor.

Schaden ist nicht gleich Schaden

Zur oben angeführten Auflistung muss gesagt werden, dass nur den Verbiss- und den Schlagschäden Bedeutung zukommt. Während der Verbiss durch Gams- und Muffelwild große Probleme verursachen kann, scheint beim Steinwild (abgesehen von Populationen unterhalb der Waldgrenze oder in Gebieten, welche kaum darüber hinausgehen) das Verschlagen im Vordergrund zu stehen, wenngleich auch dieses ver-

Muffelschäle am Stamm, typischer dreieckiger Ausläufer nach oben

beißt. Man muss sich aber auch im Klaren sein, dass das Verschlagen und – in einem gewissen Ausmaß – das Verbeißen von Knospen und Trieben zu den natürlichen Verhaltensweisen des Wildes gehören. Wo diese Arten vorkommen, wird man dies bis zu bestimmten Ausmaßen tolerieren müssen. **Solange genügend ungeschädigte Pflanzen hochkommen**, die einen dem Standort angepassten Waldbestand mit einer natürlichen Artenvielfalt garantieren, **sollte nicht von Schaden gesprochen werden**. Dies kann durchaus bedeuten, dass beispielsweise bei einer großen Anzahl von Jungpflanzen viele davon verbissen sein können, ohne dass dadurch die Waldentwicklung gefährdet ist.

Ziel muss es sein, durch überlegtes Handeln einem angepassten Wildstand auch im sensiblen Ökosystem Bergwald die notwendige Ruhe zukommen zu lassen. Da Bergwälder ein großes Äsungsangebot bei gleichzeitig noch relativ hohem Deckungsgrad bieten, stellen sie einen qualitativ hochwertigen Einstand dar. Wenn noch dazu Felspartien eingestreut sind, ist es unvermeidbar, dass sich auch alle drei Wildarten zumindest temporär hier aufhalten.

Neben möglichen Maßnahmen, wie Tourismuslenkung, Schaffung von Ruhezonen usw., ist hier aber auch der Jäger gefragt. Die Wahl der Jagdmethode (Pirsch, Ansitz) spielt ebenso eine große Rolle wie die der richtigen Jagdausübung (Schwerpunktbejagung, Intervallbejagung, jahreszeitliche Verteilung der Abschüsse). Erst wenn der Jäger mit gutem Beispiel vorangeht, werden viele Berggeher diesen Lebensraum des Wildes akzeptieren.

Wann muss gehandelt werden?

Nach menschlicher Interpretation muss in den meisten Fällen, sobald eine **Gefährdung in der Entwicklung des Waldes** gegeben ist, gehandelt werden, vor allem wenn es sich um Objektschutzwälder handelt. Reine wirtschaftliche Interessen könnten möglicherweise auch anders diskutiert werden. Wenig legitim scheint es jedoch, diese Interessen rein auf Kosten von Arten, die sich in/mit diesen Lebensräumen entwickelt haben, auszutragen. Bei großer Verbissbelastung ist es notwendig, den Verursacher und die Ursachen (allenfalls kann man die Schäden auch anders in den Griff bekommen, z. B. durch Schaffen von Ruhezonen) zu ermitteln, denn im Bergwald kommen auch noch Reh- und Rotwild sowie Hasen und Mäuse in Frage, die mitunter ebenfalls große Schäden verursachen können. Durch die Schneelage im Winter können sich Verbissstellen der Nager auch recht hoch am Baum befinden. Ständige Kommunikation zwischen Jäger und Grundbesitzer sind das wichtigste Instrument in dieser Frage, aber auch zwischen den Jagdausübungsberechtigten ist revierübergreifend regelmäßiger Austausch unbedingt notwendig.

HINWEIS

Wann und wodurch sind diese Schäden entstanden? Erst wenn diese Fragen eindeutig abgeklärt sind, sollte gehandelt werden, da die ergriffenen Maßnahmen ansonsten oft erfolglos bleiben oder nur auf Kosten des Wildes gehen. Wenn eingegriffen wird, muss flächendeckend gearbeitet werden, um das Problem nicht nur örtlich zu verlagern.

Auf die Gründe, die zu Schäden am Wald führen können, soll hier nicht näher eingegangen werden. Eine Diskussion, ob die Fehler in der natursuchenden Bevölkerung, in der Forstwirtschaft, der Landwirtschaft (Almauftrieb) oder Jagdausübung oder anderen Faktoren liegen, würde den Rahmen dieses Buches sprengen. Zu häufig überschneiden sich gewisse Bereiche und, regional gesehen, können die **Gründe für Schäden sehr unterschiedlich** sein. Falsche Bejagung unter- und oberhalb der Waldgrenze kann ebenso die Schadensituation in den Wäldern stark beeinflussen. Häufig wird der Jäger aber auch nur mehr in die Rolle des „Schädlingsbekämpfers“ gedrängt, ohne dass die eigentlichen Ursachen bekämpft werden. Dennoch muss es stets das Ziel der Jäger sein, angepasste und keine überhöhten Wildbestände in naturnahen Lebensräumen zu erhalten.

„BEWIRTSCHAFTUNG" DES GAMS-, STEIN- UND MUFFELWILDES

„Das Waidnen, Ausziehen und Zwürchen der Gämbswilt hat nit sovil observationes und Ceremonien, als wan man ainen Hürschen zerwürkht oder waidnet. Jedoch sol das Gämbswilt auch fein sauber ausgezogen und zerwürkht oder in vier Tail wie ein hämische Gaiß oder Castraun voneinander getailt und das Gstembl auch dreiögget als wie dem Hürsch das Kürn ausgeschlagen werden. Das pöste, edliste Gämbseswiltprät ist ain saugetes Kütz, bei 4, 6 oder in die 8 Wochen alt."

Diese Zeilen schrieb Martin Strasser von KOLLNITZ vor 370 Jahren. Darin finden sich erste Ansätze zur Wildbrethygiene wie auch heute unvorstellbare Altersangaben zur Kitzbejagung.

Das überwiegende Vorkommen im alpinen, zum Teil extremen Lebensraum bewahrte Gams- und Steinwild – trotz zunehmender menschlicher Nutzung dieser Bereiche – die Tagaktivität und damit auch die Bekanntheit in der nicht jagenden Bevölkerung. So beobachtet man als Wanderer wesentlich leichter einen Gams- oder Steinbock als einen Keiler oder Rothirsch. Die Verantwortung der Jagd für das Wohlergehen und die Gesunderhaltung dieser Wildarten ist demnach auch von besonderem gesellschaftlichen Interesse.

Jagd auf Steinwild in hochalpiner Landschaft

GEÄNDERTE RAHMENBEDINGUNGEN

Wildtiere des Alpenraumes werden in den letzten Jahrzehnten mit sich wandelnden und neuen Lebensraumfaktoren, zunehmenden Stressoren (erweiterte Nutzungsinteressen der Gesellschaft, Sportgerät Berg) sowie Krankheitserregern und Infektionsrisiken konfrontiert. Neben der **ganzjährigen Mehrfachnutzung alpiner Lebensräume**, dem **Ansteigen der Waldgrenze** oder schwindenden optimalen Überwinterungsgebieten verursachen **höhere Durchschnittstemperaturen** oder Hitzeperioden auch eine **Verminderung der Äsungsqualität** (wie frühere „Verholzung" der Pflanzen). Diese gehaltsärmere und schlechter verdauliche Äsung führt zumindest bei Jungtieren, die sowohl noch wachsen müssen als auch Fettreserven für den Winter anlegen sollten, zu einem schlechteren Ernährungszustand im Herbst und damit zu höheren Fallwildverlusten im Winter. Zudem wird in Hitzeperioden weniger Zeit zur Äsungsaufnahme auf Freiflächen verbracht, was ebenfalls die Kondition vermindert.

Zunehmender Parasitendruck gemeinsam mit den zum Teil immunsuppressiv wirkenden Störfaktoren wirken sich deutlich auf die Wildtiergesundheit, Fallwildraten und damit auf die Entwicklung von Populationen aus. Hinzu kommt (was bisher vernachlässigt werden konnte) der erhöhte Druck durch Krankheitserreger aufgrund regional geänderter Düngeverfahren (Gülledüngung) in Almgebieten, welcher sich langfristig zusätzlich auch in einer Veränderung der Vegetation auswirken wird.

Neben der **Übernutzung durch jagdliche Eingriffe**, die großflächig oft nicht nachhaltig waren, hat das Argument „Waldgams = Waldschaden" wesentlich dazu beigetragen, dass einzelne Gamsbestände stark reduziert worden sind bzw. sich die Bestandesdynamiken aufgrund veränderter Strukturen nach Geschlecht und Alter meist in negativer Richtung verändert haben. In Wildschadensgebieten sollte vorwiegend auf Scharwild (besonders Geißen der Klasse III, Jahrlinge und Kitze) gejagt werden. Dies hat einen deutlich besseren Vergrämungseffekt als die Bejagung einzeln ziehender Böcke, die noch dazu genetisch von hohem Interesse sind.

Im Sinne einer Schwerpunktbejagung muss aber auch auf andere Schalenwildarten gejagt werden. Das Gamswild darf aufgrund seiner Tagaktivität nicht den Sündenbock für schadensverursachende Rotwildprobleme abgeben. Auf diesen Flächen kann durchaus so gejagt werden, dass das verbleibende Wild die Bejagung mit dem Menschen verbindet. Wichtig dabei ist es, zusätzlich den Jagddruck auch nach der Erlegung von Stücken hoch zu halten. Der Jäger muss auf diesen Flächen immer wieder anwesend sein, auch wenn er kein Wild sieht, was allerdings aus Sicht des Jägers oft wenig interessant ist.

Naturgemäß wären von solchen Schadflächen auch allfällig vorhandene Sulzen zu entfernen, um nicht eine (ungewollte?) Kirrwirkung in Richtung dieser Problemflächen zu erreichen. Durch starke jagdliche Eingriffe in die Jugend- und Mittelklassen wird in die Altersstruktur, besonders von alpinen Populationen mit geringeren Nachwuchsraten, massiv eingegriffen.

Große Vorsicht ist deshalb in Gebieten geboten, wo Wechselbeziehungen nach oben, also Flächen oberhalb der Waldgrenze bestehen. Da diese Lebensräume einem immer intensiveren Nutzungsdruck jeglicher Art durch den Menschen unterliegen, werden sich Gams immer wieder, wenn vielleicht auch nur kurzzeitig, im bewaldeten Gebiet einstellen. Wird hier nicht der gesamte Wildlebensraum betrachtet, können lang anhaltende intensive Eingriffe in Waldgebieten rasch negative Auswirkungen auch auf Flächen außerhalb der Schadensgebiete haben. Einstände ab einer gewissen Steilheit, verbunden mit freier Sicht, sprechen alle drei Wildarten grundsätzlich an.

Bestandsschwankungen und Störungen berücksichtigen

Witterungsextreme können deutliche Bestandsschwankungen hervorrufen, sie sind jedoch nicht alleine für den Abwärtstrend des Gamswildes in den letzten beiden Jahrzehnten verantwortlich. Ein wesentlicher Faktor für die **höheren Nutzungsraten** dieser Wildart in der Nachkriegszeit war der zunehmende „Marktwert" des Gamswildes sowie der Forststraßenbau und Almerschließungen. Damit konnte auch in bisher unbejagte oder wenig bejagte (Teil-)Populationen jagdlich eingegriffen werden, in Populationen, die früher vielleicht nach schweren Wintern und Nachwintern als „stille Reserven" fungiert haben. Zudem wurde Gamswild mit der Erschließung auch vermehrt in den bereits aufgesuchten Wintereinständen bejagt, auch mit der Folge des Verdrängens in ungeeignetere Einstände.

Ebenfalls in diese Zeit fällt in vielen Gebieten die lokale kontinuierliche **Zunahme der Rotwildbestände**. Oftmals wurde versucht, diese Wildart nach der Fütterungsperiode in die Hochkare zu lenken, wo kein Schaden zu erwarten ist. Gleichzeitig waren diese Kare aber Gamswildeinstände, oftmals Kinderstuben nach der Setzzeit. Durch die äsungsbedingte, aber auch physische und psychische Konkurrenz kam es zu Verlagerungen der Gamseinstände oder Verringerungen der Dichten in diesen Einständen, was sich ebenfalls auf die Populationen auswirkte. Zusätzlich nahm in den letzten Jahrzehnten der Druck der Erholungssuchenden aller Art vom Paragleiter über den Mountainbiker und Schitourengeher bis zum Kletterer stetig zu, was den Lebensraum der Gämsen noch mehr einengte. Die genannten Faktoren schaukelten einander gegenseitig auf.

Störungen, entweder seitens des Menschen als auch durch andere Wild-, Nutz- und Haustiere können als Stressfaktor negativ auf das Immunsystem wirken und damit Tiere krank-

Mitgeführte Hunde – besonders freilaufende – vergrößern die Fluchtdistanz.

Gleitschirme verursachen weite Fluchtstrecken.

Abseits der markierten Wege ist der Störeinfluss noch größer.

heitsanfälliger machen oder sie drängen Rudel in suboptimale Lebensräume mit oft schlechterer Äsungsqualität ab, was Tiere ebenfalls schwächt.

Bei einem frühzeitigen Erkennen dieser einzelnen Faktoren müsste es zumindest möglich sein, einige wirksame **Gegenstrategien** zu entwickeln.

- So wären beispielsweise seitens der **Landwirtschaft** Ansätze beim Auf- und Abtriebszeitpunkt auf Almen, der Dichte der Bestoßung der Almflächen mit Weidevieh, Maßnahmen gegen das Zuwachsen von Almflächen durch Ansteigen der Waldgrenze und im Düngemanagement möglich.
- **Jagdlich** wäre danach zu trachten, dass ausreichend alte, erfahrene Stücke in den Wildpopulationen vorkommen (Erfahrungsträger) und dass eine möglichst große genetische Breite erhalten bleibt (Berücksichtigung bei

den Abschusskriterien). Es wird zukünftig jene Stücke brauchen, welche aufgrund ihrer Genetik mit den genannten Faktoren am besten zurechtkommen. Sie müssen unbedingt lange in Populationen erhalten bleiben, weshalb Tiere, die gezeigt haben, dass sie die Klasse I erreichen konnten, auch noch älter werden können sollten.

- **Aus forstlicher Sicht** scheinen Ansätze in der Beeinflussung der Schadensanfälligkeit der Wälder möglich.
- Nicht zu vergessen wären in diesem Zusammenhang auch **Maßnahmen zur Beruhigung** sensibler Wildlebensräume zu gewissen Zeiten durch Besucherlenkung und Ruhezonen bzw. frühzeitigere Abschusserfüllung.

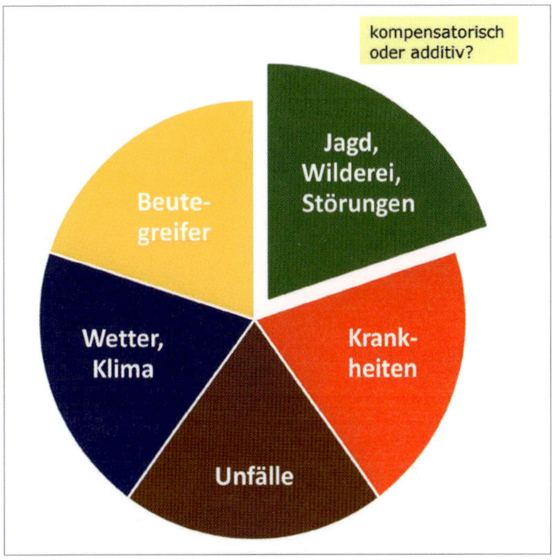

Einflussfaktoren auf die Mortalitäts-(Sterbe-)Rate von Gamswild, wobei die Faktoren Wetter/Klima und menschliche Eingriffe sowie Krankheiten die bedeutendsten sind.

EINFLÜSSE AUF DIE ENTWICKLUNG VON GAMSBESTÄNDEN

Die **Gamswilddichte** als räumlicher Populationsparameter wird bestimmt von den zeitlichen Parametern Geburten- und Sterberate sowie von der Zu- und Abwanderung (siehe Grafik unten).

Bestimmend für die Sterberate (Mortalitätsrate) sind die Faktoren Beutegreifer (Prädation), Witterung und Klima, Krankheiten, Unfälle und die jagdliche Entnahme. An Beutegreifern spielen vor allem Adler, Fuchs und – wo vorkommend – auch Luchs und Wolf eine Rolle. Witterung (kurzfristig) und Klima (über längere Zeiträume) haben einen Einfluss auf den Lebensraum (z. B. Ansteigen der Waldgrenze durch den Klimawandel) oder auf die Äsungsqualität. Die Witterung im Winter/Nachwinter und nach der Setzzeit ist hauptverantwortlich für die Fallwildrate. Ebenso haben aber auch menschliche Nutzungsinteressen und die dadurch bedingten Störungen Einfluss auf das Fallwild. Sie können ebenso wie die Witterungs- und Klimafaktoren auch direkt oder indirekt bei Unfällen, wie durch Steinschlag, Abstürze oder Lawinen, eine Rolle spielen. Krankheiten können nicht nur das Einzeltier betreffen, sie können auch seuchenhaft verlaufen, wie Gamsräude oder -blindheit, viele Krankheiten treten aber erst bei negativen Umweltfaktoren klinisch auf („Faktorenkrankheiten"). Wenn die jagdliche Entnahme additiv zu den anderen Faktoren wirkt, ist eine gewollte/ungewollte Bestandsreduktion zu erwarten.

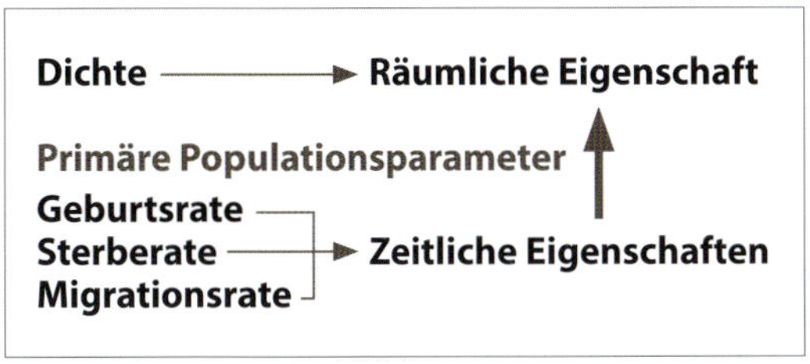

Allgemeine Populationsparameter von Wildbeständen: Hier ist ersichtlich, dass Zählungen/Schätzungen immer nur Momentaufnahmen sind, da laufend Stücke zu- oder abwandern oder gesetzt werden bzw. verenden.

Beim Fallwild gibt es große Dunkelziffern.

Höhere Temperaturen haben negativen Einfluss auf die Äsungsqualität und steigern den Infektionsdruck mit Parasiten – besonders Jungwild ist betroffen.

Zuwachsraten

Geburtenraten werden dichteabhängig mit 50–90 % bezogen auf die setzfähigen Geißen angegeben. Für Populationen, welche eine **hohe Dichte** aufweisen, geht die Mehrzahl der wissenschaftlichen Arbeiten von etwa **70–80 %** aus, während in Gamsbeständen, welche Gebiete neu besiedeln oder in bereits besiedelten Arealen **sehr geringe Dichten** aufweisen, Geburtenraten von **zum Teil über 90 %** nachgewiesen werden konnten. Zahlen um die 90 % wurden auch für Neuseeland genannt, wobei hier bezüglich hoher Geburtenraten auch ein Zusammenhang mit milden Frühlingstemperaturen und dadurch bedingtem früheren Einsetzen der Schmelze bestehen dürfte. In solch produktiven Populationen liegt allerdings das Alter vieler Geißen, die ihr erstes Kitz setzen, bei unter vier Jahren. In den Pyrenäen wurden in einer unbejagten Population mit hoher Wilddichte 72 % Kitze bezogen auf die Geißen ermittelt, während im bejagten Nachbartal bei niedriger Wilddichte die Rate bei 89 % lag („produktive" bejagte Bestände mit hohem Jugendanteil und wenigen alten Stücken).

Allerdings ist damit noch lange nicht gesagt, was tatsächlich an nutzbarem Zuwachs übrigbleibt, denn die **Überlebensraten der Kitze** bis über den ersten Winter sind wiederum stark lebensraum-, witterungs- und dichteabhängig. Im groben Durchschnitt schwanken die Überlebensraten **zwischen 30 und 70 %**, häufig zwischen 60 und 70 %. In der oben bereits genannten Untersuchung in den Pyrenäen konnten im November nur mehr 54 % der vorjährigen Kitze als Jährlinge gezählt werden. In Neuseeland wurde für einen sechsjährigen Untersuchungszeitraum eine durchschnittliche Überlebensrate bei den Kitzen von 70 % beobachtet, erreichte allerdings in einem Jahr gar nur 14 %, was die immense Schwankungsbreite eindrücklich unterstreicht. Die Überlebenschancen der Kitze sind stark von den Geburtsterminen, dem Geburtsgewicht und den Möglichkeiten der Milchproduktion der Geißen abhängig, was u. a. stark durch die ohnehin bedeutsamen großklimatischen und witterungsspezifischen Faktoren beeinflusst ist. Und diese können bekanntlich in den Alpen regional stark schwanken.

In einem südseitigen Gebiet der Hohen Tauern konnten im Rahmen großräumig organisierter und alljährlich nach gleichem Schema wieder durchgeführter Zählungen nach einem strengen Winter nur mehr rund 30 % der Kitze, nach einem als durchschnittlich zu bezeichnenden Winter nur mehr etwa 45 % der Kitze als Jahrlinge bestätigt werden. Während Ausfälle bei den Kitzen in den ersten Lebenswochen und im Frühwinter am größten sind, treten bei erwachsenen Gämsen die überwiegenden Verluste (abgesehen von Seuchenzügen) im Spätwinter und dem beginnenden Frühling auf. Dies ist jene Zeit, in der der Organismus wieder vom Energiesparbetrieb hochgefahren wird. Folgen danach aber noch mehrere Tage mit nasskalter, windiger Witterung, eventuell auch verbunden mit Minusgraden und schwer zugänglicher Äsung, stehen die Tiere vor einem großen Problem.

HINWEIS

Nicht verwechselt werden dürfen Geburtenraten mit den effektiv **möglichen Nutzungsraten** (= Zuwachs an Kitzen/Lämmern minus Fallwild). Diese beiden Raten klaffen witterungsabhängig oft weit auseinander. Versucht man nun die oben genannten Zahlen zusammenzufassen, so wird der nachhaltig nutzbare jährliche Zuwachs beim Gamswild in Gebirgsrevieren selten 15 % übersteigen, in Hochgebirgsrevieren kann er sich im langjährigen Schnitt oft unter 10 % bewegen. Für wenige milde Gebiete in Frankreich und Italien und für neu besiedelte Regionen werden zwar mitunter auch Zuwachsraten zwischen 25 und 38 % genannt, davon sollten wir uns im Alpenraum aber nicht täuschen lassen.

Interessant sind hierzu die Ergebnisse verschiedener Studien, welche die **Überlebenswahrscheinlichkeiten von erwachsenen Gämsen** berechneten. Je nach Lebensraum schwanken die Zahlen zwischen einer 96%igen Überlebenswahrscheinlichkeit für Gämsen, welche älter als dreieinhalb Jahre sind (bei einer maximalen Lebenserwartung von 20 Jahren), während eine andere Studie lediglich von einer 65%igen Überlebenswahrscheinlichkeit für vier Jahre alte und ältere Geißen ausgeht. Diese unterschiedlichen Ergebnisse stehen meist in engem Zusammenhang mit der Populationsstruktur. **Je höher das Durchschnittsalter in einer Population** ist, **desto höher** ist auch **die durchschnittliche Lebenserwartung des Einzeltieres**.

Die **Zuwachsraten beim Steinwild** unterliegen großer Variation zwischen den einzelnen Kolonien. Als Mittelwert kann von 22 % der Geißen ausgegangen werden. Beim Steinwild wird die Zuwachsrate über die Wilddichte, aber auch sehr stark über die Umwelt beeinflusst.

Auch beim Gamswild erkennt man in unbejagten Gebieten, dass die Dichteregulation sehr hoch ist und dass auch hier die Varianz zwischen den einzelnen Populationen und Gebieten sehr groß sein kann. In manchen Gebieten sind Gams durchaus zu hohen Reproduktionsleistungen fähig.

Muffelschafe führen nicht selten zwei Lämmer. Schafe beteiligen sich bereits ab dem zweiten Lebensjahr an der Reproduktion. Damit können sich Bestände sehr schnell – und häufig mangels genauer Zählungen – unbemerkt aufbauen. PIEGERT und ULOTH (2005) nehmen für große, gut strukturierte Populationen einen Zuwachs von ca. 75 % des weiblichen Frühjahrsbestandes an.

Geschlechterverhältnis oft verschoben

Interessant sind auch Studien, welche zeigen, wie schnell das Geschlechterverhältnis beim Gamswild durch falsche Bejagung zuungunsten der Böcke kippen kann. So veränderte sich das Geschlechterverhältnis in einem Gebiet, in welchem der ganzjährige Schutz der Gämsen aufgehoben wurde, von einem Jahr auf das andere von 0,83 : 1 (Bock zu Geiß) auf 0,29 : 1, während es in einem anderen nahegelegenen, weiterhin geschützten Gebiet beim auch vorher beobachteten Verhältnis von 0,72 : 1 blieb. Eine Studie des Nationalparks Vanoise in Frankreich im Jahr 1983 zeigte, dass das Geschlechterverhältnis innerhalb des unbejagten Parkgebietes nahezu bei 1 : 1 lag, während es außerhalb in bejagten Gebieten deutlich zugunsten der Geißen verschoben war, zum Teil bis hin zu 0,3 : 1.

Die Altersdiskussion

Schon FUSCHELBERGER (1955) gibt das natürliche Alter der Gämsen mit 17 bis 23 Jahren an. Zu denken geben sollte in diesem Zusammenhang allerdings, dass heute gelegentlich Böcke mit neun Jahren und Geißen mit zwölf bis 13 Jahren mancherorts als sehr alte Stücke angesehen werden. Gamsböcke sind erst mit fünf bis sechs Jahren voll ausgewachsen – Geißen mit rund vier Jahren. Geißen können selten bereits mit zwei Jahren ihr erstes Kitz führen, was für ihre eigene körperliche Entwicklung aber Konsequenzen hat.

Großen **Einfluss auf die Fortpflanzung** hat nicht nur das **Durchschnittsalter der Population**, sondern auch die **Wilddichte**. Nach einer italienischen Studie kamen im dortigen, unbejagten Untersuchungsgebiet mit hohen Wilddichten Böcke unter sechs Jahren gar nicht zur Fortpflanzung, wofür ein dichtebedingtes, verspätetes Erreichen der sozialen Reife angenommen wird. Diese „Spätstarter“ können dann aber sehr alt werden!

Alte Gamsgeißen zeigen über ihr Verhalten, sei es durch ihr Raumverhalten, sei es durch soziale Verhaltensweisen, dem Nachwuchs, wie ein Leben im jeweiligen Lebensraum gemeistert werden kann. Über tradiertes Verhalten bleibt dieses Wissen in den Populationen erhalten. Das Alter ist hierbei ein wesentlicher Faktor, denn je älter ein Tier ist, desto mehr Erfahrung konnte es sammeln und desto größer ist sein Wissen um situationsgerechtes Handeln. Es gibt so etwas wie ein kollektives Gedächtnis einer Population. Vor allem bei Witterungsextremen sind es alte Stücke, die anderen Tieren immer wieder zeigen, wann das Wild wo zu sein hat, um zu überleben. Zusätzlich haben alte Stücke bewiesen, dass sie im gegebenen Lebensraum überleben und alt werden konnten. Fehlen alte Geißen, ist mit höheren Fallwildraten zu rechnen!

Durchschnittsalter sinkt

Fehlen alte Stücke, übernehmen jüngere ihre Aufgaben. Auffällig sind dann besonders die häufigeren spektakulären, kraftraubenden Hetzjagden junger Böcke in der Brunft. Oftmals sind jüngere Böcke diesen Aufgaben weder körperlich noch psychisch gewachsen. In unbejagten Gebieten – wie beispielsweise dem Schweizerischen Nationalpark – verläuft die Gamsbrunft relativ unspektakulär. Es stehen dort über die Hänge verteilt alte, zum Teil selbst 15- bis 16-jährige Böcke mit einzelnen Geißen, ohne dass es zu gegenseitigen Verfolgungsjagden käme.

Wenn einige von alten Zeiten träumen, in denen noch wirklich alte Gams zwischen 15 und über 20 Jahren erlegt wurden, wird oft vergessen, dass zwischenzeitlich Gamswild zumindest über 30 Jahre fast im gesamten Ostalpenraum übernutzt und damit die Altersstruktur negativ beeinflusst wurde und dass wir heute durch die gute Erschließung der Almen auch nur mehr wenige unbejagte Gebiete als Reservoire für solche alten Stücke vorfinden.

Lebensraumverluste und Stressfaktoren

Wildtierarten wie Gams- und Steinwild haben sich im Laufe ihrer Evolution perfekt an das Leben in alpinen Regionen angepasst und sind somit Teile dieses sehr empfindlichen Ökosystems geworden. Bei einem allgemeinen Ansteigen der Waldgrenze aufgrund der Klimaerwärmung und regionalem Rückgang der Almbewirtschaftung verringert sich der Lebensraum dieser Wildtierarten massiv. Durch das Entstehen suboptimaler Lebensräume kommt es bei diesen Wildtieren zur Abnahme und zum Verschwinden einzelner Populationen, zur Verarmung genetischer Ressourcen, Schwächung der Abwehrlage und damit auch vermehrt zu Infektionskrankheiten und Parasitosen.

Stressfaktoren – weitere Gründe für Lebensraumverluste

Als weitere Gründe für Lebensraumverluste, besonders von Winterlebensräumen von Gamswild, sind Almerschließungen mit Wegenetzen,

Solche zuwachsenden Almflächen bedeuten einen enormen Lebensraumverlust für Gamswild, Verhaltensänderungen und ein Abwandern auch in Waldgebiete.

Jagddruck in Wintereinständen, diverse Wintersportarten bei Tag und Nacht sowie auch die Konkurrenz zu anderen Wildarten (wie Stein- und Rotwild) zu nennen. Lebensraumverluste könnten sich regional auch aus dem Fehlen von alten Stücken (Geißen!) und damit Erfahrungsträgern ergeben, die in Beständen mit guter Altersstruktur Rudel sehr gezielt in geeignete Sommer- und Wintereinstände führen. Geeignete, ruhige Wintereinstände werden immer mehr zum „Flaschenhals“ für Wildpopulationen.

Zu viel Stress macht krank

Menschliche Störungen führen nicht nur zu einer Erhöhung des Stresshormonspiegels (Cortisol), sondern beeinträchtigen die Fitness einer Population auch in anderer Weise. So rief das Auftreten von Paragleitern nicht nur eine deutliche Fluchtreaktion beim Gamswild hervor, sondern veranlasste es auch, längere Distanzen und mehr Höhenmeter zu überwinden bzw. seine bevorzugten Äsungsplätze frühzeitig zu verlassen und sich in bewaldete Gebiete zurückzuziehen.

Gamswild ist von vielen Seiten unter Druck geraten.

Wie viel Lebensraum bleibt dem Alpenwild wirklich noch? Neben Ganzjahrestourismus und -sport können auch steigende Rotwildbestände oder Weidevieh Konkurrenzverhältnisse schaffen – gezielte Beweidung wirkt sich jedoch positiv aus!

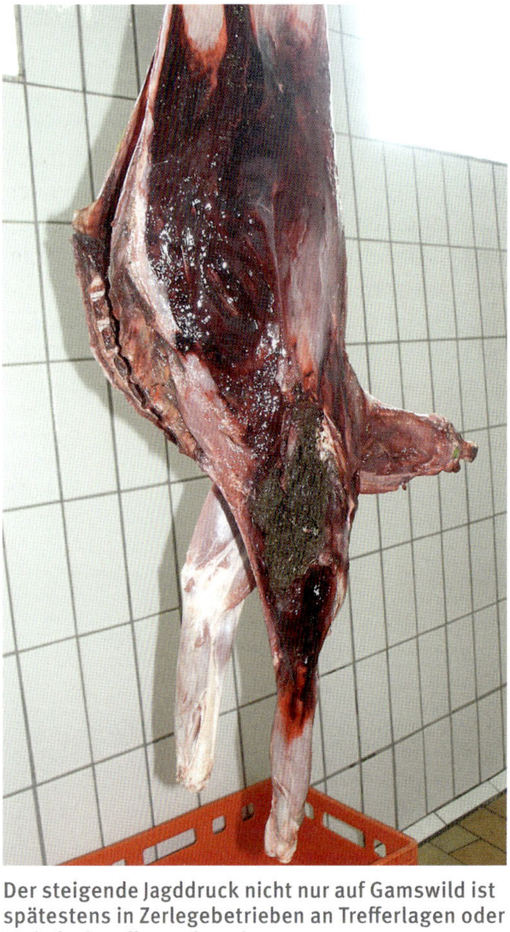

Der steigende Jagddruck nicht nur auf Gamswild ist spätestens in Zerlegebetrieben an Trefferlagen oder Mehrfachtreffern erkennbar.

Durch den erhöhten Energieverbrauch einerseits und die Aufnahme qualitativ minderwertiger Äsung andererseits kommt es zu einer Abnahme von Körpergewicht und Körperfett. Ein länger dauernder erhöhter Stresshormonspiegel wirkt immunsuppressiv und führt zu Abbau von Fett, Muskulatur und Knochen und beeinträchtigt so die Fitness der Tiere und erhöht wiederum die Krankheitsanfälligkeit.

Eine Überlagerung menschlicher Aktivitäten untereinander oder mit Lebensraumfaktoren kann Reaktionen und großräumiges Ausweichverhalten sowie Änderungen des Tagesrhythmus der Wildtiere verstärken. Durch die Tagaktivität der drei Wildarten ist dieses auch ganztägig unseren Einflüssen ausgesetzt. Mancherorts wird Gams- und Muffelwild sogar auch schon zum Dämmerungstier. Jagdlich stieg der Druck auf das Gamswild besonders durch immer weitere Schüsse, den hohen „Jagdwert" des Wintergamses sowie vermeintliche (Hege-)Abschüsse in große Rudel. Besonders der Schuss in größere Rudel bei hoher Schneelage sei aber auch einmal aus der Sicht des Energieverlustes bei den nicht beschossenen flüchtenden Rudelmitgliedern gesehen. Zusätzlich haben Jagdgäste oft nur wenige Tage Zeit und dann muss einfach bei jeder Witterung und jedem Wind gejagt werden ...

Meist erkennt man lediglich die Reaktionen auf den von einem selbst gesetzten Störreiz. Dass sich Störungen täglich häufig wiederholen können, wird dabei meist übersehen. Menschliche Störungen beeinflussen also das Verhalten (z. B. Veränderung der tages- oder jahreszeitlichen Aktivität), die Lebensraumwahl (Veränderung der Gebietsnutzung, vermehrt „Waldgams“), die Fitness und auch die Bestandsgrößen (verminderte Fortpflanzungserfolge) von Wildtieren. Langzeitstudien belegen, dass häufiges Sichern, Flüchten und „In-Deckung-Bleiben“ eine schlechtere Kondition der Einzelindividuen verursacht, was sich auf Populationsebene auch in einer geringen Nachwuchsrate äußert, da durch die schlechtere Kondition weniger Geißen jährlich ein Kitz setzen.

Die **Reaktionen** von Wildtieren auf Störungen sind **von verschiedenen Faktoren abhängig**:

- von Alter und Geschlecht des Tieres (Geiß-Kitz-Rudel sind störungsempfindlicher als Gamsböcke),
- Rudelgröße und -zusammensetzung
- von der Vegetations-/Felsstruktur (Entfernung zum sicheren Einstand),
- der Art der Annäherung des Menschen (von unten oder oben, schnell oder langsam),
- von der Frequenz der Aktivitäten (wiederholt oder sehr selten) und
- von der Vorhersehbarkeit – auf gleich bleibender Route oder abseits von Wegen.

Für ein Einzeltier zeigen sich die gravierendsten Folgen der Flucht im erhöhten Energieverbrauch, der wieder durch gesteigerte Äsungsaktivität wettgemacht werden muss. Oft kommt es dadurch aber zu Konzentrationen von Wild in abgelegenen Teilen des Reviers und dort dann infolge der zu hohen Dichte zu stärkeren Schädigungen durch Verbiss an der Waldverjüngung. Das Ausmaß von Wildschäden wird in sehr starkem Ausmaß von der Wildverteilung beeinflusst.

Neue Einflüsse im Berglebensraum

Ein Einflussfaktor, die im letzten Jahrzehnt stark zugenommen hat und noch weiter steigen wird, ist jener des Schitourengehens, der vor allem Gamswild betrifft. Die Reaktionen von Gams auf menschliche Anwesenheit unterscheiden sich regional stark. Die zwei Ursachen für die verschiedenen Verhaltensweisen sind die Intensität des Jagddrucks und die touristische Belastung.

Welche Steigerungen allein der **Wintertourismus** in den letzten Jahrzehnten erfahren hat, ist auch aus manchen Gipfelbüchern ablesbar. Auf einem beliebten niederösterreichischen Schitourenberg gab es in der Wintersaison 1965/1966 nur zwölf Eintragungen in das Gipfelbuch. In der Saison 2007/2008 ist der Gipfel dagegen nur noch an 15 Tagen NICHT erreicht worden. Der Lebensraum im Tourengebiet war damit für die Gams nicht nutzbar. Entsprechend hohe Fallwildzahlen führen dann zu einem Besucherlenkungsprojekt mit Ruhezonen für wichtige Wintereinstände.

Erzählungen über Gams, die „um die Wege stehen“ und bereits an Wanderer „gewöhnt“ sind,

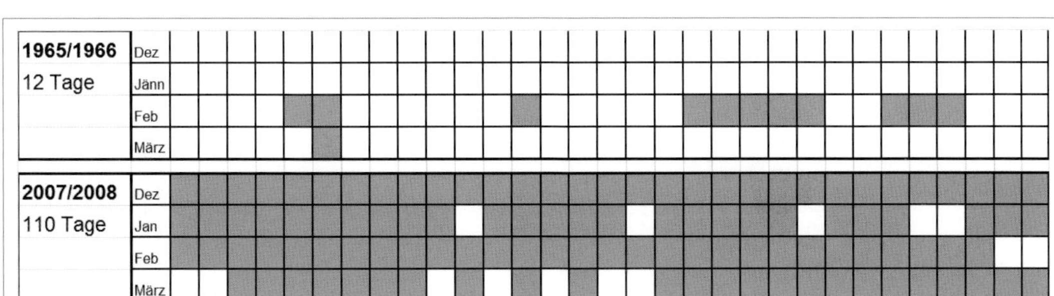

Göller Gipfelbuch: In der Wintersaison 1965/66 gab es nur an zwölf Tagen Eintragungen in das Gipfelbuch. 2007/2008 wurde der Gipfel nur an 15 Tagen nicht erreicht. In der restlichen Saison war der Lebensraum im Tourengebiet für Gams nicht benützbar (GRÜNSCHACHNER-BERGER, unveröff.).

gibt es in vielen Gebieten. Am Hochschwab (Steiermark) wurden dazu genauere Daten erhoben: Gams können sich an viele Wanderer auf Wegen gewöhnen. Erscheinen viele Menschen vorhersehbar auf immer denselben Wegen, zeigen Gams geringere oder keine Reaktionen unmittelbar auf diese. Sie flüchten seltener und wenn, dann kürzere Strecken, pfeifen kaum oder ziehen nur weiter oder bleiben stehen. Die Gams haben gelernt, dass diese Leute ungefährlich sind. Dennoch darf dieses Verweilen nicht unbedingt mit keiner Störung gleichgesetzt werden. Durch das vermehrte Sichern usw. kann dies dennoch langfristig über eine verminderte Nahrungsaufnahme auch Auswirkungen auf die Zuwachsraten haben.

Es gibt aber um diese viel genutzten Wanderwege ein anderes Raumverhalten der Gams. In einer Entfernung bis ca. 200 m zeigen die Gams einige Verhaltensweisen in weit geringerem Ausmaß. Sie äsen und ruhen in diesen Bereichen weit weniger, hier ziehen sie eher durch oder stehen mehr. Erst außerhalb dieser Distanz wird wieder häufiger geäst oder auch geruht. Die Gams nutzen also diesen Bereich ihres Lebensraumes nur teilweise. Peildaten besenderter Gams zeigten auch eine weitaus geringere Peildichte in einem Bereich von 50 m beiderseits des Weges.

Gams-, aber auch Stein- und teilweise Muffelwild haben sich also mit dem Erscheinen von Menschen „am Weg“ zumindest in einigen Regionen abgefunden. Reaktionen sind nicht mehr notwendig. Nur der Lebensraum wird in diesen Bereichen nicht mehr so intensiv genutzt. Nach diesen Ergebnissen erscheint es lokal manchmal sinnvoller, in wichtigen Gamseinständen nicht nur ein Wegegebot, sondern vielmehr richtige Ruhezonen ohne menschliche Nutzungen einzurichten, was natürlich auch die jagdliche Nutzung betreffen würde. Problematisch wird es vorrangig dann, wenn selten begangene Routen benutzt werden bzw. die Störungen auch während einer Abfahrt im freien Gelände auftreten. Das Problem wird insofern noch verschärft, da viele Varianten oft erst bei größerer Schneelage möglich sind. Diese allein bedeuten schon ungünstigere Bedingungen für das Gamswild.

Reaktionen auf Hubschrauberüberflüge waren stark abhängig von dem Abstand des Flugobjekts zum Wildtier.

Störungen durch Hubschrauberflüge

Störungen durch Hubschrauberflüge werden ebenfalls immer häufiger Thema heißer Diskussionen. Einerseits existieren viele anekdotenhafte Schilderungen von rasanten Fluchten insbesondere von ungedeckt stehendem Schalenwild. Dagegen schildern viele Hubschrauberpiloten, wie unbeeindruckt von Hubschraubern viele Wildtiere einfach stehen bleiben. Eine systematische Untersuchung der Reaktionen war daher besonders wichtig. FESTA-BIANCHET et al. (2008) testeten die Reaktionen von Bergziegen aus den Rocky Mountains und teilten die Reaktionen in Klassen abhängig von der Entfernung zum Flugobjekt ein. In Distanzen unter 500 m gab es fast ausschließlich starke Reaktionen (Flucht weiter als 100 m und Alarmzustand länger als zehn Minuten). Ab 1.500 m wurden die Reaktionen geringer, leichte Reaktionen wurden trotzdem gemessen. Für Bergziegen empfehlen die Untersucher deshalb die Einhaltung eines Mindestabstandes von 2 km zu Bergziegenhabitaten. Auch wenn Bergziegen besonders sensibel auf menschliche Störungen reagieren, sind ihre Empfehlungen auch für heimische Schalenwildarten, wie Gams- und Steinwild, oberhalb der Waldgrenze relevant.

Konkurrenzverhältnisse zwischen Wild- und Nutztieren

Lebensraum für Wildtiere gibt es nicht nur in begrenztem Ausmaß, er wird zusätzlich durch diverse menschliche Aktivitäten laufend reduziert. Die verschiedenen Arten konkurrieren nun um diese nicht unendlich vorhandenen Ressourcen, wobei besonders der Winterlebensraum, von z. B. Gams- und Steinwild gemeinsam genutzt, einen Flaschenhals darstellt. Wer hier entscheidende Vorteile für sich hat, bestimmt auch der Mensch in wesentlichem Ausmaß. Neben direkten Eingriffen über unterschiedlich stark bejagte Schalenwildarten, Fütterungen und deren Standorte gibt es auch viele indirekte Effekte über die **Förderung von Konkurrenzarten**, Bewirtschaftung des Lebensraumes mit neuen Zielen oder diverse touristischen Aktivitäten, die vielfach nur eingeschränkte Nutzungsmöglichkeiten des Lebensraumes für Schalenwild mit sich bringen.

Einzelne Schalenwildarten werden oft durch besondere jagdliche Interessen gefördert. Da der gesamte zur Verfügung stehende Lebensraum beschränkt ist, müssen andere Arten „zurückstecken“, ihre Bestände sinken. Wird z. B. ein Rotwildbestand gefördert und versucht, diesen an der Waldgrenze und darüber zu etablieren, so muss ein dort vorhandener Gamsbestand sinken, wenn die Kapazitätsgrenzen des Lebensraumes erreicht sind. Dabei ist meist nicht aktive Verdrängung die Ursache sinkender Bestände einzelner Arten. Vielmehr überschneidet sich oft der Bedarf bei bestimmten Ressourcen oder es geht um „psychische“ Faktoren, weshalb die körperlich schwächere Art ausweicht. Die schwächere, in bestimmten Bereichen sensiblere Art muss weichen.

Neben Konkurrenz verschiedener Wildarten um bestimmte (meist Nahrungs-)Ressourcen können auch **Wildtiere mit landwirtschaftlichen Nutztieren konkurrieren**. Dabei ist immer zu berücksichtigen, inwieweit die Einflüsse von Nutztieren z. B. die Nahrungsgrundlagen verschiedener Wildtiere fördern oder beeinträchtigen. Rechtzeitig von der Alm abgetriebene Rinder geben der Bodenvegetation nicht nur die Möglichkeit zur Erholung, sondern fördern auch die (eiweißreichere) Verjüngung von Gräsern und Kräutern im Herbst. Dagegen können zu intensive Nutzungen von Schafen oder anderen Nutztieren die ohnehin spärlichen Ressourcen für Wildtiere massiv beeinträchtigen. Nicht zu vernachlässigen ist auch

BEISPIEL – GAMS- UND STEINWILD

Beispielsweise besiedeln Gams- und Steinwild in unseren Breiten weitgehend denselben Lebensraum. Gams werden aber nicht aktiv von Steinböcken vertrieben, sondern sie nutzen vielmehr dieselben Nahrungsgrundlagen. Es besteht also Nahrungskonkurrenz über weite Teile des Angebots. Daneben überlappen sich die bei beiden Arten bereits sehr kleinräumigen Wintereinstände in erheblichem Ausmaß. Steinwild ist außerdem dem Menschen gegenüber – bei geringer Bejagung – weniger sensibel als Gamswild. Dieses ist meist einem stärkeren Jagddruck ausgesetzt, daneben reagiert es empfindlicher auf Zusatzbelastungen durch Wanderer, Tourengeher etc. Gamsbestände werden daher also sinken, wenn die Steinwildbestände bis zur Lebensraumkapazität steigen. Hier ist zu berücksichtigen, dass erfahrungsgemäß die Wirkungen nicht so linear, wie dargestellt, greifen. Meist ist ein ganzer Komplex an Faktoren für ein „Auf“ oder „Ab“ einzelner Bestände verantwortlich.

Meist wird zu spät auf- und zu spät abgetrieben.

In Ruhezonen dürfen auch keine Fotografen oder Jäger.

die Möglichkeit von Infektionskrankheiten (wie Gamsblindheit, Moderhinke, Paratuberkulose) und Parasitosen (wie Räude, Leberegel, Roter Magenwurm usw.) zwischen Wildtierarten und auch zwischen Wild- und Nutztieren.

Ruhezonen

Einschränkungen der Naturnutzung können allgemeine oder spezifische Verhaltensempfehlungen sein oder es können räumlich und zeitlich „Vorranggebiete" ausgewiesen werden. In anderen Ländern wurden auch Betretungsverbote (wie z. B. in Graubünden) ausgesprochen. Maßnahmen mit Appell- und Empfehlungscharakter verbunden mit ausführlicher und verständlicher Information (Info vor Ort und in Medien, klare Markierungen, Führungen und Exkursionen, Vorträge und Aufbereitung des Themas „Berg-Mensch-Wildtier" in Schulen und Ausbildungskursen usw.) über die Notwendigkeit von Einschränkungen sollten immer an erster Stelle bei der gemeinsamen Lösungssuche stehen, naturverträgliches Verhalten müsste selbstverständlich werden. Dass derartige Ruhezonen natürlich auch jagdliche Ruhezonen sein müssen, um ihrem Namen gerecht zu werden, versteht sich von selbst.

Die größte Erfahrung mit Schutzgebieten und Ruhezonen haben in Mitteleuropa wohl die Schweizer. Vor über 100 Jahren entwickelten sich die ersten Jagdbanngebiete, die damals hauptsächlich den Schutz der Wildtiere vor Jägern vorsahen. Heute wird der Begriff des Wildschutzes viel weiter ausgelegt und auf gesetzlicher Basis soll das Wild vor einer Reihe von Störfaktoren geschützt werden (Fauna-Vorranggebiete, Naturlenkungskonzepte usw.). Die Regelungsmöglichkeiten für die Gemeinden und Kantone sind vielfältig und für den Einzelnen oft nicht leicht überschaubar. Beispielhaft ist der Kanton Graubünden vorgegangen, indem die Gemeinden die Wildruhezonen ausweisen können, auf kantonaler Ebene aber ein Katalog möglicher Maßnahmen aufliegt und diese individuell angepasst werden. So sind allein in Graubünden 260 Wildruhezonen mit einer Gesamtfläche von 325 km^2 (32.500 ha) entstanden. Um Bedenken und Einwänden bei der

Ausscheidung von Wildruhezonen zu begegnen, werden die „neuen“ (Freizeit, Sport, Tourismus) sowie „klassischen“ Interessensgruppen (Jagd, Land- und Forstwirtschaft) frühzeitig in die Planung einbezogen. Auch in Österreich haben sich in den letzten Jahren interessante diesbezügliche Projekte entwickelt, wie das Projekt „Respektiere deine Grenzen“. Häufig sind es leider Einheimische, die sich nicht an die Regelungen halten und zugleich aber den Finger gegenüber anderen erheben. Im Zusammenhang mit dem klimawandel- und nutzungsbedingten Ansteigen der Waldgrenze wird in den nächsten Jahrzehnten der Raum über der Waldgrenze noch enger und entsprechende Planungen werden dann für alpine Wildarten inklusive der Raufußhühner essentiell.

Klimawandel und Lebensräume

Wildtierarten wie Schnee- und Birkhuhn oder Gams- und Steinwild haben sich im Laufe ihrer Evolution perfekt an das Leben in alpinen Regionen angepasst und sind somit Teile dieses sehr empfindlichen Ökosystems geworden. Bei einem allgemeinen Ansteigen der Waldgrenze aufgrund der Klimaerwärmung und regionalen Rückgang der Almbewirtschaftung verringert sich der Lebensraum dieser Wildtierarten massiv. Durch das Entstehen suboptimaler Lebensräume kommt es bei diesen Wildtieren zur Abnahme und zum Verschwinden einzelner Populationen, zur Verarmung genetischer Ressourcen, zur Schwächung der Abwehrlage und damit auch vermehrt zu Infektionskrankheiten und Parasitosen.

Als Grundlage für die Ermittlung der Veränderungen wurde die **Temperaturentwicklung der vergangenen 50 Jahre** in einem Projektgebiet in den Niederen Tauern (Ostalpen) genauer betrachtet sowie das Klimamodell MM5 für eine Abschätzung der zukünftigen Erwärmung herangezogen (SCHAUMBERGER et al., 2006). Das Klimamodell prognostiziert für die nächsten 50 Jahre eine Erwärmung von ca. 2,2 °C für das Untersuchungsgebiet. Das Baumwachstum ist sehr stark von der Temperatur abhängig und eine hohe Korrelation zwischen der Wachstumsgrenze von Bäumen und der 10-°C-Juli-Isotherme (oder 6,9-°C-Mai-Oktober-Isotherme) wurde nachgewiesen. Das Klimamodell MM5 zeigt für die nächsten 50 Jahre einen

Waldgrenzen steigen klimawandelbedingt rasch an.

prognostizierten Anstieg dieser Isothermen um ca. 450 Höhenmeter. Das bedeutet beispielsweise für die Niederen Tauern, dass eine temperaturbedingte Baumgrenze auf niederen Bergen zukünftig nahezu verschwinden kann.

Klimawandel und Vegetation

Phänologie ist die Wissenschaft, die sich mit der Erfassung jährlich periodisch wiederkehrender Ereignisse bei Pflanzen und Tieren, wie dem Entfalten der Blätter, Blüte, Fruchtreife oder der Ankunft von Zugvögeln, beschäftigt. Der Anstieg der globalen Mitteltemperatur macht sich hier durch eine **Verschiebung des jahreszeitlichen Zyklus von Pflanzen und Tieren** hin zu früheren Beginnzeiten im Frühling und zu einem späteren Ende der aktiven Zeit im Herbst bemerkbar. Seit den frühen 1960er-Jahren hat sich laut Untersuchungen im Rahmen des (europaweiten) Netzwerkes phänologischer Gärten die Länge der Vegetationsperiode durchschnittlich um ca. zehn Tage erhöht, davon sechs im Frühjahr und vier Tage im Herbst.

Pflanzen und Tiere können grundsätzlich **auf drei Arten auf Änderungen** der Umweltbedingungen bzw. dadurch verursachten Stress **reagieren**:

- Ausharren unter den geänderten Bedingungen (Stress-Toleranz)
- Abwandern in Gebiete mit besser passenden Bedingungen (Stress-Vermeidung)
- Aussterben

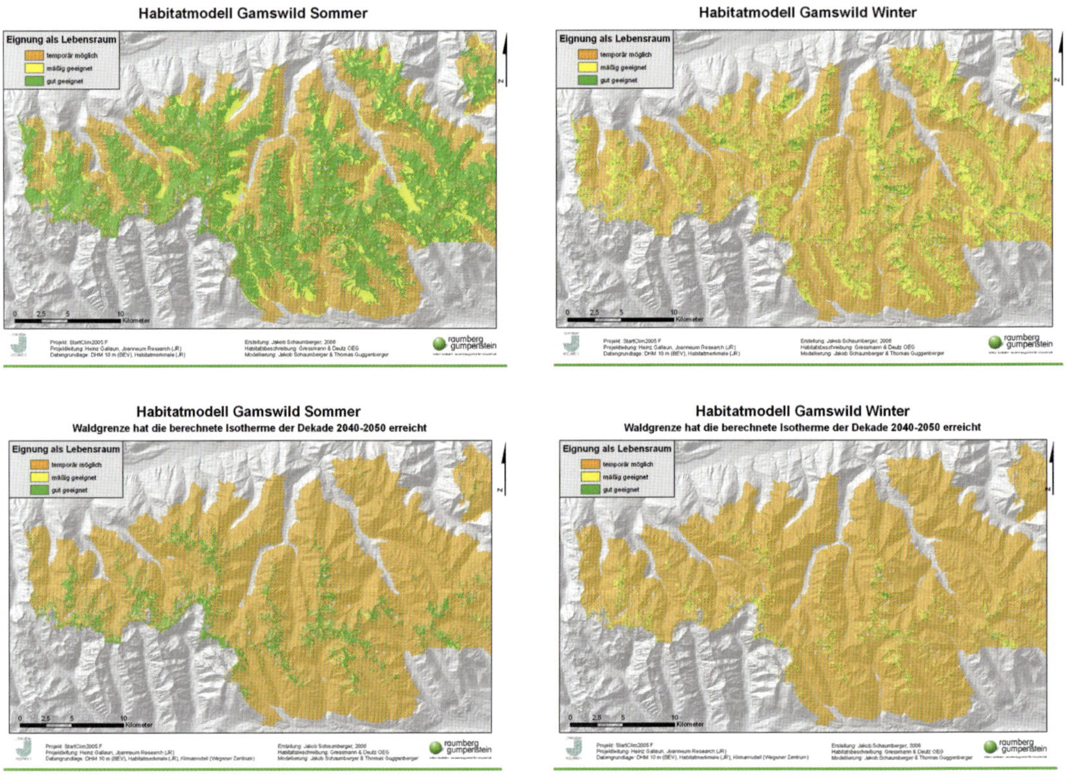

Modellierte Lebensraumverluste durch ansteigende Waldgrenzen in den Niederen Tauern/Steiermark

Einige derzeit noch waldfreie Gipfel werden bald zuwachsen.

Die prognostizierten Änderungen der klimatischen Standortsbedingungen beeinflussen auch die chemische Zusammensetzung der Pflanzen, die sich direkt auf die Äsungs-/Futterqualität auswirkt.

Eine der wichtigsten **Ursachen** der Klimaänderungen ist die **Erhöhung der CO_2-Konzentration** in der Atmosphäre. Dieses Gas spielt für die Pflanzen bei der Photosynthese eine zentrale Rolle und so hat dieser Parameter auch Auswirkungen auf die Pflanzen. Generell profitieren speziell Gräser von mehr CO_2, es kann aber auch zu Problemen führen, da durch mehr CO_2 der vorhandene und begrenzte Stickstoff im Pflanzengewebe sozusagen „verdünnt" werden könnte, die Blätter also weniger Stickstoff (Rohprotein) enthalten, was zu einem erhöhten Fraß-/Äsungsdruck führen würde, da die Pflanzenfresser dieselbe Menge an Stickstoff (Protein) aufnehmen müssen. Ebenso werden auch sekundäre Pflanzenstoffe wie Tannine beeinflusst, deren geänderte Konzentration wiederum die Verdaulichkeit der aufgenommenen Biomasse beeinflusst.

Mit dem „Höhenprofil Johnsbach" stand unserem Projektteam ein wissenschaftliches Referenznetz für die **Untersuchung einer sich ändernden Vegetationsdynamik** zur Verfügung: Im Zeitraum zwischen 1993 und 1997 wurden ehemals auf insgesamt 16 Almflächen in der Obersteiermark vor allem der Ertrag und die Futterqualität von Almweiden erfasst. Ergänzende Untersuchungen zeigten schon damals den Einfluss der Vegetationsdynamik auf die Futterqualität. Die 16 Versuchsstandorte wurden gleichmäßig nach den Standortsfaktoren Seehöhe, Exposition und Grundgestein ausgewählt, die Standorte verteilten sich auf 1.100, 1.300, 1.500 und 1.700 m. Die ursprünglichen Flächen wurden nach Rücksprache mit den Besitzern 2014/15 im Rahmen des aktuellen Projektes „StartClim2014.D" in kleinerem Maßstab wieder eingerichtet und auf Futterqualität und botanische Zusammensetzung überprüft (DEUTZ et al., 2015).

Zwischen dem Erntetermin und dem damit verbundenen Reifestadium sowie dem Rohfasergehalt besteht eine enge Beziehung. Die phänologische Entwicklung der Pflanzenbestände zeigt eine Geschwindigkeit von rund 17 m Seehöhe pro Tag und die Rohfaserzunahme beträgt 1 g Rohfaser/kg Futtertrockenmasse/Tag. Unter Annahme einer Temperaturerhöhung in wärmeren Sommern um 1,7 °C und einer Linearität der beobachteten Größen würde der Almsommer im Höhenprofil Johnsbach im Mittel um rund drei Wochen früher beginnen. Dies bedeutet eine Zunahme des Rohfasergehaltes um 22 g/kg Futtertrockenmasse und damit eine schlechtere Verdaulichkeit der Äsung besonders für Jungtiere. Durch eine schlechtere Ernährungssituation wird die körperliche Entwicklung gehemmt und die Krankheitsanfälligkeit alpenweit gesteigert. Zudem treten Hitzestress und neue zwischen- und innerartliche Konkurrenzverhältnisse (Rotwild – Gamswild; Steinböcke – Steingeißen mit Kitzen) auf. Damit nicht verwechseln sollte man die Situation im Mittelgebirgslagen.

Folgen suboptimaler Lebensräume

Ein längerer Verbleib in suboptimalen alpinen Lebensräumen (ansteigende Waldgrenze) ist für Gams- wie auch Steinwild problematisch und führt zur **Abnahme der Stückzahlen** in einzelnen Populationen, zu einer **erhöhten Krankheitsanfälligkeit** (z. B. Endoparasitosen, Räude, Gamsblindheit) sowie zur **Ausbildung kleinerer Rudel** in bewaldeten Gebieten mit dem Nebeneffekt einer verlängerten Brunft und damit einer zusätzlichen Schwächung vor allem der Böcke. Weiters wird es zu einem möglichen Absinken mancher Populationen unter die sogenannte „kritische Bestandsgröße" kommen und damit zu einer kurz- bis mittelfristigen **Auflösung von Beständen** sowie möglicherweise zu einer **Inzuchtdepression** infolge der „Verinselung" von Populationen. Damit nicht verwechseln sollte man die Situation im Mittelgebirge.

Änderungen im Klima und in der Umwelt hatten in den letzten Jahrzehnten bei unterschiedlichen Tierarten einen Einfluss auf die Körpergröße. Die meisten Studien vermuteten indirekte Einflüsse des Klimas auf die Verfügbarkeit der Ressourcen. MASON et al. (2014) beschreiben einen Rückgang des Körpergewichtes beim Gamswild in drei benachbarten Populationen in den italienischen

Alpen und sie fanden deutliche Hinweise, dass höhere Temperaturen im Frühling und Sommer dafür verantwortlich sind. Und zwar nicht hauptsächlich wegen der Einflüsse des Klimawandels auf die Produktivität und Phänologie der Pflanzenbestände, sondern deshalb, weil bei hohen Temperaturen und dem damit verbundenen Meideverhalten von zu warmen Lebensräumen weniger Zeit für die Äsungsaufnahme aufgewendet wird. Über Managementmaßnahmen könnten geeignete Äsungsgebiete vergrößert werden, um diesem Trend etwas zu begegnen.

Weitere Gründe für Lebensraumverluste

Als weitere Gründe für Lebensraumverluste, besonders von Winterlebensräumen von Gamswild, sind

- Almerschließungen mit Wegenetzen,
- Jagddruck besonders in Wintereinständen,
- diverse Wintersportarten bei Tag und Nacht sowie auch
- die Konkurrenz zu anderen Wildarten (wie Stein- und Rotwild)

zu nennen.

Lebensraumverluste könnten sich regional auch aus dem Fehlen von alten Stücken (Geißen!) und damit Erfahrungsträgern ergeben, die in Beständen mit guter Altersstruktur Rudel sehr gezielt in geeignete Sommer- und Wintereinstände führen.

Mögliche Strategien

Wirksame Gegenstrategien und Maßnahmen gegen eine Verschlechterung der Lebensbedingungen von Wildtieren im Alpenraum und eine Zunahme von Krankheiten bei Wildtieren bzw. eine geänderte Raumnutzung von Wildtieren mit möglicherweise erhöhtem Infektionsdruck sowie Schadensdruck auf die Waldvegetation können nur erfolgreich sein, wenn sie **interdisziplinär** angestrengt werden.

Aus **landwirtschaftlicher Sicht** wurden u. a. Auf- und Abtriebszeitpunkte von Weidevieh, die Dichte der Bestoßung der Almflächen, die Entwurmung von Weidevieh, das Düngungsmanagement, Maßnahmen gegen das Zuwachsen von Almflächen durch Ansteigen der Waldgrenze und das Förderwesen diskutiert; seitens der **Forstwirtschaft** wurden das Schwenden, ein Waldgams-Verbissschutz und die Schadensanfälligkeit der Wälder angesprochen und seitens der **Jagd** ging es u. a. um nachhaltige Abschussplanung bei Gams- und Steinwild unter Berücksichtigung der aktuellen Fallwildraten, besseren Altersklassenaufbau (ausreichend alte, erfahrene Stücke = Erfahrungsträger), Erhaltung einer möglichst großen genetischen Breite (kein Abschuss nach engen Selektionskriterien, da es zukünftig vielleicht gegenüber den heute vorwiegend auftretenden Genvarianten z. B. bei Gamswild andere brauchen könnte, um sich besser auf geänderte Umweltbedingungen einstellen können), frühzeitige Abschusserfüllung und Rotwildregulierung.

Aus **veterinärmedizinischer** und **wildbiologischer Sicht** wäre es im Zusammenhang mit Wildkrankheiten wichtig, effiziente Informationssysteme über Wildbestände, auftretende Krankheiten und jagdliche Eingriffe einzurichten, erkrankte und verdächtige Stücke verstärkt zu untersuchen, Wildbestände an den jeweiligen (Winter-)Lebensraum anzupassen, die Freizeitnutzung zu lenken, den Jagddruck im Winter zu reduzieren und Wildruhezonen einzurichten.

Bei der **Ausbringung von Gülle** sind neben klassischen Düngungsfragen auch hygienische Mindeststandards zu beachten (DEUTZ u. GRESSMANN, 2014). Auch im Zusammenhang mit der Zunahme von (chronischem) Botulismus, Clostridiosen und dem Auftreten antibiotikaresistenter Keime selbst bei Wildtieren wird Gülle diskutiert. Ebenso tauchen diese Fragen bei der Bekämpfung von Tuberkulose und Paratuberkulose oder vom Großen Leberegel auf. Die von der EU-Expertenkommission erarbeiteten Richtlinien für die Gülleanwendung sollen das hygienische Restrisiko minimieren. Grundsätzlich gilt Gülle so lange als hygienisch unbedenklich, solange im Bestand keine anzeigepflichtigen Seuchen wie Brucellose, Tuberkulose, Paratuberkulose, Maul- und Klauenseuche oder Schweinepest auftreten.

Die „Interim Minimum Guidelines" für Gülleanwendung in der EU sehen vor, dass eine Anwendung bei Ackerfrüchten (Ausnahme: zum Rohverzehr bestimmte Früchte) und auf Grünland

Fichtensterben nach dem Hitzesommer 2013, auch die Bodenvegetation leidet unter Hitzewellen.

für Heu bzw. Silagebereitung immer möglich ist. Auf Weideland ist vor Ausbringung mind. 60 Tage Lagerung der Gülle im Sommer bzw. 90 Tage im Winter und nach Ausbringung 30 Tage Schutzfrist vor der Beweidung mit Tieren einzuhalten. Diese „30-Tage-Schutzfrist vor der Beweidung mit Tieren" kann natürlich auf das unkontrollierte Beäsen dieser gedüngten Flächen durch Wildtiere nicht kontrolliert bzw. eingehalten werden und birgt daher, besonders wenn die Gülle zu kurz gelagert wurde, ein entsprechendes Restrisiko z. B. für eine Übertragung von Paratuberkulose.

Hitzesommer

Die Hitzesommer 2003 und 2013 waren sowohl für Haus- als auch für Wildtiere ein enormer Stressfaktor. Sowohl bei Rot- als auch bei Reh- und Gamswild lagen die Durchschnittsgewichte aller Altersklassen im und nach dem Extremsommer 2003 durch Hitzestress und Wassermangel deutlich unter jenen der beiden vorhergehenden Jagdjahre. Das Durchschnittsgewicht von Rehen und Gamswild war in der Steiermark um 0,5 kg niedriger, das von Rotwild um 1,0 kg. Der relativ höhere Gewichtsverlust bei Rehen resultiert vermutlich aus der sehr territorialen Lebensweise des Rehwildes im Sommerhalbjahr, welche bewirkt, dass ungünstige (wasserarme) Lebensräume nicht einfach verlassen werden können. Vermutlich als Folge dieses Witterungsextrems und der Schwächung der Tiere war im Herbst/Winter 2003 eine Häufung von Paratuberkulosefällen bei Wild zu beobachten.

Rückgang der Bestände im Ostalpenraum – Beispiel Steiermark

Der Abschuss beim Gamswild ist in der Steiermark in den letzten zehn Jahren von 6.000 auf 3.000 Stück zurückgegangen und die aktuell niedrigeren Freigaben wurden nicht mehr erfüllt (Abschusserfüllung nur ca. 70 % inkl. Fallwild bei geringerer Freigabe). Dieses Beispiel steht für viele Regionen im Ostalpenraum. Nunmehr war es also höchst an der Zeit, regionsweise Ziele zu formulieren, wie mit dem Gamswild jagdlich weiter umgegangen wird, und auch den „günstigen Erhaltungszustand" dieser alpinen Wildart zu hinterfragen, der ja für Gams- und Steinwild auch nach der FFH-Richtlinie (Flora-Fauna-Habitat-Richtlinie) gefordert ist.

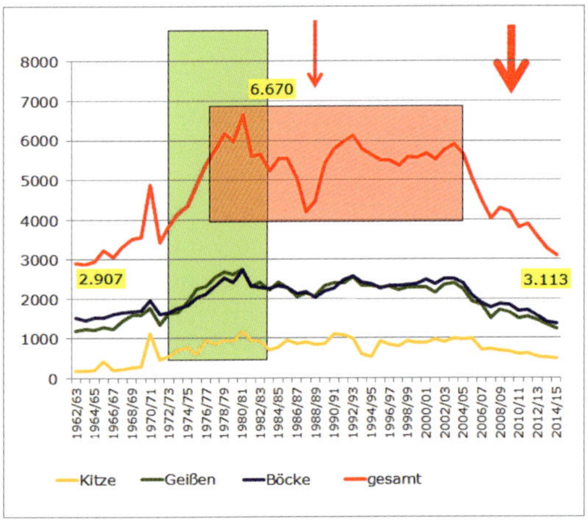

Gamswildabgang (Strecke + Fallwild) Steiermark, 1962–2014 (grünes Feld = Zeitraum massiver Almerschließungen, rotes Feld = Zeitraum regionaler Übernutzung der Bestände)

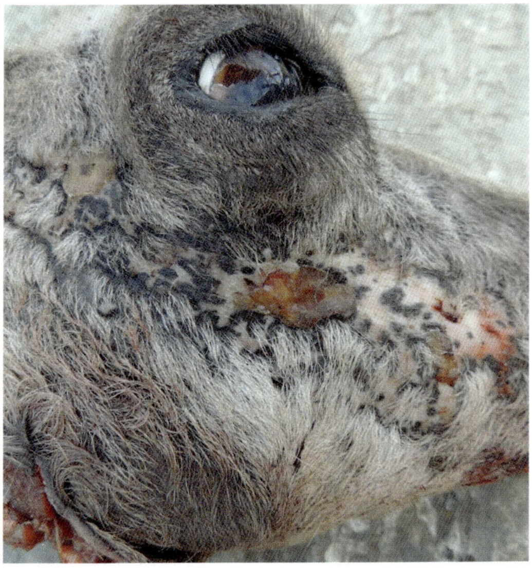

Sonnenbrand bei einer Gamsgeiß! (August 2013, Hochschwab)

In den letzten Jagdjahren entfielen in diesem Beispielsgebiet rund 50 % der Gesamtstrecke auf die Jugendklasse (Klasse III inkl. Jahrlinge und Kitze), auf die regionsweise mangels älterer Stücke „zurückgeschossen“ wurde. Wie aus der folgenden Abbildung hervorgeht, wurden in den letzten zwei Jahrzehnten Gamsböcke der Klasse II (Mittelklasse) deutlich übernutzt und gleichzeitig lediglich rund drei Viertel der freigegebenen Böcke der Altersklasse erlegt. Augenscheinlich ist auch, dass in den letzten Jahren die Schere der Übererfüllung der II-er-Böcke und der Untererfüllung bei den I-er-Böcken immer weiter wird, was bedeutet, dass großflächig alte Böcke fehlen. Das heißt weiters, dass mangels alter Böcke die mittelalten Böcke Hauptakteure in der Brunft sind, mit der Folge von energiezehrenden Hetzjagden, verlängerter Brunft und zudem noch erhöhten Fallwildraten unter diesen II-er-Böcken nach der Brunft. In diesem Zusammenhang muss auch betont werden, dass Streckenanalysen nur über längere Zeiträume betrachtet aussagekräftig sind und nicht Einzeljahre beurteilt werden sollen.

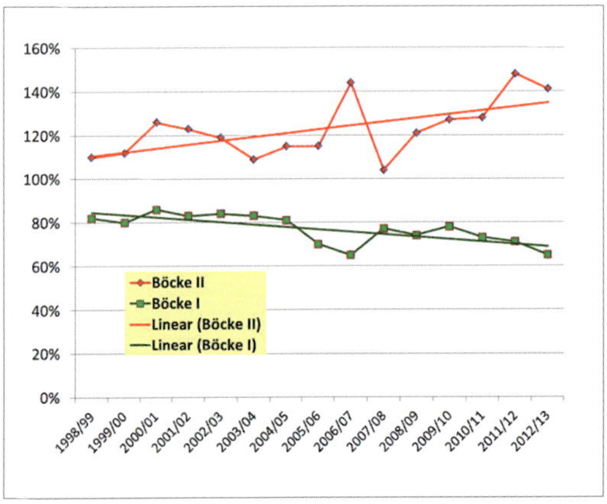

Abgang der Gamsböcke der Klasse I und II in % der am Abschussplan freigegebenen Gamsböcke, die rote und grüne Linie sind die Trendlinie (Beispiel Steiermark).

Neben der Übernutzung durch jagdliche Eingriffe, die im Ostalpenraum großflächig nicht nachhaltig waren, hat das Argument „Waldgams = Waldschaden“ wesentlich dazu beigetragen, dass einzelne Bestände stark reduziert worden sind. In Wildschadensgebieten sollte vorwiegend auf Scharwild (vor allem auf Geißen der Klasse III, Jahrlinge und Kitze) und im Sinne einer Schwerpunktbejagung auch auf andere Schalenwildarten gejagt werden. Dies hat einen deutlich besseren Vergrämungseffekt, als die Bejagung einzeln (durch)ziehender Böcke, die noch dazu genetisch von hohem Interesse sind. Logischerweise wären von solchen Schadflächen auch allfällig vorhandene Sulzen zu entfernen, um nicht eine (ungewollte?) Kirrwirkung in Richtung dieser Problemflächen zu erreichen.

Eine „Schönfärberei" oder die „jagdlich rosarote Brille" ist in der derzeitigen Situation des Gamswildes im Ostalpenraum fehl am Platz und kontraproduktiv. Bei der Einschätzung von lokalen oder regionalen/überregionalen Situationen ist es nur zielführend, wenn längere Beobachtungszeiträume von mindestens fünf, besser zehn bis 20 Jahren überblickt werden und wenn dafür plausibles Zahlenmaterial herangezogen wird.

Gamsabschussrichtlinien „neu" (Beispiel)
Einige Eckpunkte der seit 1. April 2014 geltenden neuen Abschussrichtlinien für das Gamswild in der Steiermark/Österreich werden im Folgenden gekürzt dargestellt. Diese könnten auch in anderen Regionen bei Bedarf diskutiert oder aufgenommen werden:

- Zum **Lebensraumbezug** (Biotoptragfähigkeit): In Gamsbeständen, die reduziert werden sollen, ist ein Eingriff überwiegend bei Geißen der Klasse III erforderlich (besonders in Gamslebensräumen ohne Almen und ohne Gebiete über der Waldgrenze).
- **Planungseinheiten** sind **möglichst groß** (z. B. ein Gebirgsstock), auf Basis der Hegegebiete und erforderlichenfalls auch bezirksübergreifend einzuteilen.
- **Kruckenmerkmale** sind kein Abschusskriterium (Gefahr der unnötigen genetischen Einengung), sondern lediglich die körperliche Entwicklung (Bemuskelung, Haarkleid).
- Verstärkte revierübergreifende **Zählungen** bzw. Zählungen in Referenzrevieren sind durchzuführen.
- Der **wirksame Zuwachs und die damit mögliche jagdliche Nutzung** liegt in Gebirgsrevieren selten über 10 %, kann aber in tieferen Lagen bis über 20 % betragen; Fallwild ist natürlich zu berücksichtigen.
- In vielen Regionen ist das **Geschlechterverhältnis** zugunsten der Geißen verschoben, dort soll der Bockanteil im Gesamtabschuss reduziert werden.
- Der Abschuss in den einzelnen **Altersklassen** kann betragen:
  - Klasse III (Jugendklasse) bis zu 45 % (im Hochgebirge deutlich geringerer Anteil)
  - Klasse II (Mittelklasse) bis zu maximal 15 %
  - Klasse I (Altersklasse) der Rest des Abschusssolls (kann in alpinen Lebensräumen im Extrem auch 100 % des Gesamtabschusses betragen, sofern noch ausreichend alte Stücke im Bestand verbleiben, also zumindest 15 % des Gesamtbestandes)
- Auf Gamsregionsebene sollten **Ziele formuliert** werden und die **Abschussplanung** ebenfalls **auf Gamsregionsebene** stattfinden. Auf einzelne harte Winter und Nachwinter soll bei der Abschussplanung Rücksicht genommen werden.
- Bei der Freigabe des beantragten Abschusses sind die **einzeljagdlichen Ergebnisse der letzten fünf Jahre** mit zu berücksichtigen und allfällige Einsparungen nach diesen Ergebnissen zu tätigen. Falls die **Klasse II übererfüllt** wurde, **soll insgesamt eingespart werden** und eine Freigabe überwiegend in der Klasse III stattfinden.
- **Kein „Zurückschießen"** oder „Herunterschießen" aus der Klasse I in die Klasse III.
- Aus wildbiologischen Gründen ist ein **Mindestbestand an alten, erfahrenen Stücken** beiderlei Geschlechts unbedingt notwendig.
- Die **Bejagung der Kitze** ist lebensraumabhängig und kann natürlich in alpinen Lebensräumen vollkommen entfallen, sofern nicht führende Geißen erlegt werden sollen.
- Es soll auf eine **frühzeitige Abschusserfüllung** gedrängt werden.

Ohne großräumige Zählungen zu einem fixen Zähltag läuft man Gefahr, dass Gamsrudel von mehreren (kleineren) Jagden als Standwild angegeben und darauf aufbauend die Abschussplanung getätigt wird. Auch in Regionen, in denen keine Aufhege des Gamswildes, sondern ein konstanter Bestand das Ziel ist, muss bei sinkenden Beständen in der Freigabe eingespart werden, um den Bestand nicht weiter sinken zu lassen!

Abschussplanung – zwei Beispiele

Bei einem Bestand von 100 Stück Gamswild könnten bei 10 % nutzbarem Zuwachs und nachhaltiger Bejagung zehn Stück erlegt werden.

Werden jedoch 20 % des Bestandes, in unserem Beispiel also 20 Gams, erlegt (wie in den letzten Jahrzehnten weitläufig praktiziert!), so ist dieser Eingriff für Gams in Hochlagen in al-

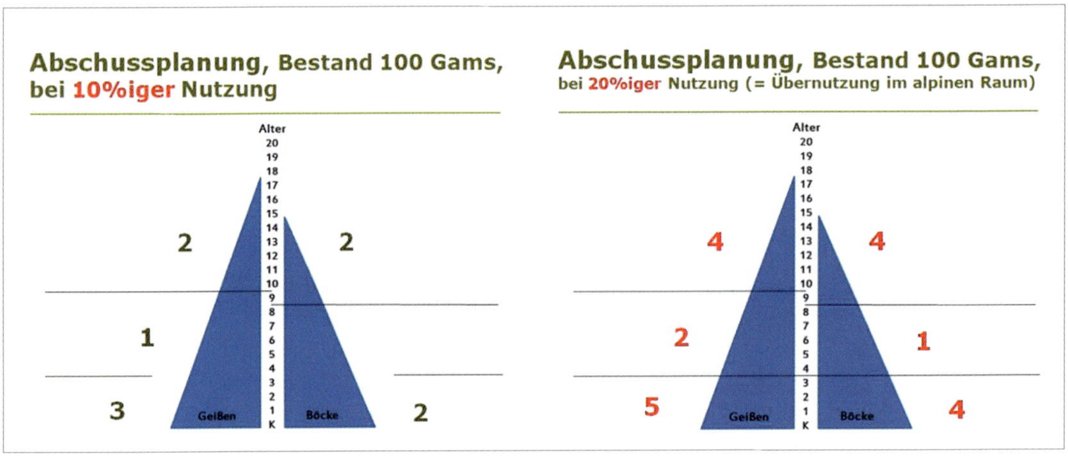

Beispiele für Abschussplanungen bei 10%iger und 20%iger Nutzungsrate

len Klassen zu hoch. Fallwild gibt es in allen Altersklassen (bei Kitzen, Jahrlingen und alten Stücken naturgemäß mehr), mehrjährige Gams haben aber schon mehrere Winter überlebt. Dieses Beispiel soll veranschaulichen, dass die Abschussplanung unbedingt auf regionale Gegebenheiten, wie Zuwachs-, frühere Nutzungs- sowie Fallwildraten abgestimmt werden muss.

Grundsätzlich ist es nicht so wichtig, dass die Jagdplanung irgendwelchen Richtlinien folgt, wichtig ist jedenfalls, dass nach dem jagdlichen Eingriff ein gesunder Bestand zurückbleibt, der eine entsprechende Altersstruktur und ein ebensolches Geschlechterverhältnis aufweist. Was nützt es, den letzten alten Bock auf der Trophäenschau zu haben und im Revier stehen die mittelalten.

Ansprechen von Gamswild

Angesprochen werden Gämsen nach Geschlecht, Alter sowie dem Sozialverhalten und dem Gesundheitszustand. Behauptungen, das siebenjährige von achtjährigen Stücken, abgesehen vom Falle von bekannten individuellen Merkmalen, unterschieden werden können, sind wenig glaubwürdig. Mitunter gestaltet sich bereits die Unterscheidung zwischen Bock oder Geiß (z. B. starke bockkruckige Geißen) als schwierig. Erschwerend wirkt sich beim Gamswild auch das sich im Jahreslauf stark ändernde Erscheinungsbild aus. Die einzelnen Altersklassen (Jugend-, Mittel- und Altersklasse) sollten jedoch von jedem Gamsjäger zuverlässig angesprochen werden können, sofern auch tatsächlich alte Gams im Bestand sind und nicht regelmäßig auf „Grenzfälle“ gejagt werden muss. Der Umstand, dass oft über 10 % der erlegten Gams bei der Abschussmeldung der falschen Altersklasse zugeordnet werden, lässt aber an der „Gamskundigkeit“ so mancher Gamsjäger zweifeln – wie wollen diese Jäger am lebenden Stück auf größere Entfernung richtig ansprechen? Eine Rolle spielt bei Fehlabschüssen von den genannten Grenzfällen aber sicherlich auch die Hoffnung,

Bockkruckige zwölfjährige und normal gehakelte sechsjährige Gamsgeiß, beachten Sie auch die „Zügel“.

vielleicht bei der Trophäenbewertung doch noch durchzuschlüpfen. Abhilfe für Jungjäger oder Jäger mit wenig Erfahrung mit Gamswild könnte eine verpflichtende Begleitung durch einen „gamskundigen Jäger" sein, wie es in Südtirol vorgeschrieben ist.

SCHÄTZUNG DER BESTÄNDE IST GRUNDLAGE FÜR DIE BEJAGUNG

Obwohl die Gams- und Steinwildbestände in vielen Kernlebensräumen relativ einfach und auch genau durch Zählungen zu erfassen wären, werden diese nur lokal und sporadisch durchgeführt. Erfahrungsgemäß werden Wildbestände bei reinen Schätzungen in großen Revieren eher unter-, in kleinen Revieren oft deutlich überschätzt. Zählergebnisse bieten eine wesentliche Grundlage für eine langfristige Bewirtschaftung des Gams- und Steinwildes und sind zugleich eine jährliche „Inventur" vor der Jagdzeit. Bei Zählungen werden Altersklassenaufbau, das Geschlechterverhältnis, der allgemeine Gesundheitszustand sowie das Ausmaß der Kitzverluste im Frühjahr mit beobachtet. Allein diese Möglichkeiten rechtfertigen den Aufwand einer jährlichen Bestandsaufnahme.

Folgende Grundsätze sind bei Zählungen zu beachten:

- Großräumig zählen (Gebirgsstöcke oder -züge)
- Zählreviere nach Gelände arrondieren
- An festgesetzten Stichtagen (wenn möglich an Wochentagen)
- Mit ausreichender Anzahl von gams- und steinwildkundigen Zählern
- Nach Geschlecht und Altersklassen (siehe Zählblatt)
- Beste Zähltermine sind Ende Juli bis Mitte August (Gamswild) und Ende März bis Ende April (Steinwild)
- Nachbesprechung, Interpretation der Ergebnisse

Gut geplante revierübergreifende Zählungen sind Grundlage einer verantwortungsvollen Bejagung.

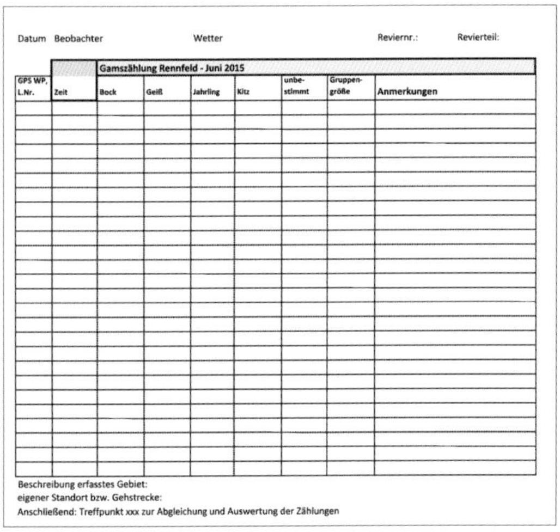
Datum Beobachter Wetter Reviernr.: Revierteil:

GPS WP, L.Nr.	Zeit	Gamszählung Rennfeld - Juni 2015 Bock	Geiß	Jahrling	Kitz	unbestimmt	Gruppengröße	Anmerkungen

Beschreibung erfasstes Gebiet:
eigener Standort bzw. Gehstrecke:
Anschließend: Treffpunkt xxx zur Abgleichung und Auswertung der Zählungen

Einfaches Zählblatt, das zusammen mit einer Karte des jeweiligen Zählgebietes ausgegeben werden kann.

Zu den **Zählterminen** ist allerdings festzuhalten, dass sich diese auch danach richten sollten, wann genügend Personen zur Verfügung stehen (z. B. Zeitpunkte zwischen erstem und zweitem Schnitt, damit Landwirte nicht durch Erntearbeiten verhindert sind). Grundsätzlich ist es wichtig, dass flächendeckend gezählt wird, denn die Gämsen können sich verlagern, „aber nicht auflösen“. Zahlenmäßig werden sich Wildbestände nie absolut erfassen lassen, was man aber aufgrund der leichteren Ansprechbarkeit fast immer recht gut ansprechen kann, sind ältere Tiere, Kitze und Jahrlinge, woraus sich auch bereits Verhältniszahlen ableiten lassen, selbst in stark bewaldeten Gebieten.

Es gibt Gebirgsstöcke, in denen Gams- und Steinwild in übersichtlichem Gelände von gegenüberliegenden Hängen sehr genau gezählt und angesprochen (Spektiv!) werden können, und andere Lebensräume, in denen lediglich deren Zahl aus weiter Entfernung gezählt oder geschätzt werden kann bzw. in denen weitläufige Latschenfelder oder Waldanteile eine Zählung unmöglich erscheinen lassen. Auf jeden Fall ist für die Zählung **ausreichend Zeit** (mindestens ein halber Tag) einzuplanen. Das zu zählende Gebiet wird **in Sektoren unterteilt**, deren Grenzen nicht willkürlich (z. B. Jagdgrenzen), sondern unter Ausnützung natürlicher Gegebenheiten (Kare, Bergrücken etc.) gezogen werden. Günstigenfalls sind **pro Zählsektor zwei bis drei gams- und steinwildkundige Jäger** einzuteilen, da die Zählung und das Ansprechen in einer Kleingruppe meist exakter verlaufen und zudem jüngere von erfahrenen Wildkennern dazulernen können. SCHRÖDER berichtete über eine zweitägige kontinuierliche Beobachtung eines Gamsrudels in einem relativ übersichtlichen Gelände mit einer Zählung in kurzen Intervallen. Die Anzahl der zu sehenden Gams schwankte zwischen 18 und 46, obwohl sich in diesen zwei Tagen kein Gams vom Rudel entfernte. Die Höchstzahlen waren morgens und abends beobachtbar.

Die Zählergebnisse sind umso wertvoller, je genauer die **Altersstruktur** und das **Geschlechtsverhältnis** erfasst werden, d. h., das Zählblatt könnte auch noch in die einzelnen Jahrgänge unterteilt werden, was aber nicht mehr allzu praktikabel erscheint. Damit ist es dann möglich, dem gezählten Grundbestand einen erwünschten Zielbestand gegenüberzustellen, woraus sich der Abschuss und die Abschussstruktur ergeben. Größere Scharwildrudel erfordern in ihrer Zählung und Klasseneinteilung eine gewisse Übung. Die Dunkelziffern bei Zählungen sind u. a. abhängig von der Wetterlage am Zähltag, der Gliederung des Lebensraumes (z. B. Wald- oder Latschenfelderanteil) sowie der allgemeinen Beunruhigung (wie Touristendruck) am Zähltag, weshalb Wochentagen für Zählungen der Vorzug zu geben ist. Gams- und Steinwild sind sicherlich die am leichtesten und exaktesten zählbaren heimischen Wildarten. Das Wechselwild spielt bei großräumigen, gleichzeitig durchgeführten Zählungen keine Rolle.

In einer **Abschlussbesprechung** sollten noch am Zähltag

- die Ergebnisse der einzelnen Gruppen zusammengefasst,
- die Uhrzeiten der Beobachtungen und
- die Rudelgrößen verglichen (um Doppel- oder gar Dreifachzählungen zu vermeiden) sowie
- das Endergebnis besprochen werden.

Störungen des Altersklassenaufbaues oder des Geschlechterverhältnisses in einzelnen Gams-

und Steinwildregionen ließen sich nicht nur im Rahmen der alljährlichen Pflichttrophäenschauen oder aus Rückrechnungen der langjährigen Abschussergebnisse ablesen, sondern könnten über eine genauere Erfassung der Wildbestände – sprich Zählungen – jedem betroffenen Jäger vor Augen geführt und somit glaubhaft gemacht werden. Damit wäre es möglich, die weitgehend zu starken Eingriffe in die Klassen II und regional auch in die Klasse III zu minimieren und damit einen besseren Altersklassenaufbau zu erreichen. Man bedenke nur, dass ein Gamsbock erst mit fünf Jahren voll ausgewachsen und damit eigentlich erst richtig brunftgeeignet ist. Wie viele Böcke erleben aber ihre Vollreife?

Großräumige, gut organisierte Zählungen wären für viele Gebiete ein erster Schritt zu Gams- und Steinwildgemeinschaften und damit zu einer naturnahen, art- und umweltgerechten Wildbewirtschaftung.

Folgende Aspekte, die überwiegend jagdlich zu beeinflussen sind, müssten in Zukunft verstärkt beachtet und umgesetzt werden, um mit einer **umwelt- und artgemäßen Bewirtschaftung des Gams- und Steinwildes** diese Wildarten in ihrem Bestand zu gewährleisten und damit auch die Akzeptanz der Jagd in der breiten Öffentlichkeit mittel- und langfristig abzusichern:

- Wildökologische Raumplanung (lebensraumangepasste Wilddichten, Lebensraumverbesserung)
- Großräumige Gams- und Steinwildzählungen sowie Abschussplanung, Einrichtung von Wildgemeinschaften
- Artgemäßer Altersklassenaufbau, Geschlechterverhältnis annähernd 1 : 1
- Laufende Beobachtung des Gesundheitszustandes des Gams- und Steinwildes
- Revierbewertung
- Verminderung des Jagddruckes (im Winter, oberhalb der Waldgrenze)
- Absprachen mit Lebensraumpartnern (Alpinvereine, Forst- und Almwirtschaft)
- Sammeln weiterer Erkenntnisse über Eigenarten und Bedürfnisse des Gams- und Steinwildes

GRUNDBEGRIFFE DER BEWIRTSCHAFTUNG UND BEJAGUNG

Für Gams- und Steinwild, welches im alpinen Lebensraum rund sieben Monate unter extremen Bedingungen ohne menschliche Hilfe (Fütterung) überlebt, gelten andere Maßregeln als für Rot- oder Rehwild oder auch Muffelwild. JELINEK (1996) definierte für die Bewirtschaftung von Gamswild einige Begriffe:

- Unter **„wirksamer Zuwachs"** versteht man die aus dem Vorjahr nach Abschuss und natürlichen Winterverlusten in das nächste Jagdjahr aufwachsenden Kitze (Jahrlinge). Dabei ist zu berücksichtigen, dass nicht nur bei den Kitzen, sondern auch bei den Jahrlingen noch hohe Ausfälle auftreten können!
- Das **„Zielalter"** ist die realistische obere Altersgrenze der Klasse I, mit der noch eine jagdliche Nutzung realistisch wird. Es könnte für den Gamsbock mit zwölf und für die Gamsgeiß mit 14 Jahren vorgegeben werden.
- Unter **„praxisbezogener Abgang"**, „Gesamtabgang" oder „Abgang" werden Abschuss + Fallwild verstanden.

Da die natürlichen Regulatoren nicht nur nach Wildbretstärke selektierten und selektieren, sondern auch nach für uns vielfach unerkennbaren Kriterien wie Intelligenz oder Lebenstüchtigkeit (z. B. Wahl des Wintereinstandes), sollte nicht abgeleitet werden, sehr selektiv jagen zu können. Zusätzliche Zufälle wie Absturz, Steinschlag oder Lawinen oder das Abdrängen von Wild durch den Menschen in ungeeignete Wintereinstände fordern alljährlich zahlreiche Opfer. Großräumige Planungen der Gamswildbewirtschaftung unter Einbeziehung aktueller Daten über Winterverluste sind zu empfehlen. Dazu könnte man sich auch vorstellen, die Abschusspläne für Gamswild erst im Mai/Juni – nach den letzten Nassschneefällen – zu erstellen.

In Schweizer Patentjagdbezirken hat man sich mehrheitlich auf ein sogenanntes „3er-Modell" geeinigt, welches bei Vorlagepflicht („Gämszeigepflicht") bei Erlegung eines Bockes auch die einer Geltgeiß und eines Jahrlings vorsieht.

Zu starke Eingriffe in die Mittelklasse

Ein weitverbreiteter Fehler in der Bejagung von Gams- und Steinwild sind durchwegs zu hohe Entnahmen in der Mittelklasse. Dieser Umstand lässt auch immer wieder die Frage aufkommen, ob denn die Lebenserwartung bei Steinböcken in unseren Breiten nicht so hoch liegt wie vermutet. Entsprechende Untersuchungen deuten aber immer stärker darauf hin, dass vorrangig die **Altersstrukturen** innerhalb der Populationen **verantwortlich** sind **für die durchschnittliche Lebenserwartung des Einzeltieres.** Hohe Fallwildanteile bei Steinwild mit einem großen Anteil an mittelalten Steinböcken sind ebenfalls sehr oft dem Fehlen von alten Böcken geschuldet.

Sicherlich braucht es zum Vorhandensein artgerechter Altersstrukturen auch die notwendigen Populationsgrößen. Können diese aufgrund des Lebensraumes aber nicht erreicht werden (Steinwild wurde früher als „Modewild" oftmals nicht in geeigneten Gebieten, sondern in Gebieten ausgesetzt, welche sich diese Wildart leisten konnten), sollten diese Aussetzungen ohnehin kritisch hinterfragt werden. In diesem Zusammenhang ist auch vor unkritischen Zukäufen zur „Blutauffrischung" (Notwendigkeit?) in bestehende Kolonien zu warnen, da damit immer die Gefahr der Einschleppung von Krankheiten (z. B. Paratuberkulose, Moderhinke oder Räude) verbunden ist und diese Kolonien – wie es Beispiele aus jüngerer Vergangenheit zeigten – stark gefährdet werden können.

Die Art der Bejagung der Hornträger ist also sowohl seitens der Jagdarten als auch der Abschussrichtlinien abhängig vom jeweiligen Lebensraum, der Wilddichte, den Winterverlusten, dem angestrebten Zielalter sowie von der Wildschadenssituation im Lebensraum.

Jahreszeitliche Abschusserfüllung

Ansätze zu einer frühzeitigen Bejagung, zu einer Verringerung des Jagddruckes, Entlastung des Lebensraumes und Senkung des Infektionsdruckes mit Krankheitserregern haben noch nicht überall Gehör gefunden. Dies stellt keine generelle Absage zur Bejagung von Gams- und Steinwild im Winter dar; ein Großteil des Abschusses (Scharwild) sollte jedoch im Sommer und Herbst erfolgen. Leider werden in vielen Regionen des Ostalpenraumes immer noch rund zwei Drittel des

Altersklasseneinteilungen (Gamswild) der österreichischen Bundesländer nach den gültigen Abschussrichtlinien und Schusszeiten

		Böcke	Geißen	Schusszeit
Oberösterreich	Klasse III	1-3	1-3	1.8. - 31.12.; einjährige Stücke: 1.5.-31.12.
	Klasse II	4-7	4-9	1.8. - 31.12.
	Klasse I	8+	10+	1.8. - 31.12.
Steiermark	Klasse III	1-3	1-3	1.8. - 31.12.
	Klasse II	4-8	4-10	1.8. - 31.12.
	Klasse I	9+	11+	1.8. - 31.12.
Kärnten	Klasse III	1-2	1-3	1.8. - 31.12.
	Klasse II	3-7	4-9	1.8. - 31.12.
	Klasse I	8+	10+	1.8. - 31.12.
Salzburg	Klasse III	1-2	1-3	16.7. - 15.12.
	Klasse II	3-7	4-9	16.7. - 15.12.
	Klasse I	8+	10+	16.7. - 15.12.
Tirol	Klasse III	0-3	0-3	1.8. - 15.12.
	Klasse II	4-7	4-9	1.8. - 15.12.
	Klasse I	8+	10+	1.8. - 15.12.
Vorarlberg	Klasse III	1-3	1-3	1.8. - 31.12.
	Klasse II	4-7	4-11	1.8. - 31.12.
	Klasse I	8+	12+	1.8. - 31.12.
Niederösterreich	Klasse III	1-3	1-3	1.7. - 31.12.
	Klasse II	4-8	4-10	1.8. - 31.12.
	Klasse I	9+	11+	1.8. - 31.12.

Gamsabschusses in den Monaten November und Dezember getätigt. Grundsätzlich sollte der **Abschuss so früh wie möglich** erfolgen. Gegen eine gewissenhafte, zahlenmäßig eingeschränkte Jagd in der Brunft ist sicherlich nichts einzuwenden.

Berücksichtigt man neuere Forschungsergebnisse, die zeigen, ab wann sich Gams- und Steinwild beginnen auf den Winter vorzubereiten, sollte dies ebenfalls ein Mitgrund sein, die Abschüsse möglichst früh im Jahr zu tätigen. Auch sollte dem Jäger klar sein, dass, je später im Jahr eingegriffen wird, immer stärker in über das Jahr etablierte Rangordnungsstrukturen eingegriffen wird.

Eine Altersklasseneinteilung aus den Abschussrichtlinien österreichischer Bundesländer zeigt die Tabelle auf Seite 154.

Ein älterer Vorschlag zu Kern- und Verdünnungszonen betreffend Gamswild innerhalb der wildökologischen Raumplanung (ASTE u. DEUTZ, 1996)

Gamswildkernzone	Gamsverdünnungszone
• Lebensraum mit Lagen oberhalb der Waldgrenze mit dazugehörendem subalpinen Bereich • Keine Bejagung vor 1. August (Lenkungseffekt in die Kernzone) • Langfristige Erhaltung, Sicherung und Verbesserung des Lebensraumes • Anwendung nachhaltig strukturgerechter und Biotop-angepasster Hegemaßnahmen und Abschussrichtlinien • Minimale Beunruhigung des Gamswildes durch Wildschutzgebiete in den Überwinterungsgebieten der Hochlagen • Verminderung der Störung durch jagdliche Aktivitäten im gesamten Revier; Reduktion des Jagddruckes im Winter auf das unbedingt erforderliche Ausmaß; statt Nachfrist Festlegung von Etappenzielen • Erhöhung der Biotoptragfähigkeit durch alp- und fremdenverkehrswirtschaftliche Maßnahmen • Wildökologische Auflagen bei der Errichtung neuer Infrastrukturen für den Fremdenverkehr in den Kernzonen (z. B. in Wildschutzgebieten) • Als kleinste Fläche für eine Gamswildkernzone sind ca. 1.500 ha innerhalb einer Wildregion oder 5.000 ha innerhalb eines Wildraumes anzusehen	• Bei Verbissschäden weitgehende Entlastung des montanen Mischwaldes mit Ausnahme von Ausweichräumen bei Schlechtwetter und Hängen mit mehr als 30 % Felsanteil mit felsbegleitender Kraut- und Grasvegetation in Zusammenhang mit Bereichen oberhalb der Waldgrenze • Höherer Jagddruck als in der Kernzone (Schusszeitbeginn mit 1. Juli) • Scharfe Gamsbejagung insbesondere im dringend verjüngungsnotwendigen Schutzwald (Schwerpunktbejagung) • Mindestabschussvorschreibung für Scharwild in waldgefährdenden Wildschadensgebieten, sonst Rahmenabschussvorschreibung • Kein ganzjähriger Aufenthalt von Gamsrudeln im montanen Mischwald • Die Höhe eines verbleibenden Restbestandes wird letztendlich durch den Eigentümerwillen und durch die Schadenssituation bestimmt • Fütterungen sind verboten (gefütterte Gamswildinseln außerhalb des Gebirges erhalten „Tiergartenstatus" mit Aus- oder Einzäunungsvorschriften und Gesundheitsauflagen)

BEWIRTSCHAFTUNG VON MUFFELWILD

Die Bewirtschaftung des Muffelwildes wird deutlich regionaler geplant als jene des Gams- und Steinwildes und kann – je nach Zielsetzung – von Kolonie zu Kolonie recht unterschiedlich sein. Bei starkem Wildeinfluss (Wildschäden) in einem Lebensraum und dem Vorkommen von mehreren Schalenwildarten (Reh-, Rot- oder auch Gams- und Steinwild bzw. Schwarzwild) ist zu überlegen, welchen Wildarten der Vorzug zu geben ist und welche Wildarten in diesem Lebensraum nicht prioritäre Arten sind. Jedenfalls zu berücksichtigen sind beim Muffelwild die **deutlich höheren Zuwachsraten** (bis rund 80 % des Schafbestandes) gegenüber Gams- und Steinwild, verursacht durch das niedrige Erstsetzalter und recht häufige Zwillingsgeburten.

BEJAGUNG DES GAMS-, STEIN- UND MUFFELWILDES

Historische Jagdmethode: „Optische Lockjagd" mit Gamsmaske

Ein seit Jahrhunderten verwendetes optisches Element der Jagdtechnik ist die Gamsmaske, derer sich die Jäger zur Tarnung beim „Anschleichen unter Wind" bedienten. Martin Strasser von KOLLNITZ berichtete in seinem Jagdbuch aus dem Jahre 1624 über diese Jagdart. Vornehmlich während der Brunft näherten sich die Jäger, das präparierte Gamshaupt auf dem Kopf tragend, den Pfiff des Wildes imitierend, einem Gamsbock oder Brunftrudel. Der Gamsbock, nicht mehr als das über eine kleine Steinwand hinausragende Haupt eines vermeintlichen Gegners sehend, kam auf diesen zu und geriet damit ins Schussfeld des Jägers.

„Dise Invention hab ich von alten Gämbsjägern erfahrn, wölliche es practiciern gesechen haben" schrieb Martin von KOLLNITZ vor fast 400 Jahren. Weiters führt er dazu aus: *„Ain sonderbare Invention, ainen Gämbspokh, wan er in der Prunfft ist, zu bewögen, daß er ainem zuelauffet von fern, daß man in pürschen mag. Diese khan mit ainem zuegerichten Gämspokhkopf und Imitierung ierer Art, zu pfeifen, gericht werden. Vor allen Dingen aber mueß der Schütz den Windt gerecht für sich im Vortl haben. Die Inventio ist dises: Man zeucht zwar die ganze Haut ainem gefangenen Gämbspokh nit wie sonst gepreuchig ab, sonder man mueß die Haut mit Fleiß über den ganzen Kopf also auszüechen, daß das Maul, die Augen (sovil die Haut anlangt), die Ohren und alles ganz aneinander pleibe. Das Kirndlein* (Gamskrucke) *mag man mit der Planten der Hürnschallen zwar darpeilassen, wannuer der Kürschner ime getraut, die Haut sambt dem Gestembl zuearbeiten* (gerben), *daß die rauch verbleibet. Leichter aber wierters arbeiten, wan man das Gestemblein fein sauber von der Haut herausschlögt. Wan nun die Haut abgezogen, ehe daß si gearbeit ist, so schneide man den Hals bis gögen der Prust mitsambt des Kopfs Haut ab. So ist dasselbig Stukh auch esto leichter rauch zu arbeiten. Wans nun gearbeit ist, so laß man ainen hilzen Gämbskopf von Lindenholz schneiden und überzüeche denselben mit diser rauch gearbeiten Haut sauber und mit Fleiß und richte und nagle hernach das Gestembl wider recht fürmblich darauf. Die Haut des Hals mueß gericht werden wie ain Kapen, das der Schütz über den Kopf anzeucht, und daß unter dem Kopf des Gämbsen an den gelben Flökh weite Augenlöcher gelassen werden, auch un-*

Die Gamshaube wurde zum Anpirschen und -locken von Gamsböcken in der Brunft verwendet.

Früher wurden viele Gams auf Gamsrieglern erlegt.

ter des gelben Flökhs der Hals vorn offen sein, doch daß man ihn auch kann zusamenmachen, damit der Schitz, wan er disen Kopf oder Kapen auf seinem Kopf hat, dennacht unter dem Kopf heraussechen, pfeiffen und was von unten tuen müg. Die Ohren müessen auch schen und recht gericht werden, wies der Gämbs auf dem Kopf hat. Die Augen müessen mit ainem Waltglas also unterlögt und gericht werden, daß si die Farb haben, wies doch der Gambspokh hat, weil er löbt. Wan nun die Gämbs in der Prunfft sein, und daß sier wo ain große Schar oder Karten Gämbs auf ainem weiten Kar oder ainem anderen Ort beisamen sein, wo man ihnen nit leicht zuemag, oder da der Gämbsjäger sonsten nit gern will unter die Gämbs schießen, so soll der Schitz sich mit disem, zuegerichten Gämbskopf auf seinem Kopf habent an ainem imegelögnen Ort in ainem Schärtl mit dem Kopf hinüberhaltent, mit Pfeiffen wie die Gämbswilt hören und sechen lassen. Wan aber die Gämbs soliches etwo nit höreten, sonderlich die Pökhet wonit aigentlich vernämen, wo das Pfeiffen beschäche, und disen zuegerichten Gämbskhopf etwo nit söchen, so kann der Schitz klaine oder nach Gelögenhait der Ferne etwas große Stain abwerffen oder abwalgen, so werden die Wilt, sonderlich die Pökh demselbigen Ort zusechen. So mueß sich der Schitz wider mit dem zuegerichten Gambskhopf sechen und mit dem Pfeiffen wie ain Gämbspökh hören lassen. Wan nun die prunfften Gämbspökh bei den Gaißen disen zuegerichten Gämbskopf werden sechen und das Pfeiffen hören, so mainen si, es sei ain frembder Pokh, und würdet also der fraidig ist Pokh disem Gämbskopf zuelauffen, in Mainung, den frembden Pokh zu verjagen. So kan sich der Schitz zum Schuß richten und den Gämbspokh gar leicht schießen."

Gedanken und Gegenwart

Die Jagd hat eine bewegte Geschichte hinter sich. In der Vergangenheit wandelte sich ihr Bild in der Öffentlichkeit des Öfteren, ebenso wie sich die Möglichkeiten der Bejagung stets weiterentwickelten. Mit der Erfindung effektiver Feuerwaffen begann allerdings eine neue Epoche in der Jagd. Plötzlich war es möglich, auch auf größere Entfernungen Wildtiere zu erlegen und somit als Schütze wesentlich öfter „unsichtbar" zu bleiben. Vielen Tieren, wie Steinwild oder Bartgeier, wurde dies nun fast endgültig zum Verhängnis, und sie entkamen in Verbindung mit anderen Faktoren nur knapp der Ausrottung durch den Menschen.

Heute regeln die unterschiedlichsten Jagdsysteme und -gesetze in den einzelnen Alpenländern die Ausübung der Jagd. Auch durch den Druck einer immer kritischeren Gesellschaft schien die Jagd vorher nie so organisiert und von außen überwacht zu sein wie in den letzten Jahrzehnten. Andererseits war sie aber auch nie zuvor ein solch wirtschaftlicher Faktor wie heute, leider oftmals mit allen damit verbundenen negativen Auswirkungen.

Um die Akzeptanz in der Bevölkerung nicht zu verlieren bzw. vielleicht wieder zu verbessern, werden viel Aufklärung und korrektes, beispielhaftes Handeln seitens der Jäger notwendig sein. Auch wenn der Höhepunkt des Trophäenkultes hoffentlich überschritten sein dürfte oder bald überschritten ist, stehen heute dafür gelegentlich wirtschaftliche Überlegungen über dem Wild selbst. Aber auch manch anderes, wie übertriebene Hegegedanken, ist noch immer in den Köpfen vieler Jäger verwurzelt. Wildtiere müssen Wildtiere sein, die von der Natur und nicht von uns Jägern geformt werden. Nicht selten liegt heute noch der enggestellte Jahrling auf der Decke, im Glauben, für die Population etwas Gutes getan zu haben. Gerade in Zeiten, da durch die Zerschneidung der Lebensräume immer mehr zusammenhängende Populationen getrennt werden, muss dem Erhalt der genetischen Variabilität besondere Bedeutung zukommen.

Sicherlich darf und soll sich der Jäger am erbeuteten Stück erfreuen, doch darf er nicht vergessen, dass die Jagd mit dem Töten von Lebewesen zu tun hat. Sie wird ihre Eigenständigkeit und Möglichkeiten nur behalten können, wenn sie verantwortungsvoll mit den ihr anvertrauten Aufgaben umgeht.

Grundsätze einer nachhaltigen Nutzung

Es ist unmöglich, sowohl für Gams- als auch für Steinwild jagdliche Richtlinien zu verfassen, die allgemeine Gültigkeit besitzen. Zu unterschiedlich sind die Verhältnisse in den einzelnen Gebieten. Aber dennoch lassen sich gewisse Punkte anführen, die für die drei Wildarten von Bedeutung sind. Diese Punkte sind vermutlich allen Jägern bekannt, dürfen aber dennoch nicht unerwähnt bleiben.

Geschlechterverhältnis

Es sollte stets darauf geachtet werden, dass ein ausgewogenes Geschlechterverhältnis (GV) im Bestand vorhanden ist. Eine Verschiebung des Geschlechterverhältnisses zugunsten der Geißen/Schafe verlängert unnötig die Brunft und schwächt die Böcke/Widder. Aus diesem Grund sollten auch alte Geltgeißen (nehmen nicht mehr auf und brunften nach) vor der Brunft erlegt werden.

Altersklassenaufbau

Ziel muss sein, Wild wirklich zu ernten, d. h., genügend Wild muss in die Altersklasse hineinwachsen können. Erst ein richtiger Altersklassenaufbau kann dies gewährleisten. Während der Brunft führt dies zu einer gewissen Inaktivität der jüngeren Mittelklasseböcke, wodurch die Fallwildraten in dieser Klasse stark gesenkt werden können.

In der Altersfrage sollte man sich viel mehr danach richten, was nach der Abschusserfüllung noch im Bestand zurückbleibt, und die Abschussplanung auch nach diesem Kriterium durchführen. Vorrangiges Ziel sollte es sein, **stets genügend alte Stücke im Bestand** zu haben und nicht genügend alte Stücke zu erlegen. Auch Trophäenschauen dürfen darüber nicht hinwegtäuschen. Vielleicht hängen noch zwei Ier-Stücke an der Wand, aber wenn es dadurch im Bestand keine mehr gibt, hat man dennoch ein Problem.

Um das Überleben der Populationen zu gewährleisten, ist das Zielalter beim Steinwild mit mindestens elf vollendeten Lebensjahren bei den Böcken und 14 vollendeten Lebensjahren bei den Geißen anzusetzen. Beim Gamswild gilt das gleiche Alter für die Geißen, bei den Böcken sollte versucht werden, sie mindestens zehn Jahre alt werden zu lassen (Zielalter).

Wilddichte

Die Wilddichte muss stets dem jeweiligen Lebensraum angepasst sein. Überhöhte Dichten verschlechtern die Kondition des Wildes, was zahlreiche Folgen nach sich ziehen kann. Im schlimmsten Fall können sie eine seuchenhafte Ausbreitung von Krankheiten fördern.

Jagdlich lassen sich Populationen am stärksten nutzen, welche die mögliche Lebensraumkapazität nicht voll ausschöpfen. In solchen Beständen sind die Tiere in guter körperlicher Verfassung und dadurch bedingt zeigen solche Populationen auch die im jeweiligen Lebensraum höchstmöglichen Zuwachsraten. Allerdings wird hier zukünftig auch die kommunikative und vermittelnde Seite der Jäger gefragt sein, denn eine stete Verkleinerung der Lebensräume, welche nur über stets anzupassende Wilddichten ausgeglichen wird, ist langfristig nicht möglich. Aus diesem Grund muss der Erhalt der Lebensräume oberste Prämisse sein.

Populationsgröße

Vielerorts finden sich sehr kleine, isolierte Kolonien. Ein großes Problem stellt dabei immer wieder die verringerte genetische Variabilität innerhalb dieser Populationen dar. Nach derzeitigem Wissensstand dürften erst Kolonien mit mehr als 100 Tieren langfristig (> 100 Jahre) eine größere Überlebenschance besitzen, allerdings zeigen auch einige Beispiele mit dieser Größenordnung, dass selbst dann kein langfristiges Leben sichergestellt ist. Aus diesem Grund sollte auf Aussetzungen in Gebieten verzichtet werden, die von vornherein keinen größeren Populationen Platz bieten können.

Was sollte unterbleiben?

Die Gebirgsjagd stellt an den Jäger nicht nur körperlich hohe Anforderungen. Dies ist mit ein Grund, weshalb nicht jeder Jagdversuch von Erfolg gekrönt ist. Wenn sich nun die Möglichkeit zum Schuss bietet, sollten in der Anspannung dennoch gewisse **Regeln** nicht vergessen werden:

- Latschen oder Bäume bilden keinen sicheren Kugelfang.
- Schüsse gegen den Horizont müssen unterbleiben.
- Möglichst nur kleinere Rudel beschießen.
- Die Trophäe (Horn und beim Gams der Bart) darf nicht als Abschussgrund herangezogen werden.
- Bei der Erlegung führender Geißen/Schafe (im Falle einer Notwendigkeit) sollte man sicher sein, eine Doublette auch wirklich anbringen zu können. Der erste Schuss muss immer auf das Kitz/Lamm gerichtet werden.
- Weite Schüsse sollten unterbleiben.
- Kann das erlegte Stück auch geborgen werden?
- Abwarten, bis man – von anderem Wild unbemerkt – zum erlegten Stück gelangen kann.

Das zum Teil vertraute Verhalten von Gams- und Steinwild gegenüber Wanderern auf regelmäßig begangenen Wegen kann auch vom Jäger genutzt werden. Warum nicht selbst von solchen Punkten aus Wildbeobachtungen durchführen und dem Wild unnötige, störende Reviergänge ersparen? Warum nicht auch einmal das Gespräch mit vorbeikommenden Wanderern suchen und somit Aufklärungsarbeit leisten? Warum auf vielbegangenen Forststraßen nicht einmal aufs Auto verzichten? Beim Gespräch mit heruntergekurbelter Fensterscheibe wird der Jäger wohl kaum dem Mountain-Biker als Vorbild dienen können! Das Verhalten der Jäger im Lebensraum soll auch positive Beispielwirkung auf weitere Naturnutzer haben.

Bejagung des Gamswildes
Welche ist die richtige Jagdmethode auf Gamswild?

Die Möglichkeiten, auf Gamswild zu jagen, sind sehr vielfältig. **Pirsch und Ansitz** bzw. meist eine Kombination dieser beiden Jagdmethoden haben sich zwar in den letzten Jahrzehnten durchgesetzt, dennoch bieten sich dem Gebirgsjäger auch zahlreiche weitere Varianten, wie beispielsweise **Bewegungsjagden**, an. Genannt seien die klassischen Gamswildriegler, die etwas in Vergessenheit geraten sind, vielerorts aber auch durch die Teilung von Großrevieren in mehrere Kleinjagden kaum mehr durchgeführt werden können. Diese Jagdarten haben den Vorteil, trotz einer kurzfristigen Beunruhigung anschließend lange Jagdruhezeiten zu bringen. Das Patentjagdsystem der Schweiz weist aufgrund der relativ kurzen Jagdzeit fast in diese Richtung. Aus den verschiedensten Gründen wird nicht jede Pirsch auf Gamswild von Erfolg gekrönt sein, dennoch kann jeder Reviergang eine Beunruhigung des Wildes nach sich ziehen. Auch wenn Gamswild offensichtlich anfälliger auf Störungen reagiert, verursachen bereits kurze Fluchten beim Steinwild ebenso Energieverluste.

HINWEIS

Groß angelegte Bewegungsjagden haben den Vorteil, dass auf kurze Phasen mit erhöhter Beunruhigung lange Jagdruhezeiten folgen. Erfolgen diese Jagden noch im Spätsommer, hat das Wild genügend Zeit, um Reserven aufzubauen.

Ein weiterer großer Vorteil von Treib- oder Bewegungsjagden im Hochgebirge ist die Tatsache, dass nicht, wie in bewaldeten Gebieten, auf den Laubfall gewartet werden muss. Nach KNAUS und SCHRÖDER (1975) bzw. KREWER (1998) kommen dabei vorwiegend jene Altersklassen zur Strecke, die auch auf Einzeljagden den Hauptteil der erlegten Stücke ausmachen sollten. Beim Gamswild fallen hauptsächlich Jahrlinge und junge Stücke bis zum Alter von drei bis vier Jahren. Ältere Gamsböcke lassen sich nur schwer aus ihren Einständen drücken und werden deshalb auch kaum erlegt. Die Freigabe führender Gamsgeißen bei solchen Jagden ist nicht unproblematisch, da einerseits die Zugehörigkeit der Kitze oft nicht eindeutig ist und andererseits das Kitz einer Geiß mit Gesäuge schon von einem anderen Schützen erlegt worden sein könnte. Bei eindeutiger Zugehörigkeit muss das Kitz natürlich vor der Geiß geschossen werden, was in Bewegung manchmal schwer zuzuordnen ist, auch wenn auf der Flucht der engste Zusammenhalt gesucht wird. Somit machen auch unter den weiblichen Tieren die Jahrlinge und die zwei- und dreijährigen Geißen den Hauptanteil der Strecke aus.

In Revieren mit zahlenmäßig hohem Abschuss wäre bei Treib- oder Bewegungsjagden die Beunruhigung ungleich geringer als bei Durchführung des Jagdbetriebes im Einzelabschuss. Gut organisierte Bewegungsjagden sollten so durchgeführt werden, dass das Gamswild zwar so sehr beunruhigt wird, bis es die mit Schützen postierten Wechsel annimmt, dabei aber nicht das Gefühl hat, dass es verfolgt wird. Beispielsweise könnte Ende August eine Bewegungsjagd auf Gamswild durchgeführt werden, bei der nicht führende Geißen, Jahrlinge, zweijährige und eventuell auch noch dreijährige Stücke freigegeben werden. Diese Tiere sind (abgesehen von den dreijährigen, wo es bereits schwierig werden kann) relativ leicht anzusprechen und ein gewisser Teil des Gesamtabschusses wäre an einem Tag erfüllt. Gleichzeitig bleibt dem Wild noch genügend Zeit, die verlorenen Reserven aufzufüllen, denn je später der Eingriff allgemein stattfindet, desto mehr befindet sich das Wild bereits in der Vorbereitung auf den Winter, was bereits Ende August beginnt.

In der Einzeljagd werden im Verlauf des Jagdjahres noch führende Geißen mit Kitz, die reifen Böcke und die ausständigen Stücke aller Altersklassen erlegt. **Hunde sollten** bei Treib- oder Bewegungsjagden **nicht eingesetzt werden**, da das Gamswild extrem empfindlich auf Störungen dieser Art reagiert.

Die Erfahrungswerte über solche früher in einigen Gebieten gängigen Jagdpraktiken gehen leider immer mehr verloren. Wie bereits angesprochen, wäre vielerorts für die Durchführung derartiger Jagden ein **revierübergreifendes Handeln** notwendig. Die Überlegungen sollten auch nicht in Richtung Einzel- oder Gesellschaftsjagd gehen, sondern vielmehr den Jäger anregen, vielleicht darüber nachzudenken, beide Jagdarten zu kombinieren.

Wann soll gejagt werden?

Sicher wird auch in Zukunft der überwiegende Teil der Jagd weiter in der Einzeljagd erfolgen. Doch auch hier sollte sich jeder Weidmann fragen, ob es wirklich notwendig ist, beispielsweise den Großteil des Gamsabschusses, teilweise auch jenen des Steinwildes erst in den Monaten November und Dezember zu tätigen. In dieser Zeit kostet die Brunft den Böcken ohnehin genug Kraft, und viele gehen geschwächt in den Winter. Jede Pirsch und jeder Schuss bringen eine weitere Beunruhigung und dadurch Energieverluste vor der harten Jahreszeit mit sich. Niemand kann sagen, welche Rolle die durch die Bejagung bedingte Störung bei vielen der im Frühjahr gefundenen Fallwildstücke gespielt hat. Natürlich gilt es, den Zeitfaktor zu berücksichtigen, oft ist es einfach schwierig, den notwendigen Abschuss zu erfüllen. Gerade Berufsjäger kommen immer wieder in die Situation, nach erfolglosen Jagden mit Gästen den notwendigen Abschuss noch Ende des Jagdjahres erledigen zu müssen.

Dennoch muss versucht werden, den **Abschuss so früh wie möglich** zu tätigen. Zusätzlich sollte berücksichtigt werden, dass das Rangordnungssystem unter den Böcken nicht nur beim Steinwild, sondern bis zu einem gewissen Grad auch beim Gamswild bereits im Frühling und über den Sommer festgelegt wird. Jede Entnahme reiferer Böcke kann wieder Unruhe nach sich ziehen, da die Verhältnisse teilweise neu etabliert werden müssen, und dies kostet dem Wild zusätzlich Energie.

Kitzbejagung

Natürliche Ausfälle unter den Jungtieren können in Gebirgsrevieren sehr hoch sein. Kitze oder Jahrlinge, die hier bejagt werden, könnten grundsätzlich unter den sogenannten kompensatorischen Abschuss fallen und Winterfallwild vorwegnehmen. Um tatsächlich kompensatorisch jagen zu können, würde es allerdings Populationen benötigen, welche sich an der Grenze der Lebensraumkapazität befinden und sich bereits selbst durch die Wilddichte regulieren würden. Außer bei Steinwildpopulationen in sehr begrenzten Lebensräumen ist dies allerdings kaum der Fall. Dadurch wäre es nach älterer Meinung den nun kitzlosen Geißen früher möglich, sich zu erholen und auf den Winter vorzubereiten. Aber Kitzverluste bedeuten immer auch Stress für die Muttertiere.

Auch wenn augenscheinlich schwächere Kitze im Dezember noch nicht die Größe anderer erreicht haben, haben diese kleinrahmigen „Kämpfer" oft genug ihre Überlebensfähigkeit bewiesen! Auch in Mittelgebirgslagen kann vor allem bei hohen Schneelagen durchaus einmal auf einen späten Abschuss unter den Kitzen verzichtet werden, auch wenn die Gefahr besteht, das eine oder andere Stück im späteren Winter als Fallwild zu verlieren. Ähnliche Gedanken hat bereits JELINEK im Jahr 1989 geäußert.

Je tiefer Populationen liegen, **umso relevanter** wird allerdings **die Kitzbejagung**. Bei diesen Überlegungen kommt auch der Größe des Rudels, aus welchem das Kitz erlegt werden sollte, und dem Verhalten des Jägers eine entscheidende Rolle zu, es spricht auch viel dafür, Kitze nur von allein stehenden Geißen zu erlegen. Bei Erlegung von Stücken aus kleinen Gruppen ist die Beunruhigung ungleich geringer als bei größeren Rudeln. Wenn man sich für einen Schuss entschließt, muss man, gesetzt den Fall, dass die anderen Tiere nicht aus dem Gesichtsfeld des erlegten Stückes flüchten, abwarten, bis man unbemerkt zum erlegten Stück gelangen kann. Sonst wird später beim Rudel der Schuss immer mit dem Erscheinen von Menschen assoziiert und Flucht ausgelöst – dies kann allerdings in wildschadengefährdeten Gebieten im Sinne einer Schwerpunktbejagung auch ausgenutzt werden.

HINWEIS

Eines muss bei der Erlegung von Kitzen allerdings klar sein: Der Verlust des Kitzes bedeutet für das Muttertier immer eine Stresssituation, wie man am Verhalten solcher Stücke erkennen kann. Somit wäre es ohne Zweifel sinnvoller und weidgerechter, bei einer günstigen Gelegenheit Geiß und Kitz gemeinsam zu erlegen.

Bei führenden Geißen ist das Gesäuge selten so gut erkennbar.

Gamswildbejagung – Versuch einer Motivation

Mit den oben angeführten Maßnahmen, etwas Zurückhaltung und revierübergreifendem Denken sollte es gelingen, den allgemeinen negativen Trend des Gamswildes im Alpenraum einzubremsen und später regional hoffentlich sogar umzudrehen. Gamswild sollte als Kulturgut und anspruchslose, tagaktive Bergwildart in gesunden Populationen erhalten bleiben. Da das Prinzip der Nachhaltigkeit mancherorts verlassen wurde, sind Korrekturen notwendig, spürbare Erfolge werden aber Jahre dauern.

Recht passend als Abschluss dieser Gedanken darf eine Ausführung über die „Aigenschafften der Gämbs" aus dem „Puech von allerlai Waidmannschafften" von Martin Strasser von KOLLNITZ aus dem Jahre 1624 zitiert werden: *„Die Gämbsgaiß sötzet offtmals (doch die mehrern nit) zwai Kitz auf ainmal, und multipliciern sich die Gämbswilt in wenig Jaren seer, wan man nur der Gaiß und Kitz mit dem Schießen, sonderlich bei den Salzstötten und auf den Wäldern und Winterständen verschonet. Die Kitz kann man an ainer haimischen Milchgaiß leicht aufbringen, und werden gar gern haimblich, verpleiben aber selten über ain, 2 oder maistes 3 Jahr bei Löben, dan si haben ier natürliche Waidt* (Äsung) *nit."*

Alles Schalenwild braucht auch heute noch viel Ruhe. In der Schweiz waren es die Jäger, die sich für Ruhezonen eingesetzt und sich so auch unbeliebt gemacht haben. Es ist aber wichtig, dass sich die Jäger für den Erhalt der Lebensräume und ihrer Qualität einsetzen, so kann man auch die Bejagung rechtfertigen.

Bejagung des Steinwildes – Vorsicht ist geboten

Während das Steinwild regional ganzjährig unter Schutz steht, wurde es in vielen anderen Gebieten größtenteils aus jagdlichem Interesse (wieder-)angesiedelt. Die Aussetzungen erfolgten auch in Gebieten, die nicht den heutigen Vorstellungen eines Steinwildlebensraumes entsprechen, oder auch in Gegenden, in denen sich keine größeren Populationen entwickeln konnten. Aus diesem Grund kann die Entwicklung der einzelnen Kolonien sehr unterschiedlich sein. Nicht unbedingt ihre Größe ist für die Anzahl an Entnahmen ausschlaggebend. Auch größere Kolonien können schließlich lebensraumbedingt sehr instabil und somit empfindlich auf jagdliche Einflüsse reagieren. Da Steinwild nicht über die gleiche ökologische Plastizität wie das Gamswild verfügt, ist bei der Bejagung größte Vorsicht geboten. Als Beispiel sei für das Steinwild nur die **sehr langsam** (wenn überhaupt) **stattfindende Lebensraumerweiterung** genannt, wohingegen das Gamswild rasch neue Gebiete erobert. Zu schnell kann unüberlegtes Handeln mitunter sogar das Ende von Steinwildkolonien bedeuten.

Aufgrund der **langsameren Jugendentwicklung** des Steinwildes muss sich die Bejagung stets nach den örtlichen Gegebenheiten richten. In Kolonien mit hohen Zuwachsraten ist es möglich, bereits vereinzelt bei Kitzen und/oder einjährigen Stücken einzugreifen. In Gebieten mit klimatisch für Steinwild ungünstigen Verhältnissen sind die Fallwildraten unter den Kitzen und Jahrlingen meist sehr hoch. Hier darf bestenfalls erst bei den drei- bis vierjährigen Stücken eingegriffen werden. In instabilen Kolonien sollte (wenn überhaupt) nur die Bejagung von Steinwild der Altersklasse I in Betracht gezogen werden. Ansonsten zieht die Zerstörung eines angepassten Altersklassenaufbaues katastrophale Auswirkungen nach sich.

Einzeljagd erfolgversprechend

Steinwild wird fast ausschließlich in der Einzeljagd erlegt. In Gebieten, in denen Gams- und Steinwild gemeinsam vorkommen und wo Bewegungsjagden auf Gamswild durchgeführt werden, ist allerdings nichts dagegen einzuwenden, wenn (soweit sich die Gelegenheit überhaupt bietet und es die Bejagung erlaubt) auch das eine oder andere „passende" Stück Steinwild zur Strecke kommt. Meist wird es sich allerdings in steile felsige Gebiete zurückziehen und dort die Beunruhigung abwarten. Somit würden Bewegungsjagden, die vorrangig auf Steinwild ausgerichtet wären, meist ohne den gewünschten Jagderfolg enden.

In Gebieten, in denen das Steinwild stärker bejagt wird, zeigt es vor allem zur Jagdzeit wesentlich größere Fluchtdistanzen und eine erhöhte Vorsicht. In nicht oder nur sehr gering bejagten Kolonien sind aber Annäherungen bis auf geringe Distanzen keine Seltenheit.

Rehgeiß oder Steinbock – was ist schwieriger zu erlegen?

Nüchtern betrachtet, muss man sich wohl eingestehen: Abgesehen von den Mühen, die mit einer Steinbockjagd meist verbunden sind (Aufstieg usw.), wäre es rein jagdlich schwieriger, eine Rehgeiß zu erlegen als einen Steinbock. Wie bereits angesprochen, zeigt das Steinwild in vielen Gebieten eine relativ große Vertrautheit gegenüber dem Menschen. Dies darf aber nicht dazu verleiten, die Bejagung in solchen Gebieten recht sorglos durchzuführen. Das Wild darf den Schuss keinesfalls mit dem Menschen verbinden. Es würde sehr rasch lernen, welche Gefahr von diesem ausgeht, sein Verhalten ändern und weitere Fluchtdistanzen wären die Folge. Dies lässt sich immer wieder auch am sich ändernden Verhalten der Geißen beobachten. Wo regelmäßig gejagt wird, kann im Gebirge mit der Zeit ihre Bejagung mitunter schwierig werden. Somit sollte Steinwild trotz der oft noch vorhandenen Vertrautheit aus gewisser Entfernung mit möglichst „verdecktem Schützen" erlegt werden. Weiters halten vor allem die Böcke sehr stark an tradierten, meist zwischen Sommer- und Winterhalbjahr wechselnden Gebieten fest, die den Anforderungen dieser Wildart entsprechen. Bei falscher Jagdausübung können diese Wanderungen allerdings auch unterbunden oder in ungewollte Richtungen gelenkt werden.

Reviereinrichtungen

Von größerer Bedeutung als Ansitzeinrichtungen im Gebirge sind vor allem im Bereich des Krummholzgürtels sinnvoll angelegte **Pirschsteige**, so sich nicht ohnehin Wandersteige anbieten. Ihre Anlage muss sorgfältig geplant sein. Sie dürfen keinesfalls wichtige Einstandsgebiete des Wildes zerschneiden, sollten aber gleichzeitig immer wieder gute Beobachtungsmöglichkeiten bieten. Dabei gilt es, die Gegebenheiten des Geländes perfekt auszunutzen. Weiters müssen sie auch im Winter die Sicherheit des Jägers gewährleisten.

An günstigen Stellen können auch kleine **Bodensitze** von großem Vorteil sein. Hier hat es sich bewährt, die Sitze so anzulegen, dass einige bei Bergwind, andere wiederum bei talwärts ziehendem Wind genutzt werden können. Bodensitze sollten so gebaut sein, dass man auch einige Stunden einigermaßen angenehm auf ihnen verbringen kann. Gelegentlich können auch kleinere Ansitzschirme ausreichend Sichtschutz an jagdlich wichtigen Revierpunkten bieten. Für Ansitze ergeben sich im Gebirge allerdings auch genügend natürliche Gegebenheiten, wie Mulden, Felsblöcke oder Kanten, die Deckung bieten können. Mit der richtigen Ausrüstung im Rucksack (isolierende Sitzunterlage usw.) reichen solche natürlichen Deckungen oftmals völlig aus.

Hochsitze spielen in Revieren über der Waldgrenze nur mehr eine untergeordnete Rolle. Im Bereich der Waldgrenze bzw. in tiefer gelegenen Revieren sind sie für die Bejagung allerdings nicht mehr wegzudenken.

Bejagung des Muffelwildes

Muffelwild wird – abhängig auch vom jeweiligen Lebensraum – meist in **Ansitz- oder Pirschjagd** bejagt. Jedenfalls zu berücksichtigen sind bei der Muffeljagd die überaus feinen Sinne des Muffelwildes (z. B. Sichern nach oben und Jäger am Hochsitz!) und auch seine Empfindlichkeit auf wiederholte Störungen.

Eine ältere, aber sicher reizvolle Jagdart im Flachland war auch das Bejagen mittels Anfahren mit Pferdewagen, wo der Wagen meist außer Sichtweite des Muffelwildes verlassen und das Wild dann angepirscht wurde. Zu warnen ist davor, solche Jagden mit dem Auto zu simulieren. Abgesehen auch von jagdgesetzlichen Verboten reagieren Wildtiere auf einen Jagddruck von Autos und deren Umgebung aus in kürzester Zeit sehr sensibel. Bei Reduktionsabsichten können auch Bewegungsjagden auf Muffelwild recht erfolgreich sein.

ANSPRECHEN

Die Bejagung von Wildbeständen sollte so erfolgen, dass die Population stets, zumindest aber nach dem getätigten Abschuss einem „natürlichen“ Bestand möglichst gleicht. Um dies durchführen zu können, sind Kenntnisse über das Ansprechen des Wildes wichtig. Zahlreiche Körper- und Verhaltensmerkmale bieten sich zur Bestimmung des Alters bzw. des sozialen Status eines Tieres an, allerdings bestätigen auch hier oft Ausnahmen die Regel. Es gibt also kein allgemeingültiges Merkmal, vielmehr kann nur das Zusammenspiel der einzelnen Aspekte Anhaltspunkte über das ungefähre Alter des Stückes geben. Grundsätzlich sollte das Ansprechen aber auch unter dem Gesichtspunkt gesehen werden, dass es nicht nur der Abschätzung des Alters bzw. Geschlechtes dienen sollte, sondern vor allem auch der Beobachtung des Gesundheitszustandes des jeweiligen Tieres. Individuelle Eigenheiten wie Trophäenmerkmale sollten weder beim Gams- noch beim Steinwild eine Rolle spielen. Auch der Bart beim Gams darf nicht als Abschussgrund herangezogen werden. Beim Muffelwild wäre aber jedenfalls die Tendenz zum „Einwachser“ ein Selektionskriterium, zumal sich diese Eigenschaft auch vererbt.

ALLGEMEINGÜLTIG: FÜHREND ODER NICHT?

Diese Frage ist bei den drei Wildarten oft sehr schwer zu beantworten. Wie später noch erwähnt wird, sagt die Größe des Gesäuges und der Zitzen (falls man die Möglichkeit hat, diese zu erkennen) nicht immer etwas darüber aus, ob das Stück führt oder nicht. Zwar kann man – vor allem beim Steinwild – das Gesäuge führender Geißen bis etwa Mitte Oktober bei einer günstigen Stellung des Tieres einigermaßen gut erkennen, doch die Größe ist auch davon abhängig, wann das Kitz das letzte Mal gesäugt hat.

Dass sowohl Gams- als auch Steinwild auch sogenannte **Kindergärten** bilden, erschwert das Ansprechen noch wesentlich. Nicht selten begegnet man Geißen, die zwar führend sind, aber ihre Kitze unter der Obhut anderer Geißen lassen und sich so mitunter auch recht lange alleine auf Nahrungssuche begeben. Eigene Beobachtungen zeigen, dass ältere Kitze vereinzelt sogar über Nacht allein gelassen werden und die Geißen erst bei Tagesanbruch zum Rudel zurückkehrten. Auch im Rudel ist eine Zuordnung schwierig, welche der Geißen führt bzw. welches Kitz wohin gehört. Eindeutig lässt sich dies auch nur feststellen, wenn das Kitz gesäugt wird. Doch auch hier ist genaues Ansprechen wichtig. Zeit ist also gefragt, um Kitze wirklich zuordnen zu können. In seltenen Fällen lassen Geißen, die ihre Kitze verloren haben, sogar das vorjährige Kitz, also den Jahrling, wieder an die Spinne.

Ein **enger Zusammenhalt** zwischen Mutter und Kitz besteht **auf der Flucht**, auch wenn es im Tumult vorkommen kann, dass ein Kitz den Anschluss nicht findet bzw. dieser verlorengeht und das Kitz versprengt wird. Vor allem beim Gamswild kann man im Fall eines Adlerangriffes immer wieder beobachten, dass sich die Kitze unter die Geißen stellen und dort Schutz suchen. Beim Steinwild könnte man hingegen in kritischen Situationen (z. B. Angriff durch einen Steinadler) gelegentlich den Eindruck gewinnen, es sei der Geiß fast gleichgültig, was mit ihrem Kitz geschieht. Dennoch besteht auch bei dieser

Wildart eine enge Bindung zwischen Mutter und Kitz.

Kritisch beim Gamswild gestaltet sich auch die Brunft, wo Geißen ihre Kitze oft sehr lange alleine lassen und deshalb immer wieder als nicht führend angesprochen werden. Die früher regional gelegentliche Eigenbeschränkung, auf Erlegungen von Geißen während der drei Wochen der Hauptbrunft zu verzichten, war durchaus sinnvoll und hat vermutlich vielen Kitzen die weitere Führung durch die Mutter ermöglicht und sicher einigen das Leben gerettet.

HINWEIS

Somit braucht man eigentlich nur eine Eigenschaft, um festzustellen, ob eine Geiß führend ist: Geduld, Geduld, Geduld.

ANSPRECHEN DES GAMSWILDES

Auch wenn mancher Jäger glaubt, siebenjährige von achtjährigen Stücken unterscheiden zu können, muss gesagt werden, dass dies ein Ding der Unmöglichkeit ist. Oftmals gestaltet sich bereits die Unterscheidung zwischen Bock und Geiß als schwierig, weshalb diese Frage zuerst behandelt werden soll.

Das Ansprechen nach dem Geschlecht

Wie bereits erwähnt, spricht die im Umfang massigere und stärker gehakelte Krucke i. d. R. für einen Bock (siehe auch Kapitel Gamskrucke S. 27). Dieses Merkmal lässt sich ab dem zweijährigen Stück, meist auch beim Jahrling feststellen. Auslage und Höhe der Krucke sagen nichts über das Geschlecht aus.

Mit zunehmendem Alter wirkt der Bock gedrungener als die Geiß, sein Träger wirkt stärker und das Gewicht scheint mehr auf die Vorderläufe verlagert als bei den Geißen. Das Haupt des Bockes wirkt im Profil mehr dreieckig, das der Geiß zeigt mehr einen rechteckigen Umriss. Lediglich bei alten Böcken geht das Haupt ebenfalls in die Länge. Ab dem dritten Lebensjahr ist im Winterhalbjahr beim Bock der Pinsel zwar noch schwach, aber immerhin schon zu sehen. Weiters bildet der Bock zu dieser Zeit den Bart aus, der ihn aber nicht immer von den Geißen unterscheiden lässt, denn gelegentlich können auch diese ganz gute „Bärte" tragen. Das Gesäuge der Geiß oder das Kurzwildbret des Bockes sind im Sommer (im Winter verdecken die langen Haare diese Region bzw. wäre das Gesäuge nicht mehr zu erkennen) nur bei günstiger Position des Jägers feststellbar.

Einen relativ sicheren Anhaltspunkt zum Ansprechen des Geschlechtes bietet die **Haltung des Stücks beim Nässen**. Die Geiß knickt die Hinterläufe dabei ein, während der Bock seine Körperhaltung beim Nässen nicht ändert – ein Verhalten, das auch schon bei den Kitzen beobachtet werden kann. Absolute Sicherheit vor allem bei jungen Tieren bietet dieses Merkmal allerdings erst, wenn auch der Harnstrahl beobachtet werden kann. In diesem Fall ist es bei Kitzen der einzige sichere Weiser für das Geschlecht.

Hält sich zudem beim beobachteten Stück ein Kitz auf, kann man auch davon ausgehen, dass es sich um eine Geiß handelt. Ältere Stücke, vor allem Geißen, zeigen eine durchhängende Rückenlinie und eingefallene Flanken. Im **Gamsrudel** finden sich Geißen jeglichen Alters, Kitze und öfter auch jüngere Böcke. Spätestens ab dem dritten bis vierten Lebensjahr bilden die Böcke kleinere Rudel oder gehen als Einzelgänger eigene Wege. **Bockrudel** verhalten sich meist standorttreuer als Geißenverbände, die wegen des hohen Energiebedarfs aufgrund der Laktation und der meist größeren Rudel mehr umherziehen müssen. In Populationen mit wenigen alten Böcken haben männliche Tiere übers Jahr gesehen zwar die größeren Streifgebiete, was aber vorrangig durch das Verhalten in der Brunft bedingt ist, die eigentliche Raumnutzung ist aber weniger flächendeckend als bei Geißen (HAYMERLE, 2013).

Das **Flehmen** ist eine typische Verhaltensweise des Bockes. Das Blädern kann bei Geißen ebenso beobachtet werden, allerdings nicht so häufig

Jährlinge sind hochläufig und verraten sich auch durch ihr kurzes Haupt.

Ein Zweijähriger im Winterhaar. Schlank, neugierig und noch hoch auf den Läufen.

Ein vermutlich Drei- bis Vierjähriger. Hochläufig, schlank und spitzes Haupt.

Ein jüngerer, geißkruckiger Bock – die wenigen langen Pinselhaare verraten ihn.

Zwei Geißen vermutlich der unteren Mittelklasse.

Das Haupt spricht hier für eine Geiß der Mittelklasse.

Das lange Haupt und der starke Brustkern sowie die leicht fallende Rückenlinie sprechen für eine Geiß der Klasse I.

Diese Geiß war zum Zeitpunkt der Aufnahme 14 Jahre alt – man beachte den Brustkern.

Dieser Bock lässt selbst im Frühjahr keine Zweifel offen – Klasse I.

Typisch für ältere Gämsen ist oft der breite Äser, allerdings ist auch er kein alleiniges Ansprechmerkmal.

Im Vergleich zum älteren Bock ist beim jungen Bock kein Pinsel zu erkennen. Doch auch der Ältere zeigt noch Keulenflecken.

Einer zum Rätseln, hat der die Klasse I oder nicht – vermutlich nicht. In Ermangelung alter Böcke liegen derzeit leider vielerorts allzu oft solche Böcke in der Blüte ihres Lebens auf der Decke.

wie bei brunftaktiven Böcken. In der Brunftzeit sind die Böcke fast ständig auf den Läufen, wirken ruhelos und Platzböcke zeigen sich gerne an optisch markanten Stellen. Beim Auftauchen eines Rivalen wird der Bart aufgestellt. Längere Hetzjagden werden nur von Böcken durchgeführt, allerdings können sich in der Brunft auch Geißen zumindest kurzzeitig verfolgen und Imponierverhalten gegenüber anderen Geißen zeigen, was es gelegentlich sogar schwierig machen kann, sie rasch als Geiß ansprechen zu können.

Das Ansprechen nach dem Alter

Im Folgenden sollen verschiedene Merkmale angeführt werden, die für die Altersansprache beim lebenden Stück herangezogen werden können. Dabei wird allerdings bewusst auf eine Klasseneinteilung verzichtet, da es keine Ansprechrichtlinien für Gamswild der einzelnen Altersklassen gibt. Beispielsweise kann der kleinrahmige, unter extremen Bedingungen aufgewachsene sechsjährige Bock auch von erfahrenen Jägern durchaus einmal jünger angesprochen werden als der frühreife, großgewachsene dreijährige Bock mit gutem Bart und hoher Krucke. Aus diesem Grund werden nur Punkte gezeigt, die, in Summe gesehen, ein ungefähres Bild über das Alter des Stückes geben können.

Krucken

Die Krucken lassen sich praktisch **nicht zur Altersansprache heranziehen**, da das Hornwachstum beim vierjährigen Stück weitgehend abgeschlossen ist. Sind die Krucken allerdings nicht höher als die Lauscher, wird es sich meist um ein jüngeres (meist ein- oder vielleicht schon zweijähriges) Stück handeln. Danach kann die Krucke für die Altersansprache ebenso wenig herangezogen werden, wie sie einen Abschussgrund darstellen sollte.

> **HINWEIS**
>
> Auch Gams haben unterschiedliche Lauscherlängen und in der Brunft lassen auch angeschwollene Brunftfeigen die Krucken oft niedriger erscheinen.

Zügel und Umgebung der Lichter

Der Zügel wird von vielen als eines der wichtigsten Ansprechmerkmale genannt. Allerdings lässt auch dieses Körpermerkmal selbst bei besten Lichtverhältnissen nur eine ungefähre Schätzung des Alters zu. Bei jungen Tieren ist er scharfrandig gegen die hellen Backen abgegrenzt, wobei diese Scharfrandigkeit ab etwa dem siebenten bis achten Jahr durch das Einwachsen grauer Haare in den Zügel abnimmt und das Haupt auch nicht mehr so kontrastreich erscheinen lässt. **Je älter das Tier** wird, **desto verwaschener** erscheint **der Zügel**. Bei älteren Stücken (etwa acht bis zehn Jahre und älter) finden sich häufig hellere (graue) Stellen unter bzw. um die Lichter, die sich ein wenig vom Zügel abheben.

Haupt

Das Haupt von Kitzen und Jahrlingen hat einen kindlichen Gesichtsausdruck mit eher dreieckiger Kopfform im Profil. Im zunehmenden Alter erscheint der Kopf immer länglicher, wobei dies bei Geißen ausgeprägter ist als bei Böcken, bei denen der dreieckige Charakter eher erhalten bleibt. Im Alter besitzt das Haupt häufig einen knochigen Ausdruck („trockenes Haupt"). Je älter das Stück ist, desto mehr treten auch die Augenbögen hervor, die Lichter scheinen manchmal fast herauszuquellen. Bei reifen Böcken lässt sich in der Brunft auch eine starke Schwellung der Backen beobachten, was das Haupt in der Frontalansicht breiter erscheinen lässt. Auch der Äser in der Frontalansicht wirkt bei älteren Tieren breiter.

Keulenfleck

Der Keulenfleck, der durch graue bis gelbliche Spitzen der Keulenbehaarung entsteht, zeigt sich **bei Kitzen**, bei **Geißen** und vor allem **Böcken jüngeren Alters**. Da bei reifen Böcken der Keulenfleck fehlt bzw. gelegentlich noch schwach angedeutet ist, signalisieren junge Böcke den reifen Böcken dadurch, dass sie keine Konkurrenz für sie darstellen. Bei alten Böcken wird er oft wieder stärker ausgebildet. Böcke ohne Keulenfleck sind somit i. d. R. mindestens fünf bis sechs Jahre alt.

Aber auch hier ist Vorsicht geboten, denn ähnlich manchen Stücken beim Rotwild, die das ganze Leben Kälberflecken erkennen lassen, gibt es auch Stücke, die den Keulenfleck alljährlich zumindest andeuten.

Träger

Stärke und Haltung des Trägers können auch Anhaltspunkte zum Ansprechen liefern. **Je älter ein Stück** ist, **desto tiefer** wird **der Träger** meist **beim ruhigen Ziehen** getragen. Bei alten Stücken bildet er dann gelegentlich schon die Verlängerung der Rückenlinie. Weiters lässt ein stärkerer Träger auf einen Bock schließen, der bereits älter als vier Jahre ist. Jüngere Tiere besitzen einen schlanken Träger. Zudem sind bei brunftaktiven Böcken der Hals und die Kehlpartie (sowie die Wangen, siehe auch unter Haupt) etwas angeschwollen. Bei sehr alten Tieren, vor allem Geißen, kann der Träger wieder dünn wirken, was mit der Rückbildung der Muskulatur verbunden ist. Dann ist aber oft eine leichte Einsattelung am Trägeransatz zu erkennen.

Habitus

Jüngere Tiere sind körperlich noch nicht voll ausgereift und wirken im gesamten Erscheinungsbild **graziler** als ältere Stücke. Hier darf man sich allerdings nicht von kleinrahmigen bzw. im anderen Fall von frühreifen Stücken täuschen lassen. Kitze und Jahrlinge wirken aufgrund ihrer Körperproportionen im Verhältnis hochläufiger als ältere Stücke. Bei älteren Böcken scheint im Vergleich zu jüngeren das Gewicht wesentlich stärker auf den Vorderläufen zu lasten.

Die **Rückenlinie** erscheint vor allem **bei älteren Geißen durchhängend**, wodurch Widerrist und Kruppe etwas hervortreten. Bei Geißen, die regelmäßig setzen, kann sich dieses Körpermerkmal schon im sechsten bis siebenten Lebensjahr andeuten, ebenso wie auch die Bauchlinie etwas durchzuhängen beginnt. Ab dem zehnten Jahr beginnen auch die Flanken einzufallen. Sehr alte Tiere machen durch den Rückgang der Muskulatur schließlich einen ausgemergelten Eindruck, da die Knochen hervortreten.

Haarkleid

Auch wenn es zahlreiche individuelle Unterschiede in der Ausbildung des Haarkleides und oftmals auch nicht nur regional unterschiedliche Farbschläge gibt, kann die Decke mitunter helfen, die Merkmale auf ein bestimmtes Alter hin zu verdichten. **Kitze** sind im Sommer **dunkler gefärbt** und lassen sich dadurch auch auf größere Entfernung recht gut ansprechen. Im Winterhaar deutet eine dunklere, schwarze Färbung auf ein jüngeres Stück hin. Bei etwa sechs- bis siebenjährigen Tieren beginnt die Decke im Winter meist bräunlicher und stumpfer bzw. im Sommerhaar fahler zu wirken. Auch strähnig und stumpf wirkendes Haarkleid kann ein Hinweis auf ein älteres Stück sein. (Achtung: Kranke Tiere besitzen ebenfalls oft eine strähnig wirkende Decke.)

Der Zeitpunkt des Haarwechsels dürfte wohl eher Ausdruck des körperlichen Befindens sein, als dass er Rückschlüsse auf das Alter des Tieres geben würde. Vor allem bei den Geißen kann mitunter der Frühjahrshaarwechsel durch das Austragen der Kitze und die beginnende Laktation stark verzögert einsetzen.

Pinselhaare

Bei Böcken sind ab dem dritten Lebensjahr zwar noch schwach, aber bereits erkennbar die Pinselhaare ausgebildet. Diese werden in den kommenden Jahren stärker ausgeprägt, wobei dichte, buschige Pinselhaare eher auf einen älteren Bock hinweisen als dünnere, lange. Ist der Pinsel deutlich zu sehen, handelt es sich meist um einen Bock, der fünf Jahre oder älter ist.

Hodensack und Gesäuge

Bei älteren Böcken kann auch die Färbung des Hodensacks Aufschluss über das Alter geben. Für die Erkennung dieser beiden Merkmale muss sich der Jäger in einer günstigen Position befinden. Der Hodensack ist bei Böcken spätestens ab dem dritten Lebensjahr zumindest im Sommerhaar sichtbar. Bei reifen Böcken weist er das ganze Jahr über eine mehr oder weniger stark ausgeprägte Pigmentierung auf, während dies bei jüngeren Böcken nicht der Fall ist.

Da Gamsgeißen im alpinen Lebensraum mit vier Jahren ihr erstes Kitz setzen, ist ab diesem Alter über den Sommer bei führenden Geißen meist das Gesäuge zu erkennen. Die Größe des Gesäuges sagt aber nicht immer mit Sicherheit aus, ob die Geiß führend ist oder nicht.

HINWEIS

Nicht jede Geiß setzt erstmals mit vier Jahren. Oftmals setzen bereits jüngere Tiere bzw. kann das erste Kitz auch später gesetzt werden.

Verhaltensmerkmale

Auch das Verhalten kann Anhaltspunkte über das Alter eines Tieres liefern. Junge Stücke verhalten sich oft neugierig gegenüber Störungen durch den Menschen. Vor allem Jahrlingstrupps kann man sich mitunter weit nähern, bis sie recht unentschlossen etwas zurückweichen. **Je älter ein Tier** wird, **desto vorsichtiger ist es meist**. Hier gilt es allerdings, die gebietsweise sehr unterschiedlichen Fluchtdistanzen zu berücksichtigen.

Alte Tiere bevorzugen das ungestörte, oftmals einzelgängerische Leben, wobei sich Geißen gerne am Rand des Rudels aufhalten oder etwas abseits stehen. Es ist aber interessant zu beobachten, wie sich die Rudelmitglieder dennoch immer wieder am Verhalten solcher Tiere orientieren. Bei Böcken ist hier größere Vorsicht geboten. Lebensraumbedingt können sich vielerorts auch schon vier- bis fünfjährige Tiere wie Einzelgänger verhalten. In gut strukturierten Beständen zeigen junge bis vierjährige Böcke in der Brunft eine gewisse Inaktivität und versuchen Auseinandersetzungen noch auszuweichen (was nicht bedeutet, dass sie von Platzböcken nicht auch gehetzt werden). Die größte Aktivität zeigen die vier- bis sechsjährigen Böcke, die mit Abstand die höchste Rate an Hetzjagden aufweisen. Ältere Böcke verhalten sich in der Brunft wieder etwas ruhiger. Dies zeigt, wie wichtig ein gewisser Anteil von älteren Böcken in der Gesamtpopulation ist. Dadurch verläuft die Brunft ruhiger, da sich weniger mittelalte Böcke daran beteiligen.

Am spielerischen Verhalten der Kitze beteiligen sich zwar vorrangig jüngere Tiere, doch lassen sich mitunter auch ältere Stücke davon anstecken.

ANSPRECHEN DES STEINWILDES

Das Ansprechen nach dem Geschlecht wird beim Steinwild ab dem dritten Lebensjahr keine größeren Probleme mehr bereiten. Die Böcke lassen sich ab diesem Zeitpunkt durch die wesentlich stärkeren Hörner und die bereits ausgeprägten ersten Schmuckleisten nun relativ einfach ansprechen. Weiters beginnen sie sich ab diesem Alter im Winter durch das nun von Jahr zu Jahr meist immer dunkler werdende Haarkleid von den Geißen zu unterscheiden.

Bei Jahrlingen kann sich die geschlechtsspezifische Unterscheidung auf größere Entfernung noch schwierig gestalten. Zwar sind die Hörner stärker, und je nach Alter sind bereits eine oder zwei mehr oder weniger stark ausgeprägte Schmuckleisten ausgebildet, was aber bei Beobachtungen bei schlechterem Licht nicht immer klar zu erkennen ist. Kitze lassen sich in vielen Fällen bereits zu Beginn des Winters durch die unterschiedliche Größe und Stellung der Hörner (Geißkitze zeigen meist eine leichte Drehung an der Spitze nach innen, während sich die Hörner von Bockkitzen fast immer nach außen drehen), mit Sicherheit aber erst ab Mitte Mai (also erst nach fast einem Jahr), unterscheiden.

Die Böcke

Im Gegensatz zum Gamswild stellt das **Gehörn** beim Steinbock sicherlich **eines der wichtigsten Ansprechmerkmale** dar. Zwar lässt sich vor allem bei wirklich alten Stücken (> zwölf bis 13 Jahre) das genaue Alter mit Sicherheit erst am toten Tier feststellen, durch die großen Hornzuwächse zumindest bis zum zehnjährigen Bock bleiben aber auch in freier Wildbahn meist keine sehr großen Zweifel offen. Die Jahresringe lassen sich bei gutem Licht sogar auf größere Entfernungen noch gut erkennen. Am deutlichsten sind sie seitlich oder an der Hinterkante des Horns ausgeprägt. Im Profil lassen sich an diesen Stellen auch leichte Einkerbungen im Horn erkennen, an denen auch die Krümmung des Hornes entsteht.

Bei alten Böcken ist die Hornspitze häufig stark abgenutzt oder sogar abgebrochen. Dies sollte weiter keine Schwierigkeiten bereiten, wenn man sich einprägt, dass meist nach einer kleineren und der ersten vollständig ausgebildeten **Schmuckleiste** das Jahrlingsalter beendet worden ist bzw. zwischen dritter und vierter Schmuckleiste der Bock zweieinhalb Jahre alt war.

Durch die entstehenden **Schmuckknoten** besitzt der jüngere Bock im Profil einen dreieckig, fast aufgewölbt wirkenden Kopf, was ab dem fünften bis sechsten Lebensjahr abnimmt, da die Schmuckknoten nun schwächer ausgebildet werden. Als grobe Altersansprache kann bis zu diesem Alter auch die Anzahl der Schmuckleisten, dividiert durch zwei, herangezogen werden. Spätestens nach der zehnten Jahresfurche (also im Alter von neuneinhalb Jahren) ist der jährliche Hornzuwachs eigentlich immer geringer, als das Horn breit ist, und wirkt daher schmal (scheibenförmig).

Der typische **Kinnbart** ist beim zweijährigen Tier schwach angedeutet, deutlicher aber erst beim dreijährigen Bock zu erkennen.

Da die körperliche Entwicklung des Steinwildes nur sehr langsam vor sich geht, eignet sie sich ebenfalls zur Altersschätzung am lebenden Tier. Selbst fünfjährige Böcke wirken im Vergleich zu älteren noch jugendlich. Das Haupt erscheint von der Seite noch dreieckig, Bauch und Vorschlag sind noch relativ gering ausgebildet. Die körperliche Reife wird erst ab dem achten Jahr erreicht. Jetzt wirkt der Bock vor allem im Herbst wuchtig und träge. Der Träger wird bereits tiefer getragen und bildet etwa ab dem zehnten Lebensjahr wie beim Gams mit der Rückenlinie fast eine Gerade.

Beim Ansprechen sollte auch die **Färbung** der Tiere im Winterkleid Berücksichtigung finden. Bis zum dritten Lebensjahr ähnelt der Bock farblich den Geißen, was sich aber mit zunehmendem Alter ändert, da die Färbung immer dunkler wird. Reife Böcke zeigen im Winter eine stark dunkelbraune Decke (gelegentlich fast Schwarzbraun), wobei sich die helle Unterwolle vor allem im Nacken bei Bewegungen des Hauptes deutlich abhebt. Bei sehr alten Tieren wird die Deckenfärbung wieder heller, allerdings geht sie nun etwas mehr ins Graue.

Wie beim Gams wirkt der Körper bei Tieren im Greisenalter ausgemergelt, was durch das Schwinden der Muskulatur bedingt ist. Das Haupt erhält dabei einen knochigen Ausdruck, und die Schulterpartie tritt hervor. Je älter ein Bock, desto stärker geht nach den Vorderläufen der Körper fast in gleichen Linien in den Träger über, der Brustkern kann dann sehr imposant ausgebildet sein. Sehr alte Steinböcke suchen sich immer wieder abgelegene Plätze, die sie sehr standorttreu beibehalten und zeigen nur mehr ein weniger ausgeprägtes Raumverhalten.

Nach dem Verhalten zeigen jüngere Böcke wesentlich mehr „aggressiver“ angelegte Verhaltensweisen, wie Schlagkämpfe. Dagegen ist bei älteren Böcken ein viel ausgeprägteres Verhaltensrepertoire zu beobachten. In der Brunft verhält sich der ältere Bock beim Werben um eine Geiß wesentlich geduldiger, während sich jüngere Böcke oft durch ihr ungestümes Verhalten verraten.

Die Geißen

Das Ansprechen von Steingeißen ist ungleich schwieriger als das der Böcke. Bis zum dritten, mit viel Erfahrung auch bis zum vierten Lebensjahr kann eine Altersschätzung noch nach dem Gehörn einigermaßen gut durchgeführt werden. Danach werden allerdings die jährlichen Hornzuwächse gering, sodass das Horn für eine Alters-

Typische Böcke der III-Klasse. Kurze Hörner, hochläufig und schlank wirkend.

Jüngere Böcke lassen sich meist bald an den gegenüber Geißen stärkeren Hörnern erkennen.

Von links nach rechts: Jahrlingsbock, mittelalte Geiß, Kitz, Jahrling, zweijährige Geiß und Geiß der unteren Mittelklasse

Geiß der Mitteklasse: Körperlich ausgereift, das Haupt wirkt aber noch nicht wirklich alt.

Ein starker Bock der Klasse II im Herbst. Im Vergleich zu alten Böcken ist er aber noch hochläufiger.

Die Feistreserven im Spätherbst lassen die Böcke ungeachtet des Alters wuchtiger erscheinen.

Ein „Blender“: Brustkern und Horn täuschen einen etwas älteren Bock vor. Er ist aber erst sieben.

Mit neun Jahren ist er nun ausgereift, aber noch weit weg von wirklich alt.

Die noch vorhandene Winterdecke verdeckt vieles, der massige Träger verrät aber einiges. Dieser Bock wird im Frühsommer zehn Jahre.

Von der Seite täuscht die Hornlänge aufgrund von Krümmung oder Auslage oft. Erst auf den zweiten Blick erkennt man den zwölfjährigen.

Alte Geißen wirken im Verhältnis relativ kurzläufig.

Hervorragende Schulter, Brustkern, Masse und kurze Läufe – Geiß der Klasse I.

Das „Altersklassendilemma“: Diese Geiß könnte schon der Klasse I angehören, wirklich alt ist sie aber nicht. Solche erfahrenen Geißen sind aber in jedem Fall für die Population wichtige Stützen.

Von hinten lassen sich die Jahresringe deutlich erkennen.

Geübte erkennen auch von vorne an den Seiten der Hörner (Sicheln) die Jahresringe.

ansprache unbrauchbar wird. Selbst am erlegten Stück oder Fallwild ist es mitunter durch die Ausbildung von Trächtigkeitsfurchen schwierig, das Alter eindeutig festzulegen. Bei der Geiß muss also wesentlich mehr als beim Bock auf Körpermerkmale geachtet werden.

Da auch Geißen erst mit fünf Jahren völlig ausgereift sind, spielt der Habitus wieder eine wichtige Rolle. Sehr junge Tiere (ein und zwei Jahre) sind noch wesentlich schmächtiger als ältere Stücke und wirken dadurch leichter. Führt die Geiß ein Kitz, kann man im Regelfall davon ausgehen, dass sie zumindest vier Jahre alt ist. Mit zunehmendem Alter wird der gesamte Körper stärker, wodurch ältere Steingeißen fast quadratisch erscheinen. Die Masse des Trägers nimmt zu, der wie bei den Böcken mit zunehmendem Alter tiefer getragen wird. Bei alten Geißen scheint viel Gewicht noch auf den Hinterläufen zu lasten, gleichzeitig wird der Brustkern immer ausgeprägter. Ältere Steingeißen erscheinen im Sommer oft „bauchig“, später treten auch die einzelnen Körperpartien hervor, was den Körper sehnig erscheinen lässt. Im Winter wirken alte Geißen oft recht „kurzläufig“. Das Haupt bekommt auch bei Geißen einen knochigen Ausdruck. Sehr alte Geißen wirken wieder leichter, mit dünnerem Träger, und haben oft bereits einen sehr hellen Einschlag in der Decke.

An den Schmuckleisten lässt sich das Alter nicht exakt abschätzen – sie können sehr unterschiedlich ausgeprägt sein. Vielmehr eignet sich ihre Anordnung zur Wiedererkennung einzelner Tiere.

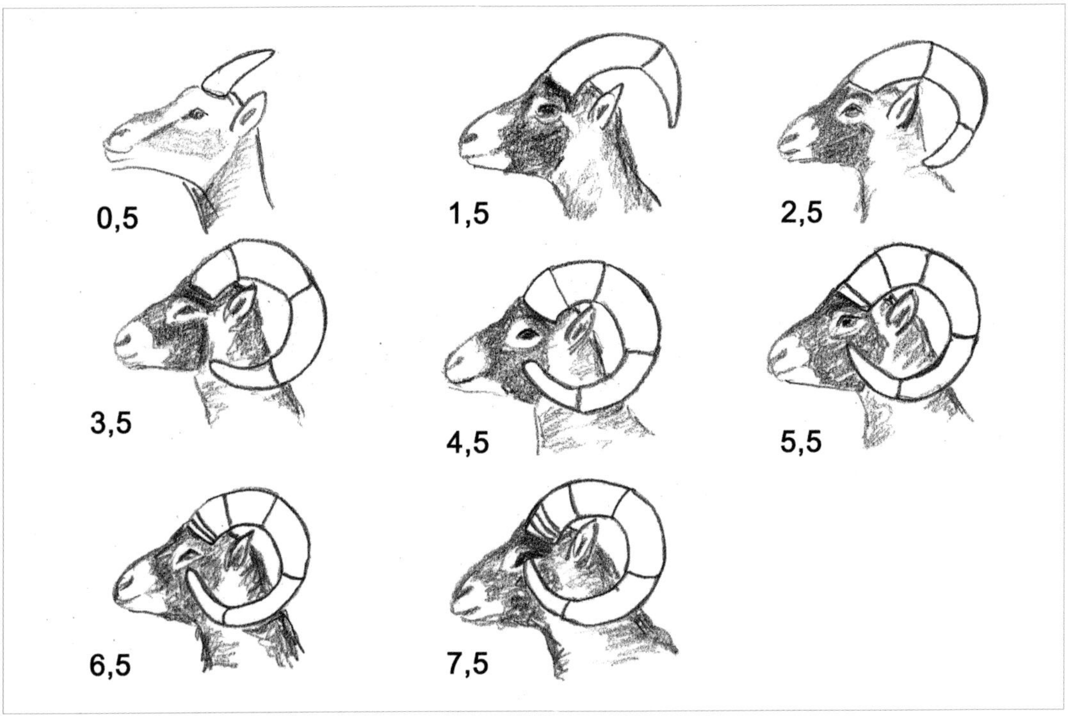

Schneckenwachstum bei Muffelwiddern mit angegebenen Lebensjahren

ANSPRECHEN DES MUFFELWILDES

Von den drei Hornträgern lässt sich Muffelwild vergleichsweise noch am leichtesten ansprechen. Bei den Widdern ist zumindest innerhalb der jeweiligen Kolonien das Schneckenwachstum recht konstant und bei den Schafen entwickelt sich bei älteren Tieren ein recht markantes „Altersgesicht“. Muffellämmer wachsen allerdings relativ schnell und können schon im Herbst bis zu 90 % der Körperhöhe ihrer Mütter erreichen.

Ansprechen der Muffelwidder

Hauptansprechmerkmale bei den Muffelwiddern sind neben den Schneckenmerkmalen der Habitus wie auch bedingt das Verhalten, weniger sicher sind die Brunftmähne und Gesichtsmaske sowie der Sattelfleck (falls überhaupt vorhanden). Bereits jüngere Widder können schon eine beachtliche Brunftmähne tragen und das Größerwerden des Weißanteiles an der Gesichtsmaske ist ebenfalls kein sicheres Alterszeichen, da es große individuelle Unterschiede gibt.

Lämmer haben noch keinen **Sattelfleck**, bei Jahrlingen ist er schon deutlich und bei älteren Widdern deutlicher abgegrenzt, wobei der Sattelfleck auch vollkommen fehlen kann („Schwärzlinge“). Vom Habitus ist ein Jahrlingswidder ungefähr gleich stark wie ein Schaf, ältere Widder sind deutlich stärker. Bei älteren Widdern senkt sich auch die Bauchlinie, sie wirken kurzläufiger, Haupt und Träger werden wuchtiger, bei reifen Widdern wird der Träger waagrechter getragen und das Haupt „nickt“ beim Ziehen. Reife Widder ziehen öfters auch einzeln oder in Kleinstrudeln.

Die **Trophäen** zeigen eine große Vielfalt. Diese genetische Variabilität sollte unbedingt erhalten bleiben, eine Selektion auf bestimmte Merkmale sollte unterbleiben. Die Schneckenlänge bzw. Höhe der Spitzen im Verhältnis zu den Lichtern kann daher nicht unbedingt zur Altersansprache herangezogen werden. So kann ein alter Widder mit weiter Auslage und starker Drehung nie mit den Spitzen Lichterhöhe erreichen. Die Altersansprache von Lämmern und Jahrlingen kann grundsätzlich nach der Schlauchlänge erfolgen:

Beim Widderlamm beginnt das Schneckenwachstum zwischen dem dritten und fünften Lebensmonat und das Wachstum ist in den ersten drei Lebensjahren weitaus am größten. Von Jahr zu Jahr nimmt das Längenwachstum der Schnecken ab und im höheren Alter ist der Zuwachs nur mehr gering, wobei dann sogar die Abnutzung der Schneckenspitze größer sein kann als der Zuwachs. Im November/Dezember des ersten Lebensjahres stagniert das Schneckenwachstum für einige Wochen, was die erste Einschnürung in Form einer **Jahresrille** bewirkt. Bis dahin kann die Schneckenlänge von gut veranlagten Widderlämmern zwischen rund 20 und 25 cm betragen (monatlicher Zuwachs von 3–4 cm!). Im Herbst kann es allerdings bereits zu Überschneidungen der Schlauchlänge von schlecht veranlagten Jahrlingen und starken Lämmern kommen. Die Bereiche zwischen den Jahresrillen werden als Jahresabschnitte (fälschlich „Monatsring") bezeichnet und durch Störungen des Hornwachstums kann es auch zu sogenannten Pseudojahresrillen (vgl. Stressfurchen beim Steinbock) kommen. Generell kann davon ausgegangen

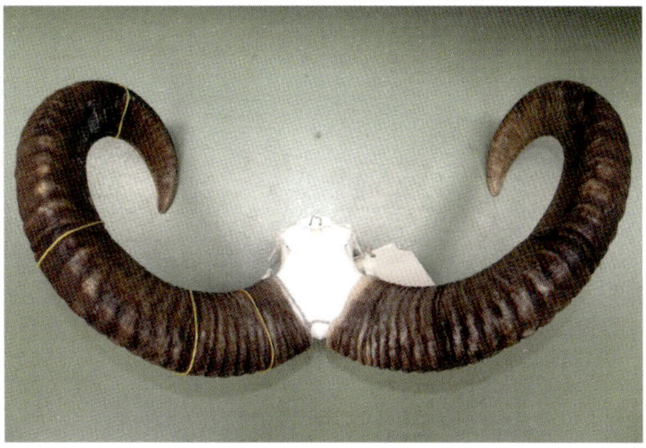

Muffelschnecke mit markierten Jahresrillen

werden, dass neben der Schneckenlänge auch die Breite der **Schmuckwülste** an der Schneckenbasis ein Altersmerkmal sind. So liegen i. d. R. die Schmuckwülste bei alten Widdern deutlich enger zusammen als bei jüngeren.

Ansprechen von Muffelschafen

Das Haupt von Schmalschafen wirkt gegenüber jenem von Lämmern schon länger und nicht so hochstirnig, aber noch jugendlich, der Träger

Nach der Schneckenlänge acht- bis neunjähriger Muffelwidder – die grobe Rillung der Schnecken und der Körperbau lassen aber daran zweifeln – im Vordergrund Schmalschaf.

Fünfjähriger Muffelwidder, schon leicht durchhängende Bauchlinie

Dreijähriger Widder, Schmalschaf und Zweijähriger (wirkt noch „hochläufig")

Vierjähriger und dreijähriger Muffelwidder – die Ausprägung der Brunftmähne nimmt i. d. R. bis zum vierten Jahr zu.

Muffellamm, Schmalschaf und Altschaf – das Schmalschaf mit kurzem, spitzem Haupt und ohne durchhängende Bauchlinie.

Schwacher Jährlingswidder, Schmalschaf, Altschaf und Altschaf mit Stümpfen Mitte April

Schwacher Zweijähriger, Altschaf, Lamm, Schmalschaf und Jahrlingswidder Anfang Mai

Dreijährige Widder, Schmalschaf und Altschaf

wirkt schlank und das Haupt wird am aufrechten Träger getragen, sie sind lebhaft im Rudel und **fest an das Rudel gebunden**. Bei mittelalten Schafen wird das Haupt noch länger, die Bauchlinie beginnt durchzuhängen und sie wirken im Rudel ruhiger. Das Haupt von alten Schafen wirkt kantig, trocken, oft sogar greisenhaft, die Rückenlinie beginnt stärker durchzuhängen und es entwickelt sich ein Hängebauch, vom Verhalten her sind alte Schafe vorsichtig und aufmerksam, sie unterbrechen auch häufig das Äsen.

Schafe können kleine Hörner („Stümpfe") tragen, die maximal 20 cm lang werden. Die Häufigkeit solcher Schafe mit Stümpfen ist in den unterschiedlichen Beständen verschieden hoch.

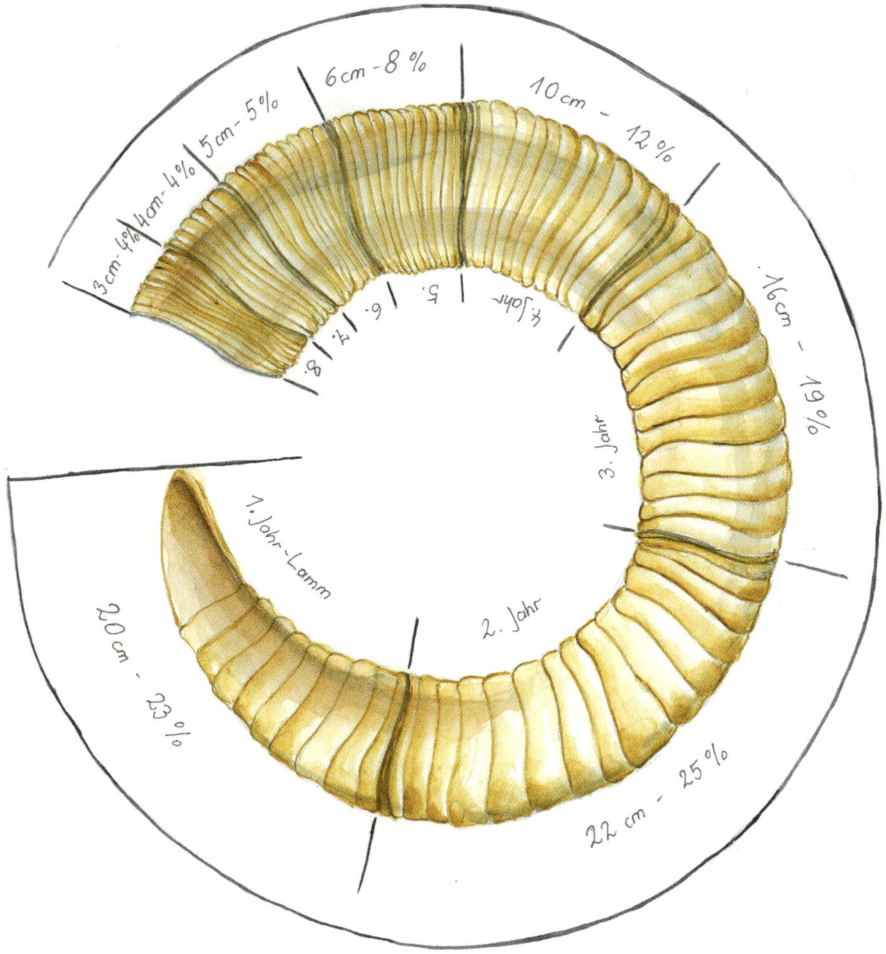

Jährliches Wachstum (in cm und %) einer Muffelschnecke (nach STUBBE u. UHLENHAUT, 1971)

VERSORGUNG DES ERLEGTEN WILDES – WILDBRETHYGIENE

Die Jagd auf Wild unter alpinen Bedingungen unterscheidet sich in einigen wesentlichen Punkten von der Jagd im Flachland. Man denke nur an oft extrem weite Schüsse in deckungsarmem und steilem Gelände oder an lange und oft schwierige Transportstrecken. Bei der Bergjagd ist auch das Risiko des mikrobiellen Verderbs oder der stickigen Reifung erhöht (verzögertes Aufbrechen, Transport im Rucksack, verzögerte Kühlung usw.).

WILDBRETQUALITÄT UND -HYGIENE

Für **„Wildbretqualität“** gibt es keine allgemeinverbindliche Definition, da der Erzeuger, der Verarbeiter, der Ernährungswissenschaftler, der Hygieniker und letztlich der Konsument teilweise unterschiedliche Vorstellungen davon haben. Qualitätsabweichungen beim Fleisch sind vielgestaltig. Neben substantiellen (stickige Reifung,

Vielen ist nicht bekannt, dass Muffelwild exzellentes Wildbret liefert.

Farbabweichung, Fliegenmaden) und sensorischen Veränderungen (z. B. Brunftbock) sowie Rückstandsbelastungen (Schwermetalle und Pestizide) spielen beim Wildbret besonders mikrobiologische Abweichungen (Oberflächen- und Tiefenfäulnis, Verderb) eine Rolle. Den mikrobiologischen wie auch substantiellen Abweichungen gehen meist Fehler vom Aufbrechen über den Transport bis zur Lagerung voraus.

Unter **Wildbrethygiene** sind vor allem jene Maßnahmen zu verstehen, die in erster Linie vom Jäger getroffen werden müssen, damit sich das Wildbret in einem sauberen und für den Verzehr geeigneten Zustand befindet. **Grundlagen** dafür sind

- eine fachgerechte Aus- und Weiterbildung der Jäger und kundigen Personen,
- die strikte Einhaltung der Hygieneregeln im Umgang mit erlegtem Wild,
- Investitionen in Kühleinrichtungen in den Revieren,
- weiterführende Diagnosen bei Verdacht auf Infektionskrankheiten,
- Kontrollen sowie
- keine „kulante" Wildübernahme von Wildbret seitens der wildverarbeitenden Betriebe.

Deutliche Geschmacksunterschiede

Geschmack und Geruch des Wildbrets sind artspezifisch und u. a. von nachstehenden Faktoren abhängig:

- Alter (Fleisch jüngerer Tiere ist in seiner Struktur bedeutend zarter) und
- Jahreszeit der Erlegung (im Herbst und Winter allgemein schmackhafter; zur Brunftzeit von spezifischem, intensiverem Geruch und Geschmack).

Zusätzlich beeinflussen die Äsungs- bzw. Fütterungsverhältnisse, der Gesundheitszustand und besonders der Fettgehalt (inter- und intramuskuläres Fett ist Träger von Geschmacksstoffen!) die Qualität und damit auch den Geschmack des Wildbrets. In der Auswahl der zahlreichen Äsungspflanzen in freier Wildbahn bestehen neben individuellen Vorlieben deutliche Unterschiede zwischen Wildarten und auch Lebensräumen, was vermutlich zusätzliche Geschmacksvariationen bedingt. Selbst Milch und Käse von gealpten Kühen weisen gegenüber Produkten von in Niederungen gehaltenen Milchkühen deutliche Geschmacksunterschiede auf, die auf den höheren Gehalt von Terpenen und ätherischen Ölen aus den Futterpflanzen zurückzuführen sind. Alm-Milch enthält auch mehr Zink, Mangan, Eisen, ungesättigte Fettsäuren sowie Aminosäuren. Wildtiere haben neben Gräsern und Kräutern auch Sträucher, Laub- und Nadelbäume im Äsungsspektrum, was zusätzlich geschmacklich wahrgenommen werden kann.

Das **beste Wildbret** unserer Hornträger **liefert das Muffelwild.** Das Fleisch von jungen Stücken schmeckt nicht nach Schaf, ist hell, zartfaserig und sehr saftig. Das Fleisch des Gamswildes ist dunkel, hocharomatisch, zum Teil sehr fett bis talgig und bei älteren Stücken von etwas strengem Geschmack. Für die Küche geschätzt werden besonders Kitze und Jahrlinge. Aus älteren Stücken werden vornehmlich Ragout oder Gulasch zubereitet oder auch vorzügliche Rohwürste produziert. Wildbret vom Steinwild ist langfaserig und schmeckt kräftig-würzig, manchmal etwas fett bis talgig.

Selbst wenn man beim in der Brunft erlegten Gamsbock die Brunftfeigen (oder das Haupt) und das Kurzwildbret mit einem entsprechend großen umliegenden Deckenstück entfernt, bleibt der arteigene Brunftgeruch und -geschmack erhalten und beeinträchtigt die Wildbretqualität.

Der Jäger als Lebensmittelunternehmer

Wildbret wird in Europa erst seit zwei Jahrzehnten nach einigermaßen einheitlichen Kriterien beurteilt. Diese Regelungen haben zur Besserung des Rufes von Wildbret beigetragen, sie wären nur noch flächendeckend umzusetzen, effizienter zu kontrollieren und bei Fehlverhalten Einzelner auch entsprechend zu sanktionieren.

Jäger sind sich ihrer Rolle als Lebensmittelunternehmer in der Behandlung des von ihnen erlegten Wildbrets noch nicht immer bewusst. Verwunderlich ist auch, dass viele Jäger zumindest in der Gastronomie nie oder nur selten Wildbretgerichte verspeisen. Wir müssten zu unserem Produkt stehen und dies auch praktizieren. Negative (eigene) Erlebnisse im Zusammenhang mit der Wildbrethygiene sind zu überwinden, Eigenkontrollen sind zu verstärken und bei der Ablieferung von Wild an den Handel muss noch stärker selektiert und damit noch mehr Untaugliches entsorgt werden. Das alte Motto „Etwas Patronengeld ist es auch noch", darf heute beim Inverkehrbringen von Wildbret nicht mehr gelten!

Aktuelle Rechtssituation, „Hygienepaket"

Am 1. Januar 2006 trat das europäische Lebensmittel-Hygienepaket, bestehend aus drei EU-Verordnungen (EU-VO Nr. 852/2004, 853/2004 und 854/2004), in Kraft. Grundtenor dieses „Hygienepaketes" ist das Abweichen von starren Normen, dafür aber eine Steigerung der Verantwortung jedes Lebensmittelunternehmers (= Jäger) und ein hohes Schutzniveau für den Verbraucher durch die Sicherung der Lebensmittel von der Primärproduktion (= Jagd) bis zur Abgabe an den Verbraucher. Jäger, selbst wenn sie kein Wild direkt vermarkten, sondern an einen Wildhändler abgeben oder nur verschenken, sind nun nach der Lebensmittelhygiene-Verordnung (EU) 178/2002 Lebensmittelunternehmer.

Mit der Vereinheitlichung des Hygienerechtes für Lebensmittel im „Hygienepaket" ergaben sich ab 1. Januar 2006 auch **wesentliche Änderungen** gegenüber der Wildfleischrichtlinie aus dem Jahr 1992 im Hinblick auf die Untersuchung von Wildbret. So wurde

- die Organbeurteilung erweitert,
- die Beurteilung von Schalenwild auch bei Abgabe an den Endverbraucher eingeführt,
- die Verantwortung des Jägers erhöht,
- die Direktvermarktung neu geregelt und
- „besonders geschulte Hilfskräfte" werden nun „kundige Personen" genannt.

Auf allen Stufen der Lebensmittelerzeugung ist eine **Rückverfolgbarkeit der Produkte** (inklusive Dokumentation!) gefordert. Völlig unverständlich sind daher regionale jagdpolitische Tendenzen, welche bis heute eine Bescheinigung für erlegtes Wild („Wildbretanhänger") oder die Schulung der Jäger für unnötig erachten.

> **HINWEIS**
>
> Vollkommen ausgenommen von den Bestimmungen dieser EU-Rechtsnormen ist die Primärproduktion für den privaten häuslichen Gebrauch (wie die „Hausschlachtung" bei landwirtschaftlichen Nutztieren).

Direktvermarktung

Direktvermarktung ist die **direkte Abgabe kleiner Mengen von Primärerzeugnissen** durch den Erzeuger an den Endverbraucher oder an lokale Einzelhandelsgeschäfte, die die Erzeugnisse unmittelbar an den Endverbraucher abgeben. Diese Form des Inverkehrbringens ist durch nationale Rechtsbestimmungen zu regeln. Nicht zuletzt mit der steigenden Direktvermarktung von Wildfleisch ist auf die Verantwortung des Lebensmittelunternehmers „Jäger" hinzuweisen.

Spezifische Hygienerisiken bei der Jagd unter alpinen Bedingungen

Derartige Hygienerisiken resultieren vor allem aus folgenden Gründen:

- Weite Schüsse mit rasanter Munition
- Sitz des Schusses („Weichschuss" mit Verletzung des Magendarmtraktes)
- Transport des erlegten Wildes in schwierigem Gelände
- Verzögertes Aufbrechen/Ausweiden
- Verzögerte Kühlung im Sommer oder Gefrieren der Wildkörper im Winter
- Steigende Anzahl von Bewegungsjagden (Stöberjagden)
- Hohe bzw. steigende Prävalenz von Infektionskrankheiten (z. B. ParaTbc, Tbc)

Maßnahmen zur Reduktion der Hygienerisiken

Mit dem Aufstellen von zehn wesentlichen kritischen Punkten, aus denen Gebote für die Wildbrethygiene ableitbar sind, sollte Jägern eine Hilfestellung und Gedächtnisstütze für die fachgerechte Gewinnung von Wildbret gegeben werden, wobei darüber hinausgehende rechtliche Bestimmungen zur Wildfleischhygiene natürlich zusätzlich zu berücksichtigen sind.

10 GEBOTE (KONTROLLPUNKTE) DER WILDBRETHYGIENE (DEUTZ, 2000)

1. **Ansprechen vor dem Schuss = „Lebenduntersuchung"** (Verhalten, Konstitution)
2. **Jagdmethode** (Ansitz, Pirsch, Bewegungsjagd, Jagddruck)
3. **Schuss** (Kaliber, Entfernung, Sichtverhältnisse, Sitz des Schusses)
4. **Äußerlich feststellbare Veränderungen** (z. B. Räude, alte Verletzungen, Abszesse)
5. **Aufbrechen** (unverzüglich, sorgsam, sauber)
6. **Innerlich feststellbare Veränderungen** (Organe, Körperhöhlen, Muskulatur)
7. **Ausschweißen, Reinigen** (nur Wasser von Trinkwasserqualität verwenden)
8. **Auskühlen** (vor Insekten geschützt)
9. **Transport** (Gefahr der stickigen Reifung)
10. **Lagerung, Kühlung, Verarbeitung** (Wildkammer, Kühlraum, Arbeitshygiene)

„Ansprechen" (= Lebenduntersuchung)

Bereits beim Ansprechen des Wildes sind das Verhalten, die Konstitution sowie allfällige Veränderungen, die auf Gesundheitsstörungen (z. B. ZNS-Störungen, Husten, Durchfall ...) hinweisen können, zu beurteilen und im späteren Umgang mit dem erlegten Stück zu berücksichtigen. **Kriterien für das Ansprechen von Wild** in freier Wildbahn durch den Jäger vor dem Erlegen sind hauptsächlich die Beurteilung bzw. die Beobachtung folgender Merkmale bzw. Symptome:

- Ernährungszustand
- Körperhaltung
- Reaktionen auf Artgenossen oder Menschen
- Haarkleid
- Sichtbare Verletzungen
- Lautäußerungen
- Körperöffnungen
- Augen- bzw. Nasenausfluss
- Durchfall oder zentralnervale Symptome

In alpinen Lebensräumen treten speziell bei Gams- und Steinwild als lebensmittelhygienisch zu berücksichtigende Krankheiten Räude, Infektiöse Keratokonjunktivitis („Gamsblindheit"), Lippengrind oder Moderhinke (nur bei Steinwild) auf. Häufig sind auch meist primär durch einen Lungenwurmbefall bedingte (abszedierende) Pneumonien oder Pleuropneumonien.

Jagdmethode

Die Jagdart hat einen wesentlichen Einfluss auf die spätere Wildbretqualität. Auf Gams- und Steinwild wird überwiegend die Pirsch- und Ansitzjagd, auch in Kombination, ausgeübt. Muffelwild wird auch im Zuge von Bewegungsjagden (Stöberjagden, Treibjagden) erlegt. Wildbrethygienische Risiken bei Bewegungsjagden sind der häufig schlechtere Sitz des Schusses und das meist verzögerte Aufbrechen sowie ein verspätetes Kühlen (Streckenlegung!). Bei Gams- und Steinwild sind Weichschüsse durch die weiten Schussentfernungen und oft schlechten anatomischen Kenntnisse der Schützen auch häufiger als bei Reh- und Rotwild.

Schuss

Sowohl das verwendete Kaliber und Geschoss, die Schussentfernung und die Sicht als auch der davon beeinflusste Sitz (Auftreffpunkt) des Schusses haben große Bedeutung für die spätere Wildfleischqualität. Im Gebirge erfolgen die Schüsse häufig auf große Entfernungen mit rasanten Kalibern. Besonders Reh- und Gamswild gelten aufgrund ihres lockeren Bindegewebes als „schussweich", d. h., für diese Wildarten zu starke oder rasante Kaliber verursachen nicht nur umfangreiche Hämatome, sondern bei Weichschüssen auch einen Eintrag von Bakterien tief zwischen die Muskelschichten und Faszien. Derartige Kontaminationen sind auch im Zusammenhang mit den steigenden Nachweisraten von aggressiven Colikeimen (VTEC, EHEC) beim Wild zu sehen. Die Lage der Innenorgane bei Wildtieren wird häufig falsch eingeschätzt und erfordert z. B. bei einem Gams im Winter durch das lange Haarkleid auch höhere anatomische Kenntnisse des Schützen.

Bereits beim Ansprechen ist auf Auffälligkeiten zu achten.

Die Anzahl und Lage der Schusswunden sowie die verwendeten Kaliber und Geschosse haben ebenfalls einen Einfluss auf den Keimgehalt des Wildbrets und somit auf die Haltbarkeit. Über die Einschuss- und Ausschusswunden ist ein verstärktes Eindringen von Keimen möglich. Anzeichen vom Verderb des Wildbrets treten meist zuerst an den Teilen des Wildkörpers auf, an denen sich Schusswunden befinden. Schmutz und Bakterien dringen beim Schuss und Transport von der Oberfläche in die Muskulatur ein und können kurzfristig zum Verderb führen. Nach dem Schuss können erlegte Stücke in steilem Gelände abstürzen, was zur Entwertung oder Untauglichkeit des Wildfleisches führen kann.

Äußerlich feststellbare Veränderungen

Nach den äußerlich feststellbaren Veränderungen, soweit noch nicht beim Ansprechen beobachtet, wie Räude, Verletzungen, Geschwülste, Gelenksentzündungen, Abszesse, Durchfallspuren, und dem Sitz des Schusses richten sich die weiteren Vorgangsweisen vom Aufbrechen bis zur Untersuchung und Verwertung.

Ältere, nicht im Zusammenhang mit der aktuellen Jagd stehende Verletzungen haben größte wildbrethygienische Bedeutung, da Entzündungs- und Eiterherde von infizierten Wunden häufig streuen und Abszesse in anderen Körperregionen hervorrufen können. Veränderungen wie alte Laufverletzungen dürfen nicht entfernt werden, sondern müssen für eine tierärztliche Fleischuntersuchung zur Verfügung stehen, falls das Stück in Verkehr gebracht werden soll.

Aufbrechen

Die spätere Wildbretqualität hängt in hohem Maße vom Anfangskeimgehalt der Fleischoberflächen, und dieser besonders vom Sitz des Schusses, der Arbeitshygiene beim Aufbrechen und dem Zeitraum zwischen Erlegen und Aufbrechen sowie dem Zeitraum bis zur Kühlung ab. Der Zeitraum zwischen dem Erlegen und Aufbrechen sollte daher möglich kurz (ideal innerhalb von 30 Minuten) gehalten werden.

Die Frage nach der besseren Aufbrechmethode zwischen „Ringeln“ (Umschneiden des Enddarmes im Becken) oder Öffnen der Beckensymphyse

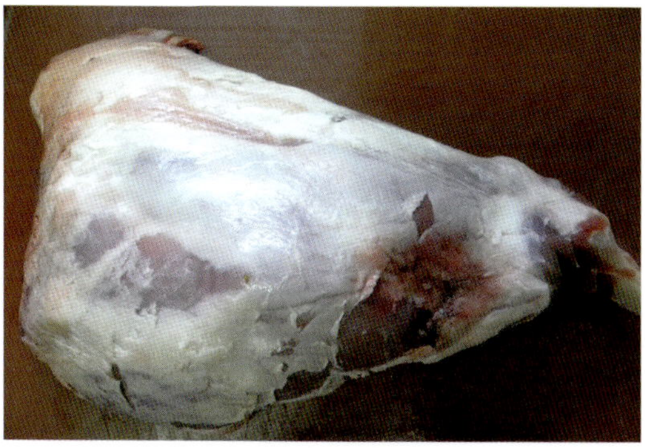

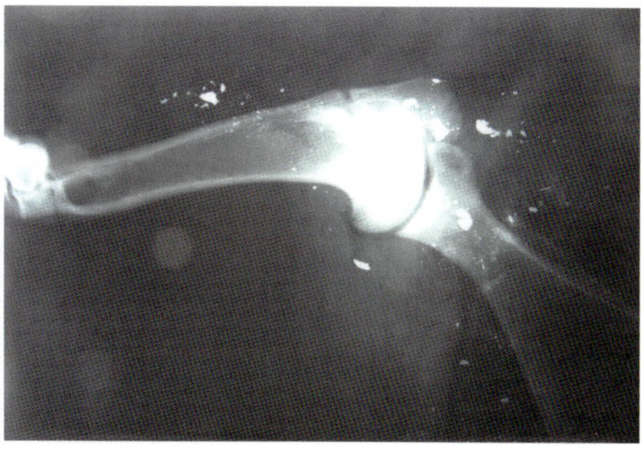

Schulter einer Steingeiß, nur einzelne Geschosssplitter sichtbar (links) – Röntgenbild derselben Schulter, massive Bleikontamination (rechts)! (Kaliber 30.06), Kegelspitz

kann nicht eindeutig beantwortet werden, da beide Methoden gewisse Vorzüge, aber auch Nachteile haben. Beim **Ringeln** wird die innere Keulenmuskulatur nicht durch unsachgemäßes Arbeiten (Abkommen von der Mittellinie, Verschmutzung) gefährdet, und trocknet auch nicht oberflächlich aus bzw. verfärbt sich nicht. Dafür besteht jedoch bei ungeübtem Vorgehen die Gefahr der Verunreinigung der Beckenhöhle durch Anschneiden des Enddarmes bzw. der Harnblase. Häufig verbleiben auch Reste des Rektums im Becken.

Das **Öffnen des Schlosses** gewährleistet ein übersichtliches Arbeiten und rasches Auskühlen, birgt jedoch die oben angeführten Nachteile (Verfärben und Austrocknen der Keuleninnenseiten). Aus Sicht der Autoren ist bei einer Abwägung dieser beiden Methoden das Öffnen des Schlosses (Beckennaht) günstiger. Beim Jagen in alpinem Gelände und längeren Bringungswegen ist das Ringeln wegen der geringeren Verschmutzungsgefahr der Körperhöhlen und der Schlögelinnenseiten die Methode der Wahl. Bei Stücken

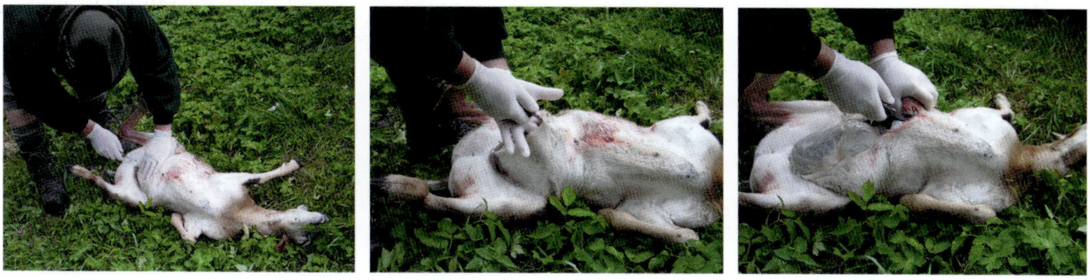

Beim Bauchschnitt darf der Magendarmtrakt nicht angeschnitten werden (Fingerschutz!), Handschuhe werden empfohlen.

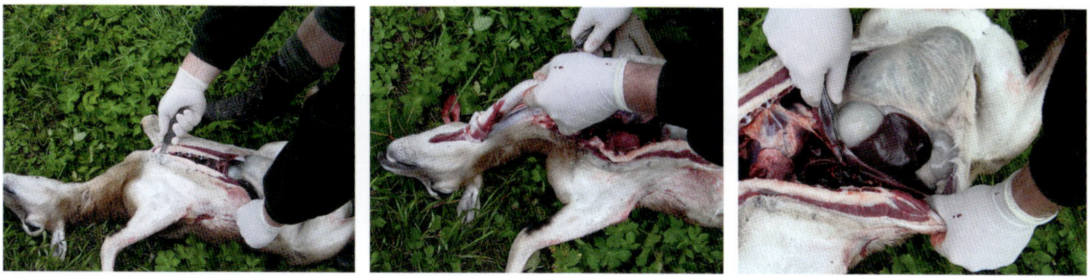

Ein Öffnen des Wildkörpers bis über den Kinnwinkel schafft Übersicht und ermöglicht ein rasches Auskühlen.

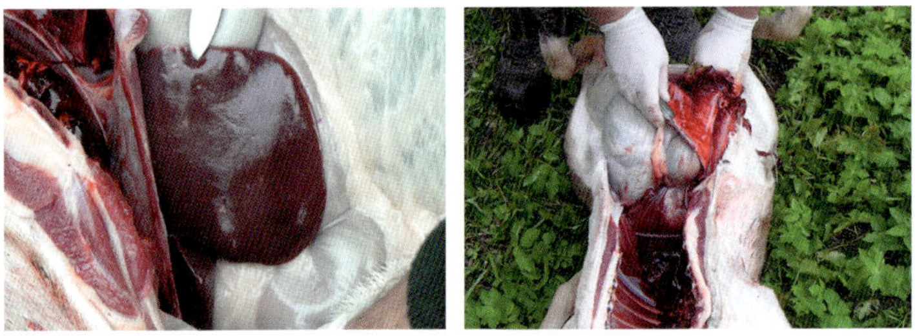

Brust- und Bauchorgane werden gemeinsam entnommen und dabei ist auf Veränderungen zu achten.

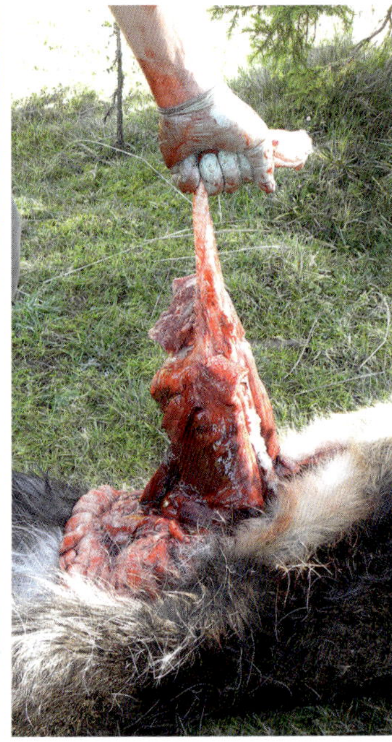

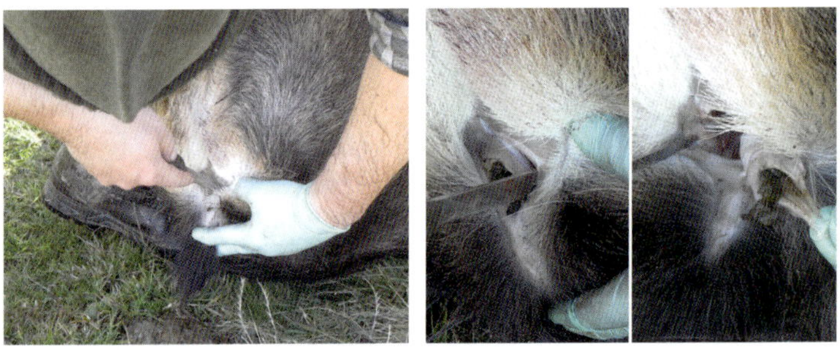

Beim „Ringeln“ wird der Weiddarm von außen umschärft und dieser Stumpf später durch die Beckenhöhle in die Bauchhöhle gezogen und mit dem restlichen Aufbruch entfernt; hohes Risiko der Kontamination des Messers und der Handschuhe mit Fäkalkeimen.

mit Durchfall verbietet sich logischerweise das Ringeln, da dadurch das Messer hochgradig verschmutzt werden würde.

Beim Aufbrechen von Gamswild kann die Krucke insofern dienlich sein, als man den aufzubrechenden Gams damit in Hanglage durch Einstechen in den Boden/Schnee fixieren kann. Sollte die Leber zubereitet werden, ist bei Gams-, Stein- und Muffelwild zu beachten, dass diese Wildarten eine Gallenblase besitzen, die vorzugsweise sofort beim Aufbrechen entfernt wird, um einen späteren bitteren Geschmack der Leber zu vermeiden.

Das durchgehende Öffnen des Wildkörpers vom Becken bis zum Kinnwinkel einschließlich des Brustkorbes sowie das Herauslösen der Zunge (Lecker) gewährleistet eine gute Übersicht beim Aufbrechen und fördert auch das rasche Auskühlen. Derartig aufgebrochene Stücke sind natürlich besonders sorgsam zu transportieren, um nicht die großflächig geöffneten Körperhöhlen zu verschmutzen.

Innerlich feststellbare Veränderungen

Beim Aufbrechen und bei der Untersuchung des erlegten Wildes haben der Jäger bzw. die kundige Person auch auf Auffälligkeiten zu achten, die darauf hindeuten, dass das Wildbret gesundheitlich bedenklich sein könnte. Innerlich feststellbare **Veränderungen** sind beispielsweise:

- Geschwülste oder Abszesse (besonders wenn sie zahlreich oder verteilt in den Eingeweiden oder der Muskulatur vorkommen)
- Schwellungen von Organen (z. B. Milz, Leber, Hoden)
- Rötungen (Entzündung?) oder Farbveränderungen von Organen
- Fremdinhalt in den Körperhöhlen
- Verfärbungen oder Verklebungen des Brust- oder Bauchfelles
- Verklebungen von Organen untereinander bzw. mit dem Brust- oder Bauchfell
- Abweichungen der Muskulatur in Farbe, Konsistenz oder Geruch

Unbedingt zu berücksichtigen sind beim Aufbrechen auch Veränderungen wie zahlreiche Knoten bzw. Abszesse sowie vergrößerte Lymphknoten, die u. a. auf Tuberkulose hinweisen können. Unbedingt notwendig sind beim Aufbrechen gute Lichtverhältnisse, wobei erforderlichenfalls eine Stirnlampe gute Dienste leistet.

Falls ein Stück mit Auffälligkeiten nicht entsorgt wird, sondern in Verkehr gebracht werden soll, so sind veränderte Organe unbedingt zur Untersuchung durch einen Tierarzt (Fleischuntersuchungstierarzt) mitzunehmen. Hier wird nochmals auf die Verantwortung des Jägers bzw. der kundigen Person sowie auf seine/ihre Haftung bei fahrlässigem Handeln hingewiesen.

Ausschweißen, Reinigen

Am aufgebrochenen Stück sind sichtbare Verschmutzungen, Verunreinigungen bzw. anhaftendes Blut (Schweiß) zu entfernen, was bei noch warmen Tierkörpern mit Wasser von Trinkwasserqualität (nicht abrinnendes Wasser verdampft; Tierkörper muss jedoch unbedingt hängen, um eine Pfützenbildung in den Körperhöhlen zu vermeiden) erfolgen soll bzw. bei bereits abgekühlten Tierkörpern durch Abtragen mit dem Messer zu geschehen hat. Gröbere Verunreinigungen (z. B. nach Weichschüssen) sind großzügig mit dem Messer auszuschneiden oder abzutragen. Ein Abwischen von Fleisch mit diversen Materialien ist zu vermeiden.

Auskühlen

Durch ein unverzügliches Aufbrechen wird erst eine Kühlung des Wildkörpers möglich. Das Auskühlen des Wildkörpers sowie das Abtrocknen der Körperhöhlenoberflächen müssen – vor Insekten geschützt – im Hängen stattfinden. Als Fliegenschutz eignen sich Netze. Die Lagerung des Wildes darf keinesfalls liegend erfolgen, da es ansonsten zu Pfützenbildung mit starker Keimvermehrung in den Leibeshöhlen und zu Absticken von Fleisch (meist die den Boden berührende Keulen- und Schultermuskulatur) kommen kann. Ein Drosselschnitt (Entfernung von Luft- und Speiseröhre mit Zunge) ermöglicht das Aufsteigen der warmen Luft aus der Bauch- und

Der Transport von erlegtem Wild ist im Gebirge oft schwierig.

Beim Auskühlen darf Wild nicht gefrieren.

Brusthöhle (Kamineffekt) und damit ein rascheres Auskühlen und verhindert ein Absticken der Halsmuskulatur. Beim Auskühlen im Winter ist aber ein Gefrieren des Wildbrets zu vermeiden, da gefrorenes und wieder aufgetautes Wildbret rasch mikrobiell verdirbt (Fäulnis).

Gamswild wird zu diesem Zweck vornehmlich an den Krucken oder auch an den Hinter- bzw. Vorderläufen luftig aufgehängt, Steinwild an einem Strick oder zumindest in steiler Hanglage am Rücken liegend gelagert. Falls sich der Jäger vom erlegten Stück entfernt, ist Vorsorge zu treffen, dass dieses nicht von Kolkraben oder vom Fuchs bzw. Adler angenommen wird. Das Hinterlassen einer Patronenhülse oder eines Taschentuches ist zumindest gegen das Anschneiden durch den Fuchs meist hilfreich.

Schonender und luftiger Transport

Erlegtes Wild ist ehestmöglich nach dem Erlegen in eine Sammelstelle oder in einen Wildverarbeitungsbetrieb zu verbringen, sofern keine reviereigene Kühlmöglichkeit (zwischen –1 und +7 °C) vorhanden ist. Zum Transport gehören zwei wesentliche Bereiche:

- Einerseits die Bringung vom Ort des Verendens und Aufbrechens zum Transportfahrzeug und andererseits
- der Transport zu einer geeigneten Kühleinrichtung.

Zum Schutz vor Fliegen hat sich das Auskühlen unter einem Netz bewährt.

Auch kleine Kühlzellen sind gut geeignet, nur sollte kein körperwarmes Wild nachgehängt werden.

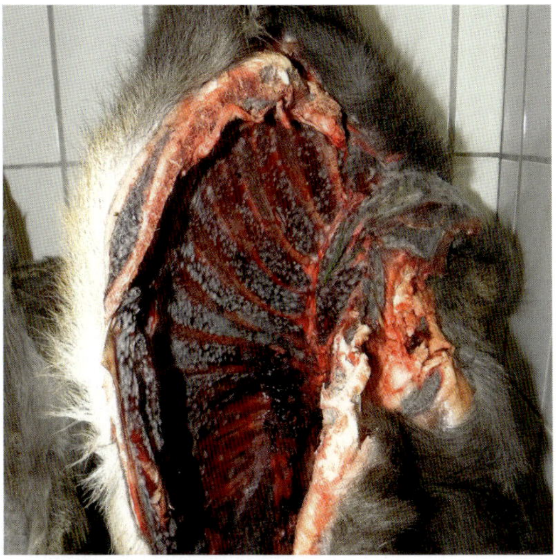

Gams mit Schimmelbildung an der Wildbretoberfläche

Bei der Bringung im Revier können besonders bereits aufgebrochene Stücke erheblich verunreinigt werden. Aus diesem Grund ist es günstig, erlegte Stücke erst dort aufzubrechen, von wo ein hygienischer Abtransport gewährleistet ist.

Körperwarmes Wild darf nach dem Erlegen nicht in wasserdampfundurchlässigen Folien oder Säcken und auch nicht übereinandergeschichtet transportiert werden – stickige Reifung wäre die Folge. Ebenso zu vermeiden sind Verunreinigungen mit z. B. Staub, wie sie beim Transport mit Wildträgern am Heck des Autos passieren können.

Kühlung, Lagerung, Verarbeitung

Wildkörper müssen nach dem Erlegen innerhalb einer angemessenen Zeitspanne **auf nicht mehr als +7 °C abgekühlt** werden. Soweit es die klimatischen Verhältnisse erlauben, ist eine aktive Kühlung nicht erforderlich. Die **Vermarktung** muss **binnen sieben Tagen nach dem Erlegen** erfolgen.

In kleinen Kühlzellen ergibt sich ein hygienisches Risiko, wenn bereits gekühltes Wild gelagert wird und körperwarme, feuchte Stücke nachgehängt werden. Die noch warmen Stücke dampfen Wasserdampf ab, der die Fleischoberflächen der bereits gekühlten wieder beschlägt, wodurch auf diesen Fleischoberflächen wieder ein Bakterienwachstum gefördert wird. Falls in der Zelle schon Wild hängt, sollten die nächsten Stücke außerhalb der Zelle (vor Fliegen geschützt!) etwas vorkühlen.

Noch nicht abgekühltes Gamswild oder geringes Steinwild ist günstigenfalls mit geschränkten oder zusammengebundenen Läufen, über den Bergstock gehängt oder über die Schulter gelegt, zu tragen. Bei Schneelage ist auch ein Ziehen der erlegten Stücke mit keinen nachteiligen Folgen (Verschmutzung, Fleischschäden durch spitze Steine usw.) verbunden. In sehr entlegenen Gebieten kann Gams- oder Steinwild zerwirkt werden. Es werden dann nur die Edelteile (Schlögel, Rücken, Schultern) in abgekochte und steril verpackte Leintücher eingewickelt und so meist in Rückentragen („Kraxn") ausgetragen. Lebensmittelrechtlich ist derartig gewonnenes Wildbret jedoch nur mehr für den Eigenverbrauch zugelassen.

VON GAMS-, STEIN- UND MUFFELWILD AUF DEN MENSCHEN ÜBERTRAGBARE KRANKHEITEN

Von heimischen Schalenwildarten gehen insgesamt deutlich geringere Infektionsgefahren aus als vom Niederwild. Die Dunkelziffer von Zoonosen, die von Haus- und Wildtieren herrühren, dürfte aber nicht unerheblich sein, zumal viele Erkrankungen mit grippeähnlichen Symptomen verlaufen. Zusammenhänge mit Tierkontakten bzw. mit von Tieren stammenden Lebensmitteln werden häufig nicht hergestellt. In der Tabelle auf Seite 103 sind auf den Menschen übertragbare Infektionskrankheiten und Parasitosen angeführt.

Heimische Wildtiere können sowohl für Jäger als auch für Wildbrethändler, Arbeiter in Wildzerlegebetrieben sowie Küchen- oder Laborpersonal Infektionsquellen darstellen. Brucellose, Scheinräude und Dermatophilose sind beispielsweise Erkrankungen des Menschen, die durch Kontakt mit Gams-, Stein- und Muffelwild entstehen können. Wildtiere sind zudem als Reservoire von

Zoonosen, die durch Zecken übertragen werden (Metazoonosen), wie FSME, Borreliose und Ehrlichiosen, zu berücksichtigen.

Neben **Kontaktzoonosen** durch direkten Kontakt mit den Wildtieren können **Rohprodukte** oder **Zubereitungsarten** der „nouvelle cuisine", die „rosa abrinnenden Fleischsaft" verlangen, zu Lebensmittelinfektionen und -intoxikationen („Foodborne Diseases") führen. Ein lebensmittelhygienisches Risiko resultiert auch aus Rohprodukten aus Wildfleisch (Rohwürste und -schinken, Carpaccio). Zusätzliche Beachtung muss der in den letzten Jahren stark zunehmenden Direktvermarktung von Wildfleisch und Wildfleischprodukten geschenkt werden.

Trotz deutlicher Verbesserung der Wildbrethygiene in den letzten beiden Jahrzehnten ist auf die Verantwortung des Jägers als Lebensmittelunternehmer hinzuweisen. In den letzten Jahren wird zunehmend Schalenwild als Infektionsquelle für **EHEC/VTEC-Infektionen** über kontaminierte Lebensmittel bzw. Schmierinfektionen angegeben. Eine spezifische Schwierigkeit in der Erhebung und Abschätzung von Häufigkeiten von Wildtierkrankheiten sind die zahlenmäßige Erfassung/Schätzung der Gesamtpopulation der jeweiligen Wildtierart sowie die bei den meisten Wildtierarten nur geringen Untersuchungszahlen.

Bei Schalenwild allgemein kommt vereinzelt Tuberkulose und zunehmend Paratuberkulose vor, wobei der Zusammenhang zwischen Paratuberkulose bei Wild- und Haustieren und Morbus Crohn beim Menschen nach wie vor umstritten ist. Von Rindern übertragen wurden Fälle von Salmonellose auf Gamswild, die mit hoher Mortalität unter Gämsen einhergingen.

EHEC-Infektionen durch Wildfleisch(produkte)

In den letzten Jahren werden zunehmend Wildfleisch und besonders rohe Wildfleischprodukte als Infektionsquelle für Lebensmittelinfektionen mit aggressiven Colikeimen (STEC, VTEC, EHEC) angegeben und es wird vermutet, dass Wild als Reservoir für diese Keime und Wildfleisch als Quelle möglicher Infektionen des Menschen bis-

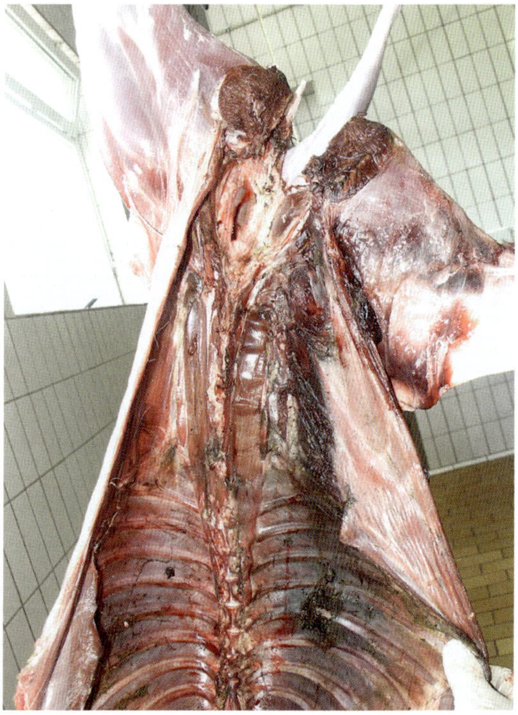

Derartig verschmutztes und bereits oberflächenfaules Wildbret ist untauglich.

her unterschätzt worden ist (BfR, 2007). Im Jahre 2002 waren 3 % der in Deutschland gezogenen Proben mit STEC belastet, 2005 bereits 14,8 %. Damit lag der Anteil der belasteten Proben deutlich höher als bei Rindfleisch. Im Winter 2011/12 wurden bei Stichprobenkontrollen in Wildwürsten von vier österreichischen Herstellern Shigatoxin-bildende *Escherichia-coli*-Keime nachgewiesen, worauf es Rückrufaktionen gab und in den Medien vor dem Verzehr dieser Produkte gewarnt wurde.

Seit 2001 wurden im Rahmen der Meldepflicht in Deutschland pro Jahr ca. 1.100 EHEC-Infektionen bei Menschen erfasst, das entsprach 1,4 Erkrankungen pro 100.000 Einwohner. Allein beim EHEC-Ausbruch im Jahr 2011 (anfänglich waren Gurken im Verdacht) erkrankten in Deutschland 3.842 Personen, wobei die Infektionen letztlich auf kontaminierte Bockshornkleesprossen zurückgeführt wurden.

Enterohämorrhagische *Escherichia coli* (EHEC), Shigatoxin-bildende *E. coli* (STEC) oder Verotoxin-bildende *E. coli* (VTEC) können bei Menschen schwere Infektionen mit starken, teilweise blutigen Durchfällen bis hin zu Nierenversagen (hämolytisch-urämisches Syndrom, HUS) verursachen. Ausgelöst werden die schweren Krankheitssymptome durch starke Zellgifte, die diese Bakterien bilden, sogenannte Shiga-Toxine. Menschen infizieren sich i. d. R. über das Fleisch oder die Rohmilch infizierter Tiere oder über den direkten Kontakt mit infizierten Tieren (Schmierinfektionen).

Als Hauptinfektionsquelle galten früher Rindfleisch und Rohmilch, später kamen auch Infektionsquellen wie nicht pasteurisierter Apfelsaft, Gemüse, Sprossen usw. dazu, die aber zumeist mit Rinderdung kontaminiert waren. Als Quelle von EHEC-Infektionen waren eben bisher vor allem Hauswiederkäuer bekannt: Rinder, Schafe und Ziegen scheiden diese Keime mit ihrem Kot aus, ohne dass sie selbst Anzeichen einer Erkrankung zeigen.

Untersuchungen des deutschen Bundesinstitutes für Risikobewertung (BfR) zeigten, dass auch freilebende Wildtiere diese Colikeime ausscheiden und dass auch Wildfleischprodukte damit belastet sein können. *„Wildfleisch ist inzwischen als EHEC-Infektionsquelle für den Menschen bedeutender geworden als Rindfleisch"*, meinte Professor DDr. Andreas Hensel, Präsident des Bundesinstituts für Risikobewertung (BfR). Diesen Schluss erlauben die Ergebnisse einer Erhebung des Nationalen Referenzlabors für die Epidemiologie der Zoonosen am BfR, das die Entwicklung von Lebensmittelinfektionen beobachtet.

Verantwortung von Jägern

Die Hauptverantwortung hinsichtlich der späteren Wildbretqualität und Lebensmittelsicherheit trägt der Jäger. Besonders wichtige Punkte im Zusammenhang mit der Kontamination von Wildfleisch mit Colibakterien, die im Darm vorkommen, sind der Schuss, das Aufbrechen, der Transport und die Kühlung. Sichtbar mit Magendarminhalt verschmutzte Wildkörper haben in einem zugelassenen Wildbe- und -verarbeitungsbetrieb nichts verloren. Jäger und kundige Personen haben sich das stets vor Augen zu führen. Analog zur Anmerkung „Trophäenpflege?" bei den Hegeschauen wäre die Anmerkung „Wildbrethygiene?" bei verschmutzten Stücken am Wildbretanhänger mit der Rückgabe an den Inverkehrbringer anzudenken bzw. sind in der tier-

Rohprodukte von Wildwiederkäuern müssen allein schon wegen des steigenden EHEC-Risikos aus vollkommen sauberem Wildbret hergestellt werden.

ärztlichen Fleischuntersuchung noch strengere Kriterien anzulegen und sämtliche verschmutzten Wildkörper unschädlich und kostenpflichtig zu entsorgen.

Eigenkontrollmaßnahmen in der Herstellung von Rohprodukten, wie die Messung des pH-Wertes in Wildfleisch, Brät sowie Produkten, die Verwendung von Starterkulturen in der Produktion von Rohwaren sowie die Messung des aw-Wertes (Wassergehaltes) tragen zusätzlich zur Lebensmittelsicherheit bei, können aber Fehler, die vom Jäger gemacht wurden, nicht mehr vollständig kaschieren.

Vorbeugemaßnahmen, Verhaltensregeln

Besonders Jäger müssen dafür ausgebildet und dazu motiviert werden, beim Ansprechen und Aufbrechen von Wild immer auf krankhafte Veränderungen – im Speziellen Zoonosen – zu achten. Folgende Vorbeugemaßnahmen und Verhaltensregeln zur **Minimierung des Infektionsrisikos** können aufgestellt werden:

- Spätestens beim Vorliegen von Veränderungen an erlegten jagdbaren Wildtieren sollten beim Aufbrechen Handschuhe verwendet werden.
- Veränderungen sind in verstärktem Ausmaß diagnostisch abzuklären, nicht zuletzt um zu wissen, mit welchen Krankheiten regional zu rechnen ist.
- Grundsätze der Hygiene (Händewaschen nach Kontakten) und auch der Küchenhygiene sind auf alle Fälle einzuhalten.
- Verzicht auf „nouvelle cuisine“ (rosa abrinnender Fleischsaft) zumindest bei Wildbret unbekannter Herkunft sowie mit unbekannter Lagerdauer und Kühltemperatur.

Schlussendlich darf aber aus dem vermehrten Wissen um krankhafte Veränderungen bei Wild- und Haustieren, die für den Menschen Bedeutung haben, keine Hysterie entstehen. Vielmehr sollte es durch fachliche Information gelingen, Infektionsrisiken zu minimieren und damit insgesamt einen Beitrag zur lebensmittelhygienischen Sicherheit des Wildfleisches und zu seinem Image zu leisten. Zudem werden durch die intensivere Beschäftigung mit Wildkrankheiten und Zoonosen die Aufgabe und Verantwortung der Jäger hinsichtlich der Gesunderhaltung unserer Wildtierbestände offenkundig, was nicht zuletzt ein Beitrag zu positiver Öffentlichkeitsarbeit ist.

WAFFE, OPTIK UND SINNVOLLE AUSRÜSTUNG

Falls sich „Flachlandjäger" zur Gams- oder Steinwildjagd im Gebirge entscheiden, haben sie nicht nur seitens ihrer Waffe und Optik die Eigenheiten der Gebirgsjagd zu berücksichtigen. Auch die Ausrüstung muss allfälligen Wetterstürzen gerecht werden. Alljährlich finden einige Jäger im Alpenraum den Tod durch Absturz, Lawinen, Erfrieren oder auch durch Blitzschlag. Zudem sollte berücksichtigt werden, dass die gesamte Ausrüstung meist sehr weit getragen werden muss.

EXAKTES ANSPRECHEN UND WEITE SCHÜSSE

Auf freien Almen und in großen Karen ist es oft unmöglich, sich nahe an Gams- oder Steinwildrudel heranzupirschen. Da beim Entfernungsschätzen im Gebirge oft selbst von Geübten Fehler gemacht werden, stellt es keinen Bruch von Traditionen dar, sich eines optischen **Laser-Entfernungsmessers** zu bedienen. Im Gegenteil, dadurch werden weite Schüsse auf unmögliche Distanzen vermieden, die mit freiem Auge eventuell unterschätzt worden wären.

Das **Fernglas** sollte eine zumindest sieben- bis achtfache Vergrößerung haben, muss für die Tagjagd auf Gams- und Steinwild nicht besonders lichtstark sein und sollte nicht allzu groß und schwer sein, da es dann in unwegsamem Gelände oder auf weiten Pirschgängen behindert. Ein weiteres sinnvolles Hilfsmittel zum Ansprechen ist ein **Spektiv** mit mindestens 25- bis 30-facher Vergrößerung im oder außen am **Rucksack**. Dieser sollte bei längeren Jagden oder Aufenthalt in Jagdhütten groß genug sein, um auch Proviant, Reservewäsche, Sitzunterlage, Verbandszeug und weitere Notwendigkeiten aufnehmen zu können. Für den Transport von Wild im Rucksack ist eine Schweißeinlage oder zumindest ein **starker Plastiksack** vorteilhaft – jedoch kein körperwarmes Wild luftdicht einpacken, eine stickige Reifung des Wildbrets wäre die Folge. Das erlegte Stück sollte daher vor dem Tragen im Rucksack etwas auskühlen, damit eine stickige Reifung („Absticken") vermieden wird.

Mittlerweile haben sich **Fotoapparate** mit hohem Zoom besonders für das Ansprechen von Steinwild bewährt, am Display können Jahres- bzw. Schmuckringe in Vergrößerung gut beurteilt werden.

> **HINWEIS**
>
> Mit dem Vorschlag zu Waffen sollen keine persönlichen Vorlieben verdrängt werden. Die beste Waffe ist immer jene eigene Waffe, zu der man das größte Vertrauen hat. Aber auch mit der eigenen Waffe sollte, falls man vom Flachland ins Gebirge fährt, auf entsprechender Seehöhe ein Probeschuss abgegeben werden.

Am häufigsten werden zur Gebirgsjagd **Repetierbüchsen** getragen. Sie haben den Vorteil, dass mehrere Schüsse innerhalb kurzer Zeit abgegeben werden können (z. B. bei Schüssen auf Kitz und Geiß oder nach Fehlschüssen). Zudem sind sie vom Schaftaufbau her stabiler, was bei Stürzen oder Ausrutschern günstig ist. Die einschüssigen kombinierten Waffen oder Pirschbüchsen finden ebenfalls Verwendung. **Kipplaufbüchsen** sind sehr leicht und können bei Bedarf – wie beim alleinigen Bergen eines stärkeren Stückes Wild – auch zerlegt und im Rucksack verstaut werden. Der **Bergstutzen** mit zwei Kugelläufen kann relativ schwer sein und ist auch nicht immer für weite Schüsse geeignet.

> **HINWEIS**
>
> Die Laufmündung sollte bei Pirschgängen im Gebirge durch einen Mündungsschoner (nicht vergessen, vor Schussabgabe abzunehmen!), ein Tesa-Band, ein Schusspflaster oder eigens gefertigte Mündungspflaster gegen das Eindringen von Schnee oder auch Erde bei Stürzen geschützt sein.

Die Kaliberfrage sollte ebenfalls nicht zur Glaubensfrage erhoben werden. Nur sollte immer die Notwendigkeit von weiten Schüssen in Betracht gezogen werden, was ein **Kaliber mit entsprechend gestreckter Flugbahn** erforderlich macht. Auf der anderen Seite ist eine unnötige Zerstörung des Wildbrets durch zu rasante oder großkalibrige Waffen zu vermeiden. Gams- und Steinwild sind bei weitem nicht so schusshart wie Muffelwild, besonders beim Gamswild kann es vorkommen, dass es bei guten Schüssen – ohne stark zu zeichnen und ohne zu flüchten – am Anschuss verharrt, dann langsam ins Wundbett sinkt oder verendet.

Für **Gamswild und Steingeißen** sind Kaliber ab .243 Win. (6,2 x 52) anzuraten, wobei häufig auch 6,5 x 57, 6,5 x 68, 7 x 57, 7 mm Rem. Mag., 7 x 64, .270 Win., 7 x 75, .308 Win., .30–06 Springfield oder .300 Win. Mag. getragen werden. Für stärkere **Steinböcke** werden beispielsweise die genannten Kaliber ab 7 x 64 vorgeschlagen.

Für die Jagd im Gebirge fernab vom Auto und vom nächsten Jagdkollegen ist es wesentlich, auch eine ausreichende Anzahl an Patronen (mindestens zehn Patronen, wobei viele Jäger aus Brauch und Glauben ungerade Zahlen bevorzugen) mitzuhaben, damit man nicht für einen allfällig notwendigen Fangschuss ohne Munition dasteht.

Abschließend zum Kapitel Waffen sollte der Spruch *„Bergauf und bergrunter, immer halt drunter"* in Erinnerung gerufen werden. Er besagt, dass bei sehr steilen Schüssen bergauf oder bergab durch die Reduktion der Erdanziehung gegenüber waagrechten Schüssen das Geschoß weniger abfällt und daher – um einen Hochschuss zu vermeiden – etwas tiefer angetragen werden sollte. Zusätzlich ist das Trefferfeld am Wildkörper durch den spitzen Winkel bei Steilschüssen deutlich kleiner als bei Schüssen im rechten Winkel auf die Brustkorbmitte. Namhafte Büchsenerzeuger haben gute Videos zu diesem Thema.

HILFSMITTEL: VOM MESSER BIS ZUM BERGSTOCK

Ein sauberes **Jagdmesser** (Nicker oder Klappmesser) mit guter Schneide und möglichst auch einem Sägeteil zum Eröffnen des Schlosses beim Aufbrechen muss nicht gesondert erwähnt werden. Messerscheiden aus Leder verschmutzen leicht und sind somit unhygienisch. Ein **Bergstock** – meist aus Haselholz –

Der Bergstock leistet bei der Gebirgsjagd große Hilfe.

ist nicht nur eine gute Gehhilfe, sondern bietet besonders beim Pirschen im Bergwald eine gute Zielhilfe zum Anstreichen bei überraschendem Zusammentreffen mit Wild. Der Stock sollte die Körperlänge des Trägers zumindest spannlang überragen, sich nicht bei seitlicher Belastung mit dem Körpergewicht leicht biegen, an einem Ende eine Eisen- oder Stahlspitze tragen und ev. am anderen Ende einen Gummi. Auf der Gamspirsch ist das Anstoßen mit der Eisenspitze an Steinen oder Felsen („Gamsläuten") zu vermeiden, da Gamswild dieses Geräusch recht weit vernimmt und darauf meist flüchtet.

VERBANDSZEUG, HANDY UND RETTUNGSDECKE

Sehr leicht kann man sich im Gebirge schon durch harmloses Ausrutschen an spitzen Steinen verletzen und auch Schnittwunden beim Aufbrechen oder bei der Hüttenarbeit sind keine Seltenheit. Fernab von der Zivilisation oder der Autoapotheke gehört eine **Verbandskassette** (mit Desinfektionsmittel, Tupfern, Mullbinden, Schere, Pflastern usw.) neben einer **Taschenlampe**, einer **Reepschnur** sowie einer **Sitzunterlage** in jeden Rucksack. Im Winter sollte auf alle Fälle auch eine **Rettungsdecke** aus Aluminium mitgeführt werden, denn selbst nach harmlosen Verstauchungen oder Beinbrüchen sind schon einige Jäger erfroren, bevor Hilfe eintraf. Eine teils lästige Errungenschaft unserer Zeit – das **Mobiltelefon** oder Handy – hat im alpinen Raum bereits viele Menschenleben gerettet.

ALPINES NOTSIGNAL

Sechsmal in der Minute ein Zeichen (Klopfen, Schießen, Lichtzeichen, Pfeifen mit Signalpfeife), dann eine Minute Pause.

SCHUHE UND GEWAND

Hohe Bergschuhe mit griffiger Sohle, die in extremeren Gebieten auch steigeisentauglich sein soll, sind selbstverständlich. Als Hosen sind Kniebundhosen sehr beliebt, im Winter müssen jedoch über den Wollstutzen Gamaschen getragen werden, da sich sonst darauf der Schnee fängt und immer dickere Krusten bildet. Ein trockenes Unterleibchen und Hemd sollten zum Tauschen nach schweißtreibenden Aufstiegen im Rucksack mitgetragen werden. Eine möglichst leichte, wasserabstoßende Jacke und ein Wetterfleck sowie eine Haube und Handschuhe für den Winter komplettieren die Ausrüstung.

„OHNE BRAUCH GEHT'S AUCH" – NICHT BEI DER JAGD!

Jagdliches Brauchtum – vielfach nicht so alt wie angenommen – sinnvoll gelebt, hat durchaus auch im dritten Jahrtausend seine Daseinsberechtigung. Verkitschte Abarten, die sowohl von Jägern als auch von der nicht jagenden Bevölkerung nur belächelt werden, schaden jedoch dem Ansehen der Jagd.

In Diskussionen mit nicht jagenden Bevölkerungskreisen sollte sich der Jäger verständlich ausdrücken und sich nicht hinter der Weidmannssprache verschanzen – untereinander freilich ist diese Zunftsprache jedoch weiterhin zu pflegen, da mit einem Abgehen von jagdlichen Ausdrücken vielfach auch ein Respektverlust vor dem Geschöpf Wildtier bemerkbar wird. Da die Jagd auf Gams- und Steinwild meist in Einzeljagd im Gebirge stattfindet, ist sie gegenüber der Gesellschaftsjagd weniger ritualisiert und steht auch nicht im öffentlichen Rampenlicht. Einige Bräuche und Gepflogenheiten, deren Überlieferung wertvoll wäre, seien in der Folge angeschnitten.

Ein wirklich alter Gams macht jagdlich Freude und ist Zeichen eines guten Bestandes.

BRUCHZEICHEN – MEHR ALS DER BEUTEBRUCH

Da die Gams-, Stein- und Muffeljagd, wie eingangs bemerkt, meist in Einzeljagd oder in Begleitung eines Jagdführers stattfinden, kommen zwar den übrigen Bruchzeichen, wie Anschuss-, Warn-, Haupt- und Wartebruch, geringe Bedeutung zu. In Bedarfsfällen sind sie jedoch erforderlich und müssen richtig gesetzt und auch richtig interpretiert werden. Im Zeitalter der Mobiltelefone geht jedoch die Bedeutung dieser alten Bruchzeichen stark zurück – vergessen sollten wir sie aber nicht ganz. Besonders für spätere Nachsuchen ist es unerlässlich, den Anschuss exakt zu verbrechen.

Zum **Beute- oder Schützenbruch** bestehen regional unterschiedliche Gepflogenheiten, allein was die bruchgerechten Baum- und Straucharten betrifft. Grundsätzlich zeigen diese Bräuche auch einen gewissen Respekt gegenüber dem erlegten Tier, was großteils auch von anderen positiv wahrgenommen wird. In der Mittelgebirgs- und Gebirgsjagd werden vornehmlich Zirbe, Fichte, Tanne, Latsche, Wacholder, Almrausch oder auch Preiselbeerbrüche gebrochen. Falls der Schütze von einem Begleiter angeführt wurde, wird der Beutebruch von diesem am Einschuss mit Schweiß benetzt und überreicht. Der Beutebruch wird – im Gegensatz zum Standesbruch – auf der rechten Hutseite getragen.

Der **Letzte Bissen**, der einen ritualisierten Akt der Versöhnung mit dem erlegten Stück darstellen mag, ist ein weiterer erhaltungswürdiger Brauch. In einigen Gegenden wird auch behauptet, dass nach dem Geben des Letzten Bissens der Lecker des erlegten Stückes Gamswild aus dem Äser ragen sollte, widrigenfalls wird der Jäger nicht so rasch wieder einen Gams erlegen …

„GAMSBART“ UND „GAMSRADLN“

Der Gamsbart ist ein empfindlicher Hutschmuck, der weder Sonne noch Regen oder ein Anstoßen an Gegenständen dauerhaft übersteht. Er wird deshalb nur zu festlichen Anlässen getragen. Hirschbärte und besonders Saubärte sind deutlich widerstandsfähiger. Doch keiner der letztgenannten konnte dem Gamsbart seinen Rang streitig machen. Viele Wilderer legten früher durch das Tragen eines Gamsbartes Zeugnis über ihr Tun ab, ohne dass die zuständigen Jäger eingreifen konnten. Vor allem bei den Mädchen waren diese Burschen als „schneidige Kerle“ anerkannt, und so verwundert es nicht, dass sich zahlreiche Geschichten um diese Trophäe ranken. Nach KNAUS und SCHRÖDER (1983) kostete ein Gamsbart vor dem Ersten Weltkrieg so viel wie eine Kuh.

Aus dem wesentlich kürzeren Bart der Gamsgeiß werden sogenannte „Gamsradln“ gebunden, gelegentlich aber auch Gamsbärte.

Alter Bartbinder aus Krakauebene/Murau (um 1900)

TROPHÄENBEHANDLUNG

DER GAMSBART – SYMBOL DER ALPEN

An Trophäen sind beim Gams-, Stein- und Muffelwild die Stirnwaffen und beim Gams der Gamsbart von Bedeutung. Auf die Bezoarsteine wurde bereits im Kapitel „Gams- und Steinwild als wandelnde Apotheken" (Seite 20) eingegangen. Der Gamsbart wird **aus den langen Grannenhaaren am Ziemer** (Rücken) zwischen Träger und Wedel gewonnen. Geißen können zwar auch Bärte tragen, der klassische Gamsbart stammt aber von Böcken. Im Sommer bereits als Aalstrich erkennbar, werden die den Bart bildenden Haare im Herbst nicht gewechselt, wodurch sie im Winter ihre beachtlichen Längen erreichen (bis über 20 cm). Vor allem bei dunklerer Färbung der Haare kommt der Reif, das sind die weißen Spitzen des Bartes, besonders zur Geltung. Der Wert dieser Trophäe ist für Jäger hoch. NERL et al. (1995) unterscheiden die Gamsjäger in „Bartjäger" und „Kruckenjäger" und meinen, dass alle Berufs- und bäuerlichen Jäger den Gamsbart als Trophäe bevorzugten. Manche Bärte werden, wenn überhaupt, nur zu besonderen Anlässen getragen. Grundsätzlich sollte die Bejagung guter Bartböcke sparsam erfolgen, da es sich dabei meist um Böcke der mittleren Jahrgänge handelt.

Gewinnen des Gamsbartes

Je eher der Bart am erlegten Stück, dem Bartgams, **gerupft wird, desto leichter** fällt diese Arbeit. Beim Brunftbock sollte nur die Entfernung der Brunftfeigen vorgezogen werden. Anschließend beginnt man mit dem Rupfen des Bartes. Büschelweise werden die Haare mitsamt den Wollhaaren möglichst nahe an der Decke ruckartig in Richtung des Hauptes ausgerissen. Die ausgerupften Haare sollten gleich nach der Größe geordnet und so verpackt werden, dass deren Knicken beim Transport verhindert wird. Am besten werden sie durch Schütteln oder Blasen grob von den Wollhaaren befreit, ungefähr nach ihrer Länge sortiert und in Zeitungspapier, welches

Gamsköpfe aus Holz-,– Rüben im Äser sind bei Gamsköpfen extrem selten.

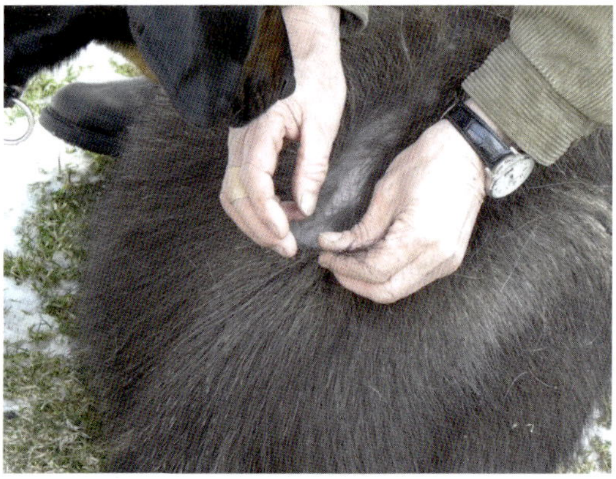

Gamsbartrupfen will gelernt sein.

Radlbart oder „Gamsradl“

Sehr sorgfältig gebundener „Wachler“-Gamsbart

durch ein bis zwei Holzstücke oder gerade Äste gegen ein Abknicken versteift wird, eingerollt und zusammengebunden. Je windgeschützter die Stelle gewählt wird, desto weniger muss man mit bösen Überraschungen rechnen.

Nur mehr wenige Personen beherrschen heute noch die Technik des Bartbindens. Aus diesem Grund empfiehlt es sich, diese wertvolle Trophäe so wie sie gerupft wurde, in die richtigen Hände zu geben, um sich lange an einem gut gebundenen Bart erfreuen zu können.

PRÄPARATION DER TROPHÄEN

Es gibt verschiedenste Möglichkeiten, wie Trophäen präpariert werden können. Hier soll nur eine **Variante** beschrieben werden.

Bei dieser Methode wird in der Mittellinie des Hauptes, vom Windfang beginnend, ein Schnitt bis zu den Hörnern, außen um diese herum und rückwärts wieder zur Mittellinie und in dieser nach unten geführt. Von diesem Schnitt ausgehend wird die Decke links und rechts abgeschärft. Danach werden grob die Muskulatur und die Lichter entfernt sowie die Hirnschale mit einer Säge gekappt. An welcher Stelle gekappt wird, ist abhängig davon, welche Präparation gewünscht wird. Vorsicht ist auf alle Fälle beim Nasenbein geboten, da dieses leicht bricht.

Nach der Entfernung des Gehirns wird der Schädel nun in kaltes Wasser gestellt (ev. mit etwas Salz), damit der Schweiß ausziehen kann. Am nächsten Tag wird er mindestens 15 bis 30 Minuten (Gams) lang ausgekocht. Dabei muss darauf geachtet werden, dass der untere Rand der Krucken oder Hörner nicht unter der Wasseroberfläche liegt, da sonst bei Gamskrucken der Pechbelag Schaden nehmen könnte. Einen guten Schutz kann um die Krucken gewickelte Alufolie bieten. Danach werden die Krucken bzw. Hörner vom Stirnzapfen abgezogen (was bei Steinböcken und alten Gams gelegentlich mit großen Schwierigkeiten verbunden ist) und innen gereinigt. Es empfiehlt sich, die Stirnzapfen etwas zu kürzen und von oben anzubohren, um auch hier eine gute Entfettung zu gewährleisten.

Nachdem der Schädel weiter abgekocht wurde, werden von ihm noch restliches Material und die Knochenhaut sauber entfernt (hier kann auch eine feine Drahtbürste wertvolle Dienste leisten). Anschließend wird der Schädel eventuell noch einmal kurz gekocht, unter fließendem Wasser gereinigt und getrocknet.

Zum Bleichen des Schädels wird er in Watte oder Papiertaschentücher gewickelt, die mit Wasserstoffperoxid (30%ig) getränkt werden, und etwa einen Tag lang stehen gelassen. Auch ein Anstreichen mit einem Gemisch von Schlämmkreide und Wasserstoffperoxid ist möglich. Danach werden die Hornscheiden wieder aufgesetzt bzw. aufgeklebt; wenn notwendig, kann zuvor über die Stirnzapfen etwas Papier gewickelt werden. Nun muss die fertige Trophäe noch am Schild befestigt werden.

Mazeration zur Entfettung der Stirnzapfen

Eine Methode zur besseren Entfettung besonders der Stirnzapfen von Steinböcken und Muffelwiddern ist die **Mazeration**. In einem ersten Schritt wird die Trophäe gehäutet und alles Fleisch und vor allem alles Fett entfernt und anschließend in eine Lösung von Kochsalz (10 g/l), Supralan UF (0,5 g/l) und Supralan ON (0,5 g/l) für zwei bis vier Tage eingelegt. Die Lösung sollte gelegentlich gerührt werden. Anschließend wird die Trophäe für die Mazeration in eine Lösung von Enzyrim (10 g/l), Supralan UF (3–5 g/l), Supralan ON (0,5 g/l) und Salz (10 g/l) gegeben und für einen halben bis zwei Tage stehen gelassen. Dabei sollte man die Fettaugen, die oben an der Oberfläche schwimmen, regelmäßig abschöpfen.

Die Mazerationslösung sollte eine Temperatur von 55–60 °C haben. Der pH-Wert sollte 8,5 betragen, falls dieser zu tief ist, etwas Soda dazugeben.

Nach der Mazeration wird die Trophäe entfettet. Dazu wird sie in eine Lösung mit Supralan (1,5–4 g/l) bei einer Temperatur von 35–45 °C eingelegt. Der pH-Wert sollte bei 8 eingestellt sein. In dieser Lösung bleibt die Trophäe einen halben bis zwei Tage. Anschließend wird sie in Supralan (3 g/l) und 35%igem Wasserstoffperoxid (10 g/l) bei Raumtemperatur gebleicht.

HINWEIS

Je älter das erlegte Tier war, desto länger dauern die einzelnen Schritte.

Bei Mufflons wird neben den Schnecken die besonders bunt gefärbte Decke als Trophäe präpariert. Früher wurde auch der Hodensack gegerbt und als Behälter für Pfeifentabak verwendet (ROGGE, mündl.).

KRITISCHE GEDANKEN ZUR TROPHÄENBEWERTUNG

Um Trophäen vergleichen zu können, wurden zahlreiche Formeln entwickelt. Sowohl beim Gams- als auch beim Steinwild besitzt die Madrider Formel Gültigkeit und hat sich seit 1952 kaum verändert. Die Formeln für Trophäenbewertungen stammen aus Zeiten, in denen eine kapitale Krucke noch als das größte Hegeziel galt. Wie wir heute wissen, lassen Höhe, Umfang und Stellung der Krucke keine Rückschlüsse auf den Status eines Tieres bzw. auf den Gesundheitszustand einer Population zu. Über biologische Zusammenhänge (Genotyp, Phänotyp) sagt der errechnete Wert somit nichts aus.

Trophäen unterschiedlicher Herkunft zeigen oft große Differenzen, was verschiedenste Ursachen haben kann. Beispielsweise zeigt Population A aus dem Gebiet X größtenteils hohe Krucken, während Population B aus dem Gebiet Y durch meist kürzere, aber massige Trophäen gekennzeichnet ist. Im Gebiet Z finden sich in der Population C wiederum meist kleinrahmige Tiere mit dünnen Krucken. Niemand wird bestreiten, dass hier ein Vergleich nur schwer möglich ist.

Doch auch innerhalb einer Population können solche Trophäenvergleiche unzulässig sein. Ein Beispiel soll dies verdeutlichen: Sind in einer Population (vom Jäger unbemerkt) Tiere an Brucellose (seuchenhaftem Verwerfen) erkrankt, so zeigen vermutlich die Krucken der krankheitsbedingt nicht führenden Geißen jährlich größere Jahreszuwächse als jene gesunder Tiere. Obwohl die gesunden Geißen das Überleben der Population sichern, schneiden die Trophäen der erkrankten Tiere bei der Bewertung wesentlich besser ab, da sie kapitaler sind. Somit muss wohl hinter den Begriff „kapital“ ein großes Fragezeichen gestellt werden.

Gehörnen mit starkem Pechbelag werden beim Gamswild Punkte abgezogen, auch wenn es sich dabei um einen vitalen, fortpflanzungsfähigen Bock gehandelt hat. Beim Steinwild wird beispielsweise wiederum der „harmonische Schwung“ der Hörner mit einbezogen, was wohl biologisch kaum sinnvoll ist. Dazu kommt, dass nach der gängigen Formel beim Gamswild wohl kaum Bock und Geiß verglichen werden können, da die Formel deutlich auf das Bockgehörn ausgerichtet ist.

Unterschiedliche Varianten der Trophäenpräparation (Schnittlinien)

Insgesamt stellt sich die Frage, ob es nicht sinnvoller wäre, Formeln zu entwickeln, die mehr Gewichtung auf die Alterspunkte legen bzw. noch in irgendeiner Form das Zusammenspiel von Körpergewicht und Körpermaßen mit einfließen lassen. Auf diese Weise könnte wesentlich mehr über den Status eines Tieres bzw., bei einem Querschnitt durch eine Population, über ihren (Hege-)Zustand ausgesagt werden.

Gamsalter kann gefälscht sein!

Im Verlaufe von Gamsbewertungen fielen einzelne Gamstrophäen, sowohl Böcke als auch Geißen, auf, deren Krucken manipuliert waren (DEUTZ, 2016). Manipuliert insofern, als sie ein höheres Alter vortäuschen sollten. Zu diesem Zwecke wurden im Bereich des Zentimeterringes 2 bis 4 „Millimeterringe“ (= Jahre) „dazumodelliert“. Diese Arbeiten waren recht professionell durchgeführt. Auffällig sind die Trophäen hauptsächlich deshalb, weil der Verlauf der Schläuche im Bereich des Zentimeterringes und darunter nicht parallel verläuft oder sich – wie häufig zu beobachten – leicht einschnürt, sondern durch die Modelliermasse etwas dicker wird.

Derlei Aktionen sind kein Kavaliersdelikt, sondern sind jedenfalls jagdrechtlich (Erlegung von Gams in einer Klasse, die nicht frei war), möglicherweise aber auch strafrechtlich (Täuschung oder Dokumentenfälschung durch Falschmeldung?) zu ahnden. Zudem sind solche Vergehen auch disziplinarrechtlich zu bestrafen.

Kruckenmanipulationen zur Vortäuschung eines höheren Alters bei Gamsbock (links) und Gamsgeiß (rechts), eingezeichnet der Manipulationsbereich

DIE WICHTIGSTEN WEIDMÄNNISCHEN BEGRIFFE

Ansprechen	Beurteilung des Wildes nach Gesundheitszustand, Alter und Geschlecht
Äser	Maul
Äsung	Nahrung
Aufbrechen	Arbeit, bei der die inneren Organe herausgenommen werden (= Ausweiden)
Auslage	Weitester Abstand der Schläuche/Sicheln voneinander
Bähen	Blöken der Schafe
Bart, Wachler	Langes Winterhaar entlang des Aalstriches beim Gamsbock
Bartgams/-bock	Gamsbock mit guter Bartbildung
Beschlagen	Deckakt
Blädern	Brunftlaut der Böcke beim Gamswild
Blässe	Helle Grundfarbe am Gamshaupt (Stirn bis Windfang)
Blatt	Schulter
Blinder Bart	Bart ohne Reif
Blöcken	Lautäußerungen innerhalb eines Muffelrudels
Bock	Männliches Stück Gams- oder Steinwild
Brunftfeigen	Drüsen hinter den Lauschern beim Gamswild
Brunftkugeln	Hoden
Brunftrute	Penis
Decke	Fell
Drossel	Luftröhre
Einstand	Bevorzugtes Streifgebiet (Ruhegebiet)
Einwachser	Muffel mit in Richtung Träger wachsenden Schnecken
Federn	Rippen
Feist	Aufgebaute Fettreserven
Flehmen	Aufnehmen von Geruchsstoffen über das Jakob'sche Organ im Nasengang
Gamskugel, Bezoarstein	Kugel aus Haaren, Pflanzenfasern und Mineralien im Pansen
Geräusch	Sammelbegriff für Herz, Lunge, Leber, Nieren
Geäfter	Afterklauen
Geiß	Weibliches Stück Gams- oder Steinwild
Geltgeiß	Unfruchtbare Geiß (sehr selten)
Gesäuge	Euter
Gescheide	Magendarmtrakt, Harnblase, innere Geschlechtsorgane
Grannen	Haare
Haberl	Kurzes Verhoffen/Stehenbleiben während der Flucht
Haupt	Kopf
Hakeln	Verletzen des Gegners oder Hundes mit der Gamskrucke

Hakelung	Krümmung des Schlauches beim Gamswild
Hochwerden	Aufstehen
Jahrling	Tier zwischen einem halben Jahr und eineinhalb Jahren
Kammer	Brusthöhle
Kitz	Jungtier beim Gams- und Steinwild
Kitzgeiß	Führende Geiß
Klagen	Angst- oder Schmerzlaut
Krucke	Hörner des Gamswildes
Lamm	Jungtier beim Muffelwild
Latschenbock	Gamsbock im alpinen Raum der Krummholzzone
Lauf	Bein
Lauscher	Ohren
Lecker	Zunge
Leitgeiß	Ältere, erfahrene Geiß mit Kitz, die ein Rudel anführt
Lichter	Augen
Losung	Exkremente
Maske	Schwarzweiße Zeichnung am Gamshaupt
Meckern	Lautäußerung der Gamskitze und Muffellämmer, Locken der Schafe/Lämmer
Muffeln	Lautäußerungen des Muffelwildes beim Äsen/Wiederkauen
Patentjagdsystem	Jagdsystem in einem Kanton/Land (v. a. Schweiz), das erlaubt, mit der entsprechenden Bewilligung (Patent), im ganzen Kanton/Land jagen zu dürfen
Pechkrucke	Gamskrucke mit Pechauflage
Pfeifen	Warnlaut beim Gams- und Muffelwild
Pinsel	Haare an der Vorhautöffnung
Rammen	Aufeinanderprallen der Schnecken zweier kämpfender/spielender Widder
Reif	Weiße Haarspitzen am Gamsbart
Roglig	Durch Beunruhigung in Bewegung versetztes Wild
Rupfen	Gewinnen des Gamsbartes
Sattelfleck (Sattel, Schabracke)	Weißer Fleck besonders im Winterhaar (Muffelwild)
Schaf	Weibliches Stück Muffelwild
Schalen	Hufe
Scharwild (Graffel)	Geißen mit Kitzen und Jungtieren
Schlauch	Horntüte auf den Stirnzapfen
Schloss	Beckennaht
Schmuckringe	Wülste zwischen den Jahresringen
Schnecke	Gehörn des Muffelwidders
Schweiß	Blut
Sicheln	Gehörn des Steinbockes
Spinne	Gesäuge
Steineln	Lostreten von Steinen beim Ziehen oder Flüchten
Stümpfe	Gehörn der Steingeiß und des Muffelschafes
Träger	Hals
Vlies (Kragen)	Mähne am Träger des Muffelwidders
Wedel	Schwanz
Weidsack	Pansen
Widder	Männliches Stück Muffelwild
Wildbret	Fleisch
Windfang	Nase
Ziehen	Gehen, Fortbewegung
Zügel	Dunkle Haarpartie vom Lauscher zum Windfang beim Gams

STICHWORTVERZEICHNIS/ SUCHREGISTER

LITERATURVERZEICHNIS

ABDERHALDEN, W.; BUCHLI, C. (1999): Einwirkungen des Alpensteinbockes (Capra i. ibex) auf den Wald. Z. Jagdwiss. 45, 17–26.

AESCHBACHER, A. (1978): Das Brunftverhalten des Alpensteinwildes. Eugen Rentsch, Erlenbach-Zürich.

ALMSTATISTIK (2009): Zahlen und Fakten zur österreichischen Almwirtschaft. Bundesanstalt für Bergbauernfragen und Lebensministerium.

ANDERWALD, P.; HALLER, R. M.; FILLI, F. (2016): Heterogeneity in primary productivity influences competitive interactions between red deer and alpine chamois. PLOS ONE 11 (1): e0146458. doi:10.1371/journal.pone.0146458.

ANDERWALD, P.; BRIVIO, F. (2013): Was frisst der Steinbock. In: Der Alpensteinbock. Forschungsgeschichte und neue Erkenntnisse. Cratschla, Ediziun speziala 3, 19–20.

BAUMANN, M.; STRUCH, M. (2000): Waldgemsen. Wildbiologie in der Schweiz 6/31.

BAUMANN, P. W. (2009): Der Alpensteinbock. Ein Leben über dem Abgrund. Ott, Bern.

BAUMANN, P. W. (2005): Die Alpen-Gämse. Ein Leben auf Gratwanderung. Ott, Bern.

BERGERON, P.; GRIGNOLIO, S.; APOLLONIO, M.; SHIPLEY, B.; FESTA-BIANCHET, M. (2010): Secondary sexual characters signal fighting ability and determine social rank in Alpine ibex. Behav. Ecol Sociobiol. 64, 1299–1307.

BERGERON, P.; FESTA-BIANCHET, M.; VON HARDENBERG, A.; BASSANO, B. (2008): Heterogeneity in male horn growth and longevity in a highly sexually dimorphic ungulate. Oikos 177, 77–82.

BIEBACH, I.; KELLER, I. (2011): Gene erzählen die Geschichte vom Steinwild. Sonderdruck aus den Mittl. d. Naturforschenden Ges. Bern. Neue Folge, 68.

BLEU, J.; HERFINDAL, I.; LOISON, A.; KWAK, A. M. G.; GAREL, M.; TOIGO, C.; REMPFLER, T.; FILLI, F.; SÆTHER, B. E. (2015): Age-specific survival and annual variation in survival of female chamois differ between populations. Oecologia: 179, 1091–1098.

BOCH, J.; SCHNEIDAWIND, H. (1988): Krankheiten des jagdbaren Wildes. Paul Parey, Hamburg/Berlin.

BOCH, J.; NERL, W. (1966): Gamsräude. BLV, München.

BRIEDERMANN, L. (1985): Gamswild. In: STUBBE, M. (Hrsg.): Buch der Hege. Bd. 1. H. Deutsch, Thun-Frankfurt/Main, 210–233.

BRIEDERMANN, L. (1967): Zum Ablauf der sommerlichen Aktivitätsperiodik des Gamswildes in freier Wildbahn. Zool. Garten 33, 279–305.

BUBENIK, A. B. (1984): Ernährung, Verhalten und Umwelt des Schalenwildes. BLV, München.

BUCHLI, C. (1983): Welche Tierart – Welches Alter? Beilage zu Wildtiere 3, Infodienst Zürich.

BURCKHARDT, D. (1961): Aus dem Leben eines Steinbockes. Schweiz. Naturschutz 27 (1), 10–14.

CAMPELL, S.; FILLI, F. (2006): Habitat Selection and Habitat Use of Female Chamois Rupicapra rupicapra in Winter. Ungulate Research in the Swiss National Park. Nat. park-Forsch. Schweiz 93, 105–147.

CARMIGNOLA, C.; KRAUSE, M. (2000): Das Steinwild in Südtirol. Hrsg.: Autonome Provinz Bozen, Amt für Jagd und Fischerei, Abteilung Forstwirtschaft. Athesiadruck, Bozen.

CASTELLÓ, J. R. (2016): Bovids of the world. Antelopes, Gazelles, Cattle, Goats, Sheep and Relatives. Princeton University Press.

CIRICELLA, R. (2010): Ecological factors affecting investment in body mass, an horns in the alpine chamois (Rupicapra rupicapra) Dissertation University of Sassari.

CORLATTI, L.; LEBL, K.; FILLI, F.; RUF, T. (2012): Unbiased sex-specific survival in alpine chamois. Mamalian Biology 77 (2): 135–139.

COUTURIER, M. A. J. (1938): Le chamois. Grenoble.

COUTURIER, M. (1962): Le bouquetin des Alpes. Arthand, Grenoble.

DAVID, A. (1999): Steinwild – ein alpiner Großversuch. In: Muffel-, Gams- und Steinwild. Wild und Hund Exklusiv 14. Paul Parey, Hachenburg.

DAENZER, L. (1978): Aktivitätsmuster und Zeitbudget von Steinbock und Gemse im Winter. Diplomarbeit, Univ. Zürich.

DAUSTER, K. H. (1963): Das Muffelwild. Das Waidwerk in Deutschland. Paul Parey, Hamburg/Berlin.

DEDEK, J.; STEINECK, T. (1994): Wildhygiene. Gustav Fischer, Jena.

DEUTZ, A. (2012): Wildbrethygiene heute. BLV, München.

DEUTZ, A.; DEUTZ, U. (2011): Wildkrankheiten, Hundekrankheiten, Zoonosen: Erkennen – Vermeiden – (Be) Handeln. Leopold Stocker, Graz/Stuttgart.

DEUTZ, A. (2008): Lebensräume und Krankheiten des Gamswildes unter dem Aspekt des Klimawandels. Ber. Tagung „Das Gamswild in Bedrängnis? – Ökologie – Störfaktoren – Jagd – Management“, Nationalpark Hohe Tauern, 9.–10. 10., St. Jakob i. Defreggental, 58–62.

DEUTZ, A.; SPERGSER, J.; WAGNER, P.; ROSENGARTEN, R.; KÖFER, J. (2005): Nachweise von Mycobacterium avium subsp. paratuberculosis bei Wildtieren und Rindern in der Steiermark/Österreich. Berl. Münch. Tierärztl. Wschr. 118, 314–320.

DEUTZ, A.; FUCHS, K.; SCHULLER, W.; NOWOTNY, N.; AUER, H.; ASPÖCK, H.; STÜNZNER, D.; KERBL, U.; KLEMENT, C.; KÖFER, J. (2003): Seroepidemiologische Untersuchung von Jägern auf Zoonosen in Südoststösterreich – Prävalenzen, Risikopotentiale und Vorbeugemaßnahmen. Berl. Münch. Tierärztl. Wschr. 116, 306–311.

DEUTZ, A.; SPERGSER, J.; ROSENGARTEN, R.; KÖFER, J. (2003): Erstnachweis der intrauterinen Übertragung von Paratuberkulose bei Rot- und Gamswild. Europ. J. Wildlife Res. 49, 314–319.

DEUTZ, A. (2002): Gamswildkrankheiten unter besonderer Berücksichtigung der Räude und der Gamsblindheit. Schriftenreihe des Landesjagdverbandes Bayern, Band 9, „Gamswild in den Alpen, 81–94.

DEUTZ, A.; GRESSMANN, G. (2001): Gams- und Steinwild – Biologie, Krankheiten und Jagdpraxis. Leopold Stocker, Graz/Stuttgart.

DEUTZ, A. (2000): Die 10 Gebote der Wildbretqualität. Ber. Tagung „Wildbretvermarktung und Wildfleischqualität", 15. und 16. Februar, Aigen i. Ennstal, 9–14.

DEUTZ, A.; FUCHS, K.; PLESS, P.; DEUTZ-PIEBER, U.; KÖFER, J. (2000): Hygienerisiken bei Wildfleisch – Oberflächenkeimgehalte und humanpathogene Keime. Fleischwirtschaft 80, Heft 12, 106–108.

DEUTZ, A.; FUCHS, K.; PLESS, P.; DEUTZ-PIEBER, U.; KÖFER, J. (2000): Hygienerisiken bei der Gewinnung von Wildfleisch. Ber. Symposium „Fisch und Wild – Lebewesen und Lebensmittel", 2. und 3. März, VMU Wien, 60–68.

DEUTZ, A. (1999): Aufbrechen bestimmt Wildbretqualität. Der Anblick 53, Heft 5, 16–18.

DEUTZ, A.; FUCHS, K.; GRESSMANN, G. (1999): Nutzung geographischer Informationssysteme zur Erfassung der Epidemiologie der Gamsräude. Ber. DVG-Tagung „Neuere Methoden und Ergebnisse zur Epidemiologie von Parasitosen", 10. bis 12. März, Tierärztliche Hochschule Hannover, 211–220.

DEUTZ, A., (1998): Wie Wildtiere die Kälte meistern. Der Anblick 52, Heft 1, 10–12.

DEUTZ, A. (1997): Gamsräude und Lippengrind. Der Anblick 51, Heft 10, 16–18.

DEUTZ, A. (1997): Lebensmittel Wildbret. Der Anblick 51, Heft 12, 12–14.

DEUTZ, A.; HINTERDORFER, F. (1997): Dermatophilose bei Rind, Pferd und Gemse – Epidemiologie, Diagnostik, Therapie und zoonotische Aspekte. Wien. Tierärztl. Mschr. 84, 97–101.

DEUTZ, A.; ASTE, C. (1996): Gamswildsymposium, 30. August, Schladming–Rohrmoos.

DEUTZ, A.; ASTE, Ch. (1995): Das Gamswild in der Steiermark. Der Anblick 49, Heft 11, 8–11.

DUFOUR, B.; MOUTOU, F.; HATTENBERGER, A. M.; RODHAIN, F. (2008): Global change: impact, management, risk approach and health measures – the case of Europe. In: Climate change: impact on the epidemiology and control of animal diseases. Rev. sci. tech. Off. Int. Epiz. 27 (2), 529–541.

FERNANDEZ-MORAN, J.; GOMEZ, S.; BALLESTEROS, F.; QUIROS, P.; BENITO, J. L.; FELIU, C.; NIETO, J. M. (1997): Epizootiology of sarcoptic mange in a population of cantabrian chamois (Rupicapra pyrenaica parva) in Northwestern Spain. Vet. Parasitol. 73, 16.

FESTA-BIANCHET, M.; COTÉ, S. D. (2008): Mountain goats. Ecology, behavior and conservation of an alpine ungulate. Island Press, Washington, 3–171.

FILLI, F.; SCHNYDER, J.; GRESSMANN, G.; DEUTZ, A. (2014): Alte Böcke sichern das Überleben. Der Anblick, Heft 11, 12–14.

FILLI, F.; SCHNYDER, J. (2012): Auch dies sollte der Jäger berücksichtigen. Bündner Jäger, Heft 5, 8–9.

FILLI, F.; CAMPELL, S. (2006): Summer Home Ranges of Chamois Rupicapra rupicapra in Central Alpine Habitats – Il Fuorn and Val Trupchun in the Swiss National Park as Exemplary Study Areas. Ungulate Research in the Swiss National Park. Nat.park-Forsch. Schweiz 93: 149–169.

FILLI, F. (2001): Die Wiederansiedlung des Steinbocks im Spiegel von Theorie und Management. Dissertation, Technische Universität München.

FÖRSTER, N. (1974): Die Tierknochenreste aus der neolithischen Fundstelle Feldmeilen-Vorfeld am Zürichsee. II. Die Wiederkäuer. Diss., Univ. München.

FUCHS, K.; DEUTZ, A.; GRESSMANN, G. (2000): Detection of space-time clusters and epidemiological examinations of scabies in chamois. Vet. Parasitol. 92, 63–73.

FUCHS, K.; DEUTZ, A. (1999): Methodische Aspekte zur Aufbereitung und Präsentation raum-zeitbezogener Daten am Beispiel der Gamsräude. Ber. DVG-Tagung „Neuere Methoden und Ergebnisse zur Epidemiologie von Parasitosen", 10. bis 12. März, Tierärztliche Hochschule Hannover, 146–155.

FUSCHLBERGER, H. (1955): Das Gamsbuch. F. C. Mayer, München/Hamburg.

GEISEL, O. (1995): Wildkrankheiten – erkennen und beurteilen. BLV, München.

GEIST, V. (1971): Mountain sheep: a study in behaviour and evolution. Wildlife Behaviour and Ecology Series. Chicago/London.

GEORGII, B. (1978): Aktivitätsmuster eines jungen Steinbockes (Capra ibex L.). In: Tagungsber. 3. Intern. Gamswildsymp., Mayrhofen/Tirol.

GIACOMETTI, M. (1999): Die Infektiöse Keratokonjunktivitis. Z. Jagdwiss. 45, 151.

GIACOMETTI, M. (1994): Steinwild – Fortpflanzung und Populationsdynamik. Österr. Weidw. Heft 7, 16–18.

GIACOMETTI, M. (1991): Beitrag zur Ansiedlungsdynamik und aktuellen Verbreitung des Alpensteinbockes (Capra i. ibex L.) im Alpenraum. Z. Jagdwiss. 37, 157–173.

GLAWISCHNIG, W.; KHASCHABI, D.; SCHÖPF, K.; SCHÖNBAUER, M. (2000): Ein seuchenhafter Ausbruch von Salmonella enterica Serovar Dublin bei Gemsen (Rupicapra rupicapra). Wien. Tierärztl. Mschr. 87, 21–25.

GRESSMANN, G.; HERBERSTEIN P. (2015): Steinwildfibel. Österr. Jagd- und Fischereiverlag, Wien.

GRESSMANN, G.; DEUTZ, A. (2013): Vom Einsturz der Pyramiden. Der Anblick, Heft 11, 36–38.

GRESSMANN, G.; DUSCHER, A.; EISANK, K.; LAINER, F.; REIMOSER, F. (2013): Der Alpensteinbock – Raumnutzung des Alpensteinbocks in den Hohen Tauern. Nationalparkrat Hohe Tauern, Matrei i. O.

GRESSMANN, G.; DEUTZ, A. (2011): Gams – das wandelbare Wild. Der Anblick, Heft 11, 34–37.

GRESSMANN, G.; DEUTZ, A. (2001): Überlegungen zur Eindämmung der Räudegefahr beim Gamswild durch gezielte Bejagung der einzelnen Altersklassen. Z. Jagdwiss. 47, 34–42.

GRESSMANN, G.; DEUTZ, A.; ASTE, C.; SCHRÖDER, W. (2000): Die Bedeutung der Topographie für das Populationswachstum von Steinwildkolonien am Ostalpenrand. Z. Jagdwiss. 46, 14–22.

GRESSMANN, G. (1997): Populationsentwicklung von ausgesetzten Alpensteinböcken (Capra ibex) am Ostalpenrand. Diplomarbeit, Univ. Graz.

GRØTAN, V. ; SÆTHER, B. E. ; FILLI, F. ; ENGEN, S. (2008): Effects of climate on population fluctuations of ibex. Global Change Biology 14: 1218–1228.

GRÜNSCHACHNER-BERGER, V. (2015): Wann reichts den Gams. Gams – Mensch – Störung. Der Anblick 69, Heft 7, 24–27.

GRÜNSCHACHNER-BERGER, V. (2015): Wann reichts den Gams. Gams – Mensch – Störung. Der Anblick, Heft 7, 24–27.

GUBERTI, V. (1999): Perspektiven des Umgangs mit dem Problem der Räude im Alpenbogen. Gamswild-Tagung in Auronzo di Cadore: Ökologie, Krankheiten und Management. In: Z. Jagdwiss. 45, 149–150.

HABERMEHL, K. H.; RATTI, P. (1978): Die Altersbeurteilung beim Alpensteinbock, Capra ibex ibex. In: Wildbiologische Informationen für den Jäger. Ferd. Enke, Stuttgart.
HARDENBERG, A. VON; BASSANO, B.; FESTA-BIANCHET, M.; LUIKART, G.; LANFRACHIS, P.; COLTMAN, D. (2007): Age-dependent genetic effects on a secondary sexual trait in male alpine ibex, Capra ibex. Molecular Ecol. 16, 1969–1980.
HARDENBERG, A. VON; BASSANO, B.; PERACINO, A.; LOVARI, S. (2000): Male alpine chamois occupy territories at hotspots before the mating season. Ethol. 106, 617–630.
HAYMERLE, A. (2013): Jahreszeitliche Anpassung der Alpengämse an harsche Umweltbedingungen und Störungen durch Aktivitäten des Menschen. In: Gamswild. Leben auf der Kante. Tagungsband zur Tagung des BIOS Nationalparkzentrum Mallnitz.
HAYMERLE, A. (2012): Wie überlebt die Gämse den Winter. OÖ Jäger, Heft 3, 20–23.
HEDIGER, H. (1941): Das Wachstum des Gehörns beim Steinwild. Ciba-Zeitschrift 7, Heft 80, 2798–2799.
HESPELER, B. (1999): Wildschäden heute. BLV, München.
HESPELER, B. (1998): Vom Rudelleben der Gams. Der Anblick 52, Heft 11, 14–17.
HERRE, W.; RÖHRS, M. (1990): Haustiere – zoologisch gesehen. Fischer, Stuttgart/New York.
HOFMANN, A.; NIEVERGELT, B. (1972): Das jahreszeitliche Verteilungsmuster und der Äsungsdruck von Alpensteinbock, Gemse, Rothirsch und Reh in einem begrenzten Gebiet im Oberengadin. Z. Jagdwiss. 18, 185–212.
HOFMANN, H. (Hrsg.) (1998): FORSCHUNGSPROJEKT GAMSBLINDHEIT: Erloschene Lichter. Casanova, Chur.
HOFMAN, R. R. (2007): Wildtiere in Bildern zur vergleichenden Anatomie. M&H Schaper, Hannover.
HOFMANN, R. (1976): Die Charakterisierung des wiederkäuenden Schalenwildes nach Äsungstypen. Vortrag, Tagung d. Deutschen Delegation des Internationalen Jagdrates zur Erhaltung des Wildes (CIC).
HOLZAPFEL, M.; KINDERVATER, J.; WAGNER, C.; ANSORGE, H. (2012): Die Nahrungsökologie des Wolfes in Deutschland von 2001 bis 2012. http://www.wolfsregion-lausitz.de/nahrungszusammensetzung.
INGOLD, P. (2005): Freizeitaktivitäten im Lebensraum der Alpentiere. Konfliktbereiche zwischen Mensch und Tier. Mit einem Ratgeber für die Praxis. Haupt, Bern.
JELINEK, R. (1989): Gamswildbejagung – Flexibilität statt starrer Normen. Der Anblick 43, Heft 5, 191–195.
KAINZ, R.; PAULSEN, P. (2005): Neue EU-Hygienevorschriften für Fleisch von jagdlich erlegten Wildtieren. Wien. Tierärztl. Mschr. 92, 150–156.
KERSCHAGL, W. (1965): Wildkrankheiten. Österreichischer Jagd- und Fischerei-Verlag, Wien. 91–101.
KLANSEK, E.; VAVRA, I. (1991): Ergebnisse botanischer Analysen an Panseninhaltsproben von Steinwild. In: Gruppo Stambecco Europa, 4. Incontro internazionale, Sollana Scientifica del Parco Nazionale Gran Paradiso – Contributo n. 178, 156–160.
KLANSEK, E.; VAVRA, I.; ONDERSCHEKA, K. (1991): Die Äsungszusammensetzung des Alpensteinwildes (Capra ibex ibex L.) in Abhängigkeit von Jahreszeit, Alter und Äsungsangebot in Graubünden. Z. Jagdwiss. 41, 171–181.
KNAUS, W.; SCHRÖDER, W. (1975, 1983): Das Gamswild. Paul Parey, Hamburg/Berlin.
KOCH, W. (1937): Das Gehörn des Steinbockes. München, Bayerische Akad. der Wissenschaften.
KOFLER, H. (1982): Gams und Steinbock: Konkurrenz oder Koexistenz. Der Anblick 35, Heft 4, 162–165.
KOFLER, H. (1981): Ökologisch-vegetationskundliche Untersuchungen zur Nahrungswahl und Konkurrenz von Gams (Rupicapra rupicapra L.) und Steinbock (Capra ibex ibex L.) im Hochlantschstock/Steiermark. Diss., Univ. Graz.
KRÄMER, A. (1969): Soziale Organisation und Sozialverhalten einer Gamspopulation der Alpen. Z. Tierpsych. 26, 889–964.
KRAUSS, H.; WEBER, A.; ENDERS, B.; SCHIEFER, H. G.; SLENCZKA, W.; ZAHNER, H. (1997): Zoonosen – Von Tier zu Mensch übertragbare Infektionskrankheiten. Deutscher Ärzte-Verlag, Köln.
KREBS, H. (1998): Jung oder alt? – Schalenwild richtig ansprechen. BLV, München.
KREWER, B. (1998): Schalenwild richtig bejagen. BLV, München.
KROMP-KOLB, H.; FORMAYER, H. (2005): Schwarzbuch Klimawandel. Wie viel Zeit bleibt uns noch? ecowin der TopAkademie GmbH, Salzburg.
KRUG, W. (1998): Das Töten von Wild. Amtstierärztlicher Dienst und Lebensmittelkontrolle 5, 238–241.
KUTZER, E. (1983): Die Krankheiten des Gamswildes. In: Das Gamswild von KNAUS u. SCHRÖDER, Paul Parey, Hamburg/Berlin. 198–218.
KUTZER, E.; ONDERSCHEKA, K. (1966): Die Räude der Gemse und ihre Bekämpfung. Z. Jagdwiss. 12, Heft 2.
KUJAWSKI, O. (1995): Das große Buch vom Wild. Teubner Edition bei Gräfe und Unzer, München.
KRÄMER, A. (1969): Lebensbezirke und Ortsveränderungen markierter Gemsen im Augustmatthorngebiet, Schweiz. Z. f. Säugetierkunde 34, Heft 5, 311–315.
LANDE, R.; ENGEN, S.; SÆTHER, B. E.; FILLI, F.; MATTHYSEN, E.; WEIMERSKIRCH, E. (2002): Estimating Density Dependence from Population Time Series Using Demografic Theory and Life-History Data. Am. Nat. 159: 321–337.
LANG, A. (1985): Spuren und Fährten unserer Tiere. BLV, München.
LOVARI, S.; SACCONI, F.; TRIVELLINI, G. (2006): Do alternative strategies of space use occur in male alpine chamois. Ethol. Ecol. & Evol. 18, 221–231.
LOVARI, S. (1985): Behavioural repertoire of the Abruzzo Chamois, Rupicapra pyrenaica ornata Neumann, 1899 (Artiodactyla: Bovidae). Säugetierkundliche Mittl. 32/2, 113–136.
LOVARI, S.; SCALA, C. (1980): Revision of Rupicapra genus. I. A statistical re-evaluation of Couturier's data on the morphometry of six chamois subspecies. Boll. Zool. 47, 113–124.
LOVARI, S. (Hrsg.) (1985) The Biology and Managment of Mountain Ungulates. Croom Helm, 226–230.
LOVEJOY, T. (2008): Climate change and biodiversity. In: Climate change: impact on the epidemiology and control of animal diseases. Rev. sci. tech. Off. Int. Epiz. 27, Heft 2, 331–338.
LÜPS, P. (1995): Der Steinbock. Bündner Monatsblatt/ Desertina AG, Chur.
MAYER, D.; NICOLET, J.; GIACOMETTI, M.; SCHMITT, M.; WAHLI, T.; MEIER, W. (1996): Isolation of Mycoplasma conjunctivae from conjunctival swabs of Alpine ibex (Capra

ibex ibex) affected with keratoconjunctivitis. J. Vet. Med B 43, 155–161.
MEILE, P. (2010): Steinwild in der Brunft. Der Anblick 64, Heft 12, 6–9.
MEILE, P. (2010): Zur sozialen Organisation beim Gamswild. Der Anblick 64, Heft 11, 10–16.
MEILE, P. (2010): Gams unter sich. Der Anblick 64, Heft 6, 12–17.
MESSNER, C. (2015) „Teufelsböcke". Der Anblick 69, Heft 12, 34.
MILLER, C.; CORLATTI, L. (2009): Das Gamsbuch. Neumann-Neudamm, Melsungen.
MILLER, C. (1999): Gamswild – Ein vitaler Sonderling. In: Muffel-, Gams- und Steinwild. Wild und Hund Exklusiv 14. Paul Parey, Hachenburg.
MILLER, C. (1983): Verbreitung der Gamsräude und Dynamik der befallenen Bestände. Diplomarbeit, Univ. München.
MISSBACH, K. (1993): Ernährung und Fütterung der jagdbaren Wildarten. Deutscher Landwirtschaftsverlag, Berlin.
NERL, W.; MESSNER, L.; SCHWAB, P. (1995): Das große Gamsbuch. Hubertusverlag, Klosterneuburg.
NERL, W. (1989): Die Hege und Bejagung des Gamswildes. St. Hubertus, Heft 6, 225–235.
NICOLUSSI, K.; PATZELT, G. (2006): Klimawandel und Veränderungen an der alpinen Waldgrenze – aktuelle Entwicklungen im Vergleich zur Nacheiszeit. BFW-Praxisinformation 10, April 2006, Wien, 3–5.
NIEDERBERGER, J. (1992): Salzlecken als Attraktionspunkte für Steinböcke (Capra ibex L.) Diplomarbeit, Ethologie u. Wildforschung, Univ. Zürich.
NIETHAMMER, H. (1967): Die Kohlgams der Alpen. Z. Jagdwiss. 13 (1), 1–23.
NIEVERGELT, B.; ZINGG, R. (1986): Capra ibex Linnaeus, 1758. In: Handbuch der Säugetiere Europas, Paarhufer, Aula Verlag, Wiesbaden, 385–404.
NIEVERGELT, B. (1965): Der Alpensteinbock in seinem Lebensraum. Diss., Univ. Zürich.
NORDEN, W. (1970): Jagd-Brevier oder von der Kunst des Waidwerks. Paul Neff, Wien.
ONDERSCHEKA, K.; HARTL, G. (1985): Steinwild. In Stubbe (Hrsg.): Buch der Hege. Bd. 1. H. Deutsch, Thun-Frankfurt/Main, 236–247.
ONDERSCHEKA, K. (1982): Aktueller Stand der Gamsräu deforschung. In: Tagungsbericht d. Intern. Jagdkonf. d. Staaten d. Südost-Raumes, Matrei/Osttirol.
PERACINO, V.; BASSANO, B.; GRIMOD, I. (1989): Alcuni aspetti dell'uso dello spazio, dell'organizzazione sociale e della dinamica di popolazione dello stambecco (Capra ibex ibex) in un'area campione del Parco Nazionale del Gran Paradiso. Coll. Scient. P.N.G.P., 69.
PETRAK, M. (1989): Der Mensch in der Umwelt des Wildtieres. Jagd und Hege 21, 10–11.
PIEGERT, H.; ULOTH, W. (2005): Der Europäische Mufflon. 2. Aufl. DSV, Hamburg.
PROSL, H. (2008): Parasiten und Klimawandel. Ber. Parasitologische Fachgespräche, 30. Mai, Innsbruck, 3–4.
RATTI, P. (1984): Zur Hege des Steinwildes im Kanton Graubünden. Tagungsbericht: Das freilebende Tier als Indikator für den Funktionszustand der Umwelt, 4. bis 7. 11., Hrsg.: Forsch. Inst. f. Wildtierkunde der Vet. med. Univ. Wien, 221–232.
RATTI, P.; HABERMEHL, K. H. (1977): Untersuchungen zur Altersschätzung und Altersbestimmung beim Alpensteinbock (Capra ibex ibex) im Kanton Graubünden. Z. Jagdwiss. 23, Heft 4, 188–213.
RAUCH, A. (1937): Der Steinbock wieder in den Alpen. Orell Füßli, Zürich.
REIMOSER, F.; REIMOSER, S. (1998): Richtiges Erkennen von Wildschäden am Wald. Zentralstelle Österr. Landesjagdverbände (Hrsg.).
REIMOSER, F.; MAYER, H.; HOLZINGER, A.; ZANDL, J. (1987): Einfluss von Sommer- und Wintertourismus auf Waldschäden durch Schalenwild im Angertal (Bad Gastein). Sonderdruck aus: Centralblatt für das gesamte Forstwesen. Österr. Agrarverlag, 95–118.
REINER, R. (2015): Populationsdynamik und Bestandestrends beim Gamswild. Untersuchung, Darstellung und Faktorenanalyse für das Bundesland Salzburg. Masterarbeit. Inst. f. Wildbiologie und Jagdwirtschaft, Univ. f. Bodenkultur, Wien.
ROGANTI, R.; DE TANN, R.; OBEXER-RUFF, G.; STAHLBERGER-SAITBEKOVA, N.; GIACOMETTI, M. (2003): Steinbock-Ziegen-Hybriden bei Soglio im Bergell. Schweizer Jäger, Heft 10, 58–61.
ROGGE, C. (2016): Persönliche Mitteilung.
ROSSI, L. (1999): Untersuchungen zur Räude-Epidemie in der Provinz „Alto Bellunese" (Italien). Gamswild-Tagung in Auronzo di Cadore: Ökologie, Krankheiten und Management. In: Z. Jagdwiss. 45, 148–149.
ROSSI, L.; MENEGUZ, P. G.; DE MARTIN, P.; RODOLFI, M. (1995): The epizootiology of sarcoptic mange in chamois, Rupicapra rupicapra, from the Italian eastern alps. Parasitologia 37, 233–240.
RUGHETTI, M.; TOIGO, C.; HARDENBERG, A. von; ROCCHIA, E.; FESTA-BIANCHET, M. (2011): Effects of an exceptionally snowy winter on chamois survival. Acta Theriol. 56, 329–333.
SÆTHER, B. E.; LILLEGÅRD, M.; GRØTAN, V.; FILLI, F.; ENGEN, S. (2007): Predicting fluctuations of reintroduced ibex populations: the importance of density dependence, environmental stochasticity and uncertain population estimates. J. Anim. Ecol. 76: 326–336.
SÆTHER, B. E.; ENGEN, S.; FILLI, F.; AANES, R.; SCHRÖDER, W.; ANDERSEN, R. (2002): Stochastic Population Dynamics of an Introduced Swiss Population of the Ibex. Ecology 83: 3457–3465.
SÄGESSER, H.; KRAPP, F. (1986): Rupicapra rupicapra Linnaeus, 1758. In: Handbuch der Säugetiere Europas, Paarhufer, Aula Verlag, Wiesbaden, 317–348.
SCHALLER, G. B. (1977): Mountain monarchs: wild sheep, and goats of the Himalaya. Chicago.
SCHASCHL, H.; SUCHENTRUNK, F.; MORRIS, D. L.; SLIMEN, H. B.; SMITH, S.; ARNOLD, W. (2012): Sex-specific selection for MHC variability in alpine chamois. BMC Evol. Biol. 12, 20.
SCHATZ, H. (1998): Das Gamswild und die Sonne. Der Anblick, 52, Heft 8, 8–11.
SCHMIDT, K.; ZEILER, H. (1995): Gams – Wildtierskizzen. Zentralstelle Österr. Landesjagdverbände.
SCHNIDRIG-PETRIG, R.; SALM, U. P. (1998): Die Gemse. Salm, Bern.
SCHRÖDER, W. (1996): Überlegungen zu Gams und Lebensraum – Was tun mit kleinen Populationen? Vortrag Gamswild-Symposium der Steirischen Landesjägerschaft am 31. August, Schladming – Rohrmoos.

SCHRÖDER, W.; MILLER, C. (1995): Wissenschaft für Jäger. Der Anblick 49, Heft 9, 25–29.
SCHRÖDER, W. (1979): Zur jagdlichen Planung in Steinbockpopulationen. Tagungsbericht Hegegemeinschaft Hochlantsch/Röthelstein.
SIGNER, C. (2013): Winterstrategien. In: Der Alpensteinbock. Forschungsgeschichte und neue Erkenntnisse. Cratschla, Ediziun speziala 3, 21–23.
SIGNER, C.; RUF, T.; ARNOLD, W. (2011): Hypometabolism and basking: the strategies of Alpine ibex to endure harsh over-wintering conditions. Funct. Ecol., 25, 537–547.
STADLBAUER, F. (1998): Persönliche Mitteilung.
STORCH, I. (1996): Bewertung von Landschaften für Wildtiere. Beiträge der Akademie für Natur- und Umweltschutz Baden-Württemberg 23, 113–128.
STUBBE, M.; UHLENHAUT, K. (1971): Kraniologische Untersuchungen am Harzer Muffelwild – Ovis ammon musimon (Pallas, 1811), Beiträge zur Jagd- und Wildforschung 7, 143–156.
TATARUCH, F.; STEINECK, T.; KLANSEK, E.; VAVRA, I.; RATTI, P.; GIACOMETTI, M. (1991): Untersuchungen an Steinwild aus Graubünden (Schweiz). I. Analysen der Nahrungszusammensetzung, der Aktivität der Schilddrüsen und Nebennieren sowie der Reproduktion. Wien. Tierärztl. Mschr. 78, 351–356.
TEN HOUTE DE LANGE, S. M. (1978): Zur Futterwahl des Alpensteinbockes (Capra ibex ibex L. 1758). Z. Jagdwiss. 24, 113–138.
TETTAMANTI, F.; GRIGNOLIO, S.; FILLI, F.; APOLLONIO, M.; BRICE, P. (2015): Senesence in breeding successs of female Alpine chamois (Rupicapra rupicapra) : the role of female quality and age. Oecologia: 178: 187–195.
THENIUS, E. (1972): Grundzüge der Verbreitungsgeschichte der Säugetiere. Gustav Fischer, Stuttgart.
THENIUS, E. (1980): Grundzüge der Faunen- und Verbreitungsgeschichte der Säugetiere. Gustav Fischer, Stuttgart/New York.
TRENSE, W. (2005): Großwild weltweit. Leopold Stocker, Graz/Stuttgart.
TÜRKE, F.; TOMICZEK, H. (1982): Das Muffelwild. 2. Aufl. Paul Parey, Hamburg/Berlin.
ULOTH, W. (1976): Das Muffelwild. Neue Brehm-Bücherei, Wittenberg.
ULOTH, W. (1963): Zur Frage der Mischblütigkeit beim Muffelwild. Z. Jagdwiss., Bd. 9, 112.
US FISH AND WILDLIFE SERVICE (1980): Habitat evaluation procedures (HEP). Washington, D. C., Ecological Services Manual no. 102.
VALLAN, D. (1992): Zum Einfluß von Wanderern auf die Gebietsnutzung von jungeführenden Gemsgeißen (Rupicapra rup. rup.). Lizentiatsarbeit, Zool. Inst., Univ. Bern.
WAGENKNECHT, E. (1996): Der Rothirsch. 3. Aufl. Neue Brehm Bücherei Bd. 129, Spektrum Akad. Verlag, Heidelberg.
WIERSEMA, G. (1984): Ibex habitat analysis using Landsat imagery. Proceedings of the Third International Theriological Concress, Helsinki 15. bis 20. August. Finnish Zoological Publishing Board, 139–147.
WIERSEMA, G.; SCHRÖDER, W. (1983): How to find Suitable Ibex (Capra ibex L.) Habitat Using Landsat Imagery.
WILDBIOLOGISCHE GESELLSCHAFT MÜNCHEN (1984): Ökologische Nische und Konkurrenz. Der Anblick 38, Heft 9, 346–348.
WILLICH, C. S. (2011): Fortpflanzungsökologie beim Alpensteinbock (Capra ibex): Die Bedeutung von Alter, Dominanz und unterschiedlichen Fortpflanzungstaktiken. Sonderdruck aus den Mittl. d. Naturforschenden Ges. Bern. Neue Folge, 68.
WILLISCH, C. S.; NEUHAUS, P. (2009): Alternative mating tactics and their impact on survival in adult male alpine ibex (capra ibex ibex). J. of Mamm. 90, Heft 6, 1421–1430.
WILLISCH, C. S. (2009): The ecology of reproduction in long-lived male alpine ibex (Capra ibex): The role of age, dominance and alternative mating tactics. Univ. De Neuchatel.
WILLISCH, C. S.; INGOLD, P. (2007): Feeding or Resting? The Strategy of Rutting Male Alpine Chamois. Ethol. 113, 97–104.
WOTSCHIKOWSKY, U. (1982): Der Steinbock hat Zukunft. Der Anblick 36, Heft 4, 488–491.
YOCCOZ, N. G.; GAILLARD, J.-M. (2006): Age structure matters for Alpine ibex population dynamics: comment on Lima and Berryman. Climate Research 32, 139–141.
ZECHNER, A. (2016): Steinbock, Mensch und Klima – Das Ende der letzten autochthonen Steinwildpopulation der Ostalpen im Zillertal im 17. und 18. Jahrhundert. Diss. Univ. Salzburg.
ZECHNER, A.; DEUTZ, A.; GRESSMANN, G. (2014): Der Steinbock und seine Ausrottung in den Ostalpen. Beiträge zur Jagd- und Wildforschung 38, 447–458.
ZEILER, H.; GRÜNSCHACHNER-BERGER, V. (2011): Die Gams vom Brandhof. Der Anblick, Wildtierforschung Projektbericht 2014/2015. Sondernummer der Jagdzeitschrift Der Anblick 2015, 1–34.
ZEILER, H. (2013): Über nachtaktive Gams, territoriale Böcke und unterschiedliche Zuwachsraten. Der Anblick, 67, Heft 6, 34–37.
ZEILER, H. (2012): Gams. Österr. Jagd- und Fischereiverlag, Wien.
ZEILER, H. (1991): Gams – Verhaltensweisen regeln das Gesellschaftsleben. Österr. Weidw., Heft 12, 17–18.
ZEITLER, A.; GEORGII, B. (1994): Ikarus und die Wildtiere. Kurzfassung der Grundlagenstudie zum Thema Hängegleiten, Gleitsegeln und Wildtiere. Linderhof, Juli 1994.

ÜBER DIE AUTOREN

Dr. Flurin Filli, geboren 1961, studierte Wildbiologie an der Universität Zürich und promovierte an der TU München. Schon immer hat er sich für die Ökologie und das Management der Huftiere im Alpenraum interessiert. Dabei stehen die Tiere und ihre Beziehungen zum Lebensraum im Vordergrund. Er ist heute Stellvertretender Direktor des Schweizerischen Nationalparks und verantwortlich für den Betrieb und das Monitoring. In dieser Funktion hat er verschiedene Projekte an Gams, Rothirsch und Steinbock betreut. Zudem hat er am Institut für Wildbiologie und Jagdwirtschaft der Universität für Bodenkultur Wien einen Lehrauftrag und ist im Vorstand des Bündner Kantonalen Patentjäger-Verbands.

OVR Univ.-Doz. Dr. Armin Deutz, geboren 1962, arbeitet als Amtstierarzt in seinem Heimatbezirk Murau/Steiermark, daneben ist er Wildbiologe, allgemein beeideter und gerichtlich zertifizierter Sachverständiger für Veterinärmedizin und Jagd, Jäger, Hegemeister sowie Verfasser von bisher neun Büchern und zahlreichen Publikationen zu den Themen Wildtier, Wild- und Nutztierkrankheiten, Zoonosen, Wildtierfütterung und Wildbrethygiene; weitere Funktionen: Vorstandsmitglied der Steirischen Landesjägerschaft (Gams- und Steinwildreferent), Fachtierarzt für Wild- und Zootiere und Vorsitzender der Fachtierarztprüfungskommission für den Fachtierarzt für Wild- und Zootiere, Vorsitzender der Sektion Wildtierkunde und Umweltforschung der Österreichischen Gesellschaft der Tierärzte und Universitätsdozent an der Veterinärmedizinischen Universität Wien (Spezialgebiet Zoonosen, also zwischen Tieren und Menschen übertragbare Krankheiten).

DDr. Veronika Grünschachner-Berger studierte Jus und Biologie/Wildbiologie in Wien, ist Mediatorin, Jägerin und betreibt ein wildbiologisches Büro in der Obersteiermark. Der Themenbogen spannt sich von Grundlagenforschung über angewandte Projekte bis zu Wissensvermittlung über den „Faktor Mensch" und dessen Einflüsse auf Wildtiere. Dabei geht es meist um Raufußhühner, Gams oder andere alpine Arten. Grundlagenforschung passiert meist in enger Zusammenarbeit mit dem Institut für Wildbiologie der Universität für Bodenkultur (Boku). Forschung und Wissen über Wildtiere müssen zu den Leuten gebracht werden, diese Aufgabe übernimmt sie als Lektorin der „Boku", über den Verband alpiner Vereine Österreichs und andere Institutionen der verschiedensten Interessensgruppen, daneben in Aufsätzen und Artikeln, als Malerin und Grafikerin.

Dr. Gunther Greßmann, geboren 1972 in Schladming, ist Wildökologe im Nationalpark Hohe Tauern Tirol und arbeitet in den Bereichen Naturraummanagement, Jagd und Wildtier. Nebenbei ist er für die Gesellschaft für Wildtier und Lebensraum tätig und leidenschaftlicher Wildfotograf. Seit mehr als 20 Jahren beschäftigt er sich intensiv mit Stein- und Gamswild, worüber auch seine Diplomarbeit und Dissertation handeln. Als (Mit-)Autor von Büchern, Bildbänden und Publikationen tritt er immer wieder in Erscheinung.

Aus unserem Programm

ISBN 978-3-7020-1216-8

ISBN 978-3-7020-1555-8

ISBN 978-3-7020-1331-8

ISBN 978-3-7020-1083-6

Leopold Stocker Verlag

www.stocker-verlag.com

Graz – Stuttgart